探索与畅想

——青岛市城市规划设计研究院规划师论文集

（建院 40 周年庆）

宋军　王天青　主编

山东大学出版社

SHANDONG UNIVERSITY PRESS

·济南·

图书在版编目（ＣＩＰ）数据

探索与畅想：青岛市城市规划设计研究院规划师论
文集 / 宋军，王天青主编. -- 济南 : 山东大学出版
社, 2021. 11
　　ISBN 978-7-5607-7213-4

　　Ⅰ. ①探… Ⅱ. ①宋… ②王… Ⅲ. ①城市规划—
文集 Ⅳ. ①TU984-53

中国版本图书馆CIP数据核字（2021）第239956号

策划编辑　李孝德
责任编辑　张彩芸　张铭芳
封面设计　蓝海文化

出版发行　山东大学出版社
社　　址　山东省济南市山大南路 20 号
邮政编码　250100
发行热线　（0531）88363008
经　　销　新华书店
印　　刷　济南乾丰云印刷科技有限公司
规　　格　787 毫米×1092 毫米　1/16
　　　　　17. 75 印张　366 千字
版　　次　2021 年 11 月第 1 版
印　　次　2021 年 11 月第 1 次印刷
定　　价　80. 00 元

前　言

　　2019 年 5 月，《中共中央国务院关于建立国土空间规划体系并监督实施的若干意见》正式印发，将主体功能区规划、土地利用规划、城乡规划等空间规划融合为统一的国土空间规划，实现"多规合一"，强调国土空间规划对各专项规划的指导约束作用，这既是党中央、国务院作出的重大部署，也是空间发展和空间治理全面进入生态文明时代的标志，我国国土空间规划改革全面启动。在这一背景下，青岛市城市规划设计研究院全体规划工作者牢牢把握生态文明建设的时代脉搏，以习近平新时代特色社会主义思想和习近平生态文明思想为指导，坚持创新、协调、绿色、开放、共享的发展理念，以人民为中心，努力探索生态优先、高质量发展、高品质生活、高水平治理的国土空间规划新路径，为新时代青岛更具魅力、人民生活更美好构建国土空间基础，推动青岛成为我国生态文明建设的参与者、贡献者、领跑者。

　　建立"多规合一"的国土空间规划体系，既是推进国家治理体系和治理能力现代化的重要举措，也是规划技术体系的重大变革，既要规划编制单位的实践探索，也要规划技术人员的理论思考。本论文集是我院规划编研人员结合国土空间规划改革实践开展的思考探究，涉及国土空间总体规划、城乡融合发展、城市更新、地下空间利用、乡村振兴、村庄规划、城市环境品质、自然资源、历史文化、产业发展、基础设施以及新技术应用等多个方面，归根结底是对人与自然的关系、城乡关系和把以人民为中心的发展思想落实到人的全面发展与社会全面进步中去的探究和思考，是对具体实践工作的反思，可以为国土空间规划的参与者提供参考、借鉴和帮助。

　　面向新时代，国土空间规划改革实践还在进行中，许多问题还需要在实践中不断探索，本论文集中的观点还只能代表作者阶段性的认识，随着实践的深入，书中涉及的观点和实践方案也会与时俱进地演进和完善。值此建院 40 周年之际，将我院近期有代表性的论文刊印成册，期待与专家学者交流，携手探究国土空间规划在生态文明建设、高质量发展、国家治理体系和治理能力现代化进程中应当发挥的作用，为人与自然和谐共生格局的构建、为推进美丽中国建设贡献规划人的智慧。

编者

2021 年 9 月

目 录

规划师论坛

空间规划与设计

乡村规划研究

基础设施规划研究

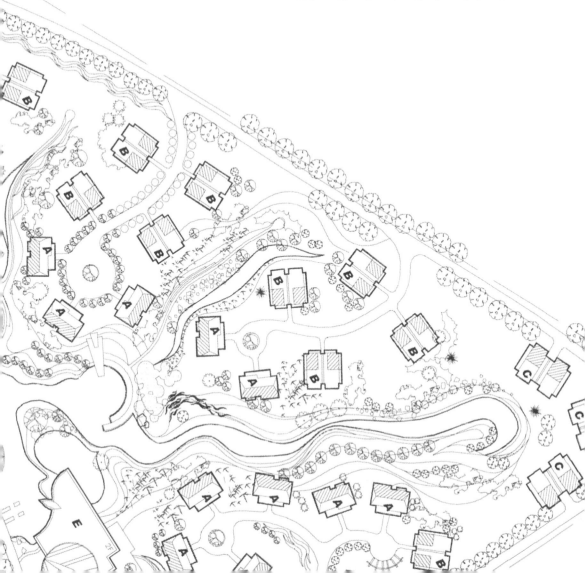

基于全域全要素的国土空间用途分区实践探索

冯启凤 *

摘　要： 构建全域全要素国土空间用途分区是国土空间规划编制和自然资源统一管理的基础。本文在总结国内外国土用途分区体系的基础上，按照新时期国土空间规划编制要求，系统阐述了本次国土空间用途分区体系和分区方法，结合青岛蓝谷的案例，介绍了国土空间用途分区的工作流程和方法，旨在为国土空间规划全域全要素用途分区提供一种新的思考。

关键词： 全域全要素；国土空间；用途分区

党的十八大以来，我国先后出台了一系列政策推动空间规划体系改革，旨在加强空间规划整合，推动"多规合一"。2013 年，《中共中央关于全面深化改革若干重大问题的决定》提出：加快生态文明制度建设，建立空间规划体系，划定生产、生活、生态空间开发管制界限，落实用途管制。2014 年，中央经济工作会议提出：要加快规划体制改革，健全空间规划体系，积极推进市县"多规合一"。2015 年，中共中央、国务院印发的《生态文明体制改革总体方案》要求：构建以空间规划为基础、以用途管制为主要手段的国土空间开发保护制度。2015 年，"十三五"规划指出应以主体功能区规划为基础统筹各类空间性规划，推进"多规合一"。2017 年，党的十九大明确了要完成生态保护红线、永久基本农田、城镇开发边界三条控制线划定工作。2018 年，中国共产党十九届三中全会通过的《深化党和国家机构改革方案》提出：组建自然资源部，承担统一行使所有国土空间用途管制和生态保护修复职责，建立空间规划体系并监督实施的职责。2019 年，中共中央、国务院出台的《关于建立国土空间规划体系并监督

* 冯启凤，高级工程师，现任职于青岛市城市规划设计研究院总规所。感谢青岛市城市规划设计研究院王天青总规划师对本论文提供的技术指导以及徐文君、高永波、隋鑫毅对论文提供的实践支持。

实施的若干意见》明确指出：要形成以国土空间规划为基础，以统一用途管制为手段的国土空间开发保护制度，健全用途管制制度。随着国务院机构改革的完成和新的国土空间规划体系的确立，我国已迈向山、水、林、田、湖、草等全域全要素统一管理的新阶段。在新的国土空间治理体系下，实现"一张蓝图管到底"，国土空间用途的确立是规划方案的核心。在这样的背景下，通过国土空间用途分区，构建山、水、林、田、湖、草全域全要素协调平衡的国土空间开发利用和保护体系是需要重点研究的问题。

1 国内外国土用途分区研究综述

在自然资源部组建前，中国国土空间用途分区按照不同层级、不同内容进行了诸多分区，国家发展和改革委员会、自然资源部、生态环境部等部门均主导制定了各自的空间用途分区，主要包括主体功能区划、海洋功能区划、土地利用总体规划、城市总体规划、环境保护规划、林业规划、水源保护区规划等（见表1），组成了复杂的国土用途分区体系。经过实践检验，这些用途分区体系对各部门发挥核心管控功能起到了重要支撑作用，具备自身的合理性，如环保部门关于生态空间的分类、国土部门关于农业空间的分类、规划部门关于城镇空间的分类以及海洋部门关于海洋空间的分类等都值得借鉴。但是，在自然资源统一管理的新要求下，这些分类体系还存在一些不合时宜之处，主要表现在两个方面：一是从管制范围来看，主体功能区划、城市总体规划、土地利用规划没有涉及海洋部分的用途分区管制要求，海洋功能区划没有涉及陆地部分的用途分区管制要求，与国土空间规划的陆海全域覆盖要求不符合；二是从管制对象来看，土地利用规划主要针对耕地进行管控，城市总体规划主要针对建设用地进行管控，无法满足"山水林田湖草海"全要素统一用途管制的需求，与自然资源统一管理的新要求和全域全要素的国土用途分区要求均存在一定差距。

表1 我国各类国土空间用途分区类型一览表

空间规划类型	空间分区方式	空间分区类型
主体功能区划	开发内容	城市化发展区、农产品主产区、重点生态功能区
	开发方式	优化开发区域、重点开发区域、限制开发区域、禁止开发区域
海洋功能区划	开发内容	农渔业区、港口航运区、工业与城镇建设区、矿产与能源区、旅游娱乐区、海洋保护区、特殊利用区
土地利用总体规划	开发方式	允许建设区、有条件建设区、限制建设区
	开发内容	禁止建设区、基本农田保护区、一般农地区、林业用地区、牧业用地区、城镇村建设用地区、独立工矿用地区、风景旅游用地区、生态环境安全控制区、自然与文化遗产保护区、其他用地区

续表

空间规划类型	空间分区方式	空间分区类型
城市总体规划	开发方式	已建和适建区、限建区、禁建区
环境保护规划	保护方式	聚居发展维护区、食物安全保障区、资源开发引导区、自然生态保留区、生态功能调节区
林业规划	保护方式	经济林、公益林、森林公园、自然保护区
水源保护区规划	保护方式	一级水源保护区、二级水源保护区

1.1 日本：以保护农地为核心的全域国土用途分区

日本 1962~1998 年的 30 多年间共制定了 5 次全国综合开发规划，这 5 次全国综合开发规划都以"开发"为基调，以建设用地总量"扩张"为目标。进入 21 世纪后，随着经济全球化的发展，日本面临城市规模不断扩大、优质耕地被大量侵蚀以及日益严峻的环境问题。日本国土空间规划由原来的开发、增量扩张方式向提高国土质量方向转变，通过设立国土用途分区和设立相关的法律来保护农林用地、控制城镇扩张、提高用地效率。日本的国土用途分区建立在科学的土地用途区域规划的基础上，全域国土用途分区分为城市区域、农业区域、森林区域、自然公园区域和自然保护区域等 5 种不同地域分区，按照用地类型划分了 11 类不同利用分区——农地、森林、原野、水面、河川、水路、道路、住宅地、工业用地、其他住宅地、其他用地（公共设施用地、未利用地、沿岸地区），并通过制定《城市规划法》《农业振兴地域整备法》《森林法》《自然公园法》和《自然环境保护法》等法律对各类国土用途分区进行具体的规定。

1.2 美国：以控制城市规模为核心的全域国土用途分区

20 世纪 50 年代以前，美国主要通过划分土地使用分区，规范私人土地的使用与开发。土地使用分区一般分为住宅、商业、工业、农业 4 大类。每个分区均作出详细的用途限制，其主要目的是避免不相容土地使用性质的入侵。这种方法使工业区和居住区能够隔离，远离污染源，保护居住生活环境。20 世纪 50 年代以来，随着人口的增加、经济的发展，都市区不断向外发展扩张，侵吞了大量优质农地。以土地使用密度与容积管制为核心的土地用途分区越来越难以适应形势发展的需要。因此，美国各州纷纷开始通过采取城市增长边界等管制措施来控制城市规模的不断扩大。按照有关规划将土地分为受限制开发区和可开发区，并大致分为 10 个等级。

1.3 中国：新时期的全域全要素国土空间用途分区体系

中共十八大以来，习近平总书记从生态文明建设的宏观视野提出"山水林田湖草是一个生命共同体"的理念，新时期国土空间用途分区不仅局限于以城镇建设用地为主的建设用地用途分区，也不局限于以耕地保护为主的土地用途分区，从过去的单一功能用途分区扩展到全域国土空间用途分区，管制的对象扩大为整个国土空间，既有人类社会经济活动的物理载体，也包含了自然资源与生态环境要素。

新时期的国土空间用途分区应重点突出两个方面：一是全域全要素的用途分区，即包含生态红线区的生态空间、永久基本农田保护区的农业空间、城市开发边界的城镇空间以及海域的海洋空间；二是突出城镇集中建设区内的国土空间用途分区。具体的国土空间用途分区主要参考自然资源部出台的《市级国土空间总体规划编制指南》（自然资办发〔2020〕46号），将国土空间用途分区分为一级规划分区和二级规划分区。一级规划分区主要包括7类：生态保护区、生态控制区、农田保护区、城镇发展区、乡村发展区、海洋发展区、矿产能源发展区。二级规划分区共有20类，其中，城镇集中建设区分为居住生活区、综合服务区、商业商务区、工业发展区、物流仓储区、绿地休闲区、交通枢纽区、战略预留区等；乡村发展区主要分为村庄建设区、一般农业区、林业发展区、牧业发展区；海洋发展区主要分为渔业用海区、交通运输用海区、工矿通信用海区、游憩用海区、特殊用海区、海洋预留区；同时，各地可结合实际补充二级规划分区类型。

2 全域全要素国土空间用途分区技术方法

国土空间用途分区应在综合分析区域气候、水文、地质、地貌以及社会经济和人文历史的基础上，在现有各类自然资源的基础上，遵循生态保护优先的原则，以最大限度地完成耕地保有量、永久基本农田保护为导向，按照优先适宜和最优用途进行各类要素资源的重新配置，充分考虑其科学性和合理性划定的主导用途区域。

2.1 生态空间

在资源环境承载力评价、国土开发适宜性评价、生态敏感性评价等基础评价的基础上，运用ArcGIS平台对各项结果进行叠加，衔接自然保护地、生态红线、公益林保护区、水源地河流水系保护区等，优先确保双评价极重要区、生态保护红线、国家公益林、重要湿地等范围内生态用地性质；避免重要山体、坑塘水面、湿地、河流等具有生态功能的用地性质发生改变；将生态空间用地内、25度以上、沿海地区零散分布的耕地适当退耕；将生态红线区域作为生态保护区、其他生态空间作为生态控制区。

2.2 农业空间

根据耕地保护目标和乡村振兴发展要求，结合永久基本农田保护区以及为满足农林牧渔等农业发展、促进农业和乡村特色产业发展、改善农民生产生活条件为导向的农民集中生活和生产配套为主的区域，识别出农田保护区、乡村发展区。将耕地集中分布区内适宜恢复的园地、林地等调整为耕地用途（工程恢复的林地参考坡度分级，保留沿海地区林地）；将村庄布局规划计划拆迁撤并的村庄宅基地道路复垦为耕地；将零散的乡村工矿仓储用地优先复垦为耕地；将采石、采砂等采矿用地优先复垦为耕地，适当复垦为林地。

2.3 城镇空间

衔接城市发展战略，在尊重土地利用现状和发展需求的基础上，优先保证批而未建用地，考虑城镇在建、待建的重点项目以及为了完善城镇功能的城镇发展战略空间。主要将城镇集中发展区内零散的非建设用地调整为建设用地，保留外围地区重要的军事、公墓、村庄、批供用地等建设用地，保障交通等区域基础设施建设用地，避免占用集中连片的耕地，维持城镇内部的生态用地空间不变，合理划定城镇集中建设区、城镇弹性发展区、特别用途区。

2.4 海洋空间

以海定陆，建立海陆统筹框架。以海洋环境保护为基础，依据城市滨海资源特征和社会经济发展需求，衔接陆域产业定位，识别海洋发展区。

3 青岛蓝色硅谷核心区国土空间用途分区实践

3.1 青岛蓝色硅谷核心区概况

青岛蓝色硅谷核心区（简称"蓝谷"）位于青岛市即墨区，东邻鳌山湾，西临即墨中心城区，包含即墨区温泉、鳌山卫两个街道办事处，2019年年底，蓝谷常住人口为12.5万。蓝谷东、南濒临黄海，岸线蜿蜒，海湾相套，岛屿罗嵌；西南崂山余脉，环依群山，形成天然生态屏障；区内河流纵横，与山体间隔自然形成四组平坦腹地，山、海、湾、岛、河、泉、田相融（"一脉、两湾、三水、四片"），呈现拥山聚水、背山面海的自然山水格局。

3.2 蓝谷国土空间用途分区划分的原则

一是突出生态优先原则。按照"山水林田湖草是一个生命共同体"的系统思想，突出生态优先，加强蓝谷生态建设和保护，发挥生态保护区的生态服务功能，开展生态修复，推动形成绿色发展方式和生活方式。

二是坚守耕地红线原则。坚持最严格的耕地保护制度，以提高耕地质量和改善农业生产环境为主要任务，大力推进土地整治和高标准农田建设，尽力确保耕地保有量和基本农田任务顺利完成。

三是促进陆海统筹原则。反映蓝谷发展实际诉求，衔接海洋科技名城的建设目标要求，按照陆海一体的国土空间思想，统一陆域和海域空间用途分类，明确用地、用海、用岛边界，以此优化陆海资源要素配置，实现陆海空间布局与发展功能相统一，促进海岸带综合保护和利用，形成陆海协调的开发利用与生态保护格局。

四是保证科学实用原则。结合蓝谷实际需求和国土资源现状，建立层级序列，形成上下链接、分级实用的国土空间规划用地、用海、用岛分类体系。同时，为提高规划的弹性和可操作性，在分类上进行优化，形成科学实用的分类体系。在空间划定上尽量保证分区集中连片，便于土地的集约利用及规划管控。

3.3 蓝谷国土空间用途分区划定路径

3.3.1 生态保护区

利用气象、遥感、土壤、水文、地形等空间数据，结合双评价结果，将蓝谷具有的特殊重要生态功能，或改善陆海生态系统，保持流域水系网络的系统性、整体性和联通性的区域识别，作为形成未来城镇生态屏障、生态廊道和生态系统保护格局的基底，将生态保护红线集中划定区划定为生态保护区，将双评价中极重要区、国家公益林分布区、水源地及水系滩涂区域划定为生态控制区。

3.3.2 农业保护区

在综合评价的基础上进行永久基本农田布局调整优化，以现有永久基本农田为底图，将划定不实和重大建设项目需占用的永久基本农田划出，将耕地质量较好以及高标准农田等土地整治项目划入，形成永久基本农田保护红线，划分出农田保护区，实现永久基本农田数量、质量、生态"三位一体"。

将永久基本农田以外为满足农林牧渔等农业发展，促进农业和乡村特色产业发展、改善农民生产生活条件为导向的农民集中生活和生产配套为主的区域，划定为乡村发展区，包括村庄建设区、一般农业区和林业发展区。

3.3.3 海洋发展区

落实《青岛市海洋功能区划（2013~2020年）》《青岛市海岛保护规划（2014~2020年）》对青岛蓝谷海域功能划分的规定，结合蓝谷滨海资源特征和社会经济发展需求，对蓝谷部分海域进行优化调整，将蓝谷海域划分为渔业用海区、交通运输用海区、游憩用海区、特殊用海区等4类功能区。

3.3.4 城镇发展区

考虑城镇的发展方向与布局形态要求，以规模优化、布局优化、边界优化为原则，结合蓝谷现状建设以及未来发展需求，划定城镇发展区。结合三调的城镇建设用地、批供项目及未来城镇发展战略空间划定城镇集中建设区。将未来发展的不确定区域、在城镇开发边界内预留的一定的区域划定为城镇弹性发展区。将城镇开发边界内为了优化城镇空间格局与功能布局、保障城镇生态功能与环境品质的各类生态和人文景观等开敞空间划定为特别用途区。

4 结语

建立国土空间规划体系、健全国土空间用途管制已经成为国家推进空间治理体系和治理能力现代化的重要手段。本文阐述了国土空间用途分区的体系和方法，通过青岛蓝谷案例进行实践检验，旨在为陆海统筹、自然资源全要素管理的国土空间规划用途分区提供一种新思考，为规划同行提供借鉴。

参考文献

［1］吴次芳、谭永忠、郑红玉：《国土空间用途管制》，地质出版社 2020 年版。

［2］陶岸君、王兴平：《市县空间规划"多规合一"中的国土空间功能分区实践研究——以江苏省如东县为例》，《现代城市研究》2016 年第 6 期。

［3］易斌、沈丹婷等：《市县国土空间总体规划中全域全要素分类探索》，《规划师》2019 年第 24 期。

［4］周鑫、陈培雄、黄杰、王权明：《海洋通报》，《国土空间规划的海洋分区研究》2020 年第 4 期。

［5］汪秀莲、张建平：《土地用途分区管制国际比较》，《中国土地科学》2001 年第 4 期。

［6］刘贵利、秋婕、莫悠：《激活环境保护动力　建立生态环境分区管治长效机制》，《环境保护》2020 年第 21 期。

［7］袁源琳、韩雅敏、李隽：《日本国土空间规划体系特征及启示》，《活力城乡　美好人居——2019年城市规划年会论文集》，2019 年。

基于城乡融合的大都市远郊区城镇化模式探究

高永波　袁圣明　王腾辉 *

摘　要：大都市城镇化的进程模式众多，也一直是国内外研究热点。大都市远郊区城镇化水平通常较低。大都市远郊区拥有广阔的乡村腹地，既受大都市主城区的辐射，又与邻近县级中心城市密切互动，因此，大都市远郊区在城镇化路径选择上有多元化的趋势。交通条件、公共服务配套、乡村产业发展都会影响远郊区农村居民城镇化路径的选择。作为青岛的远郊地区，莱西市南部三镇的城镇化水平较低，人口集聚力较弱，实施新型工业化、农业现代化和新型城镇化的潜力较大。2020年莱西市入选了国家城乡融合发展试验区，同时正在开展关于城乡融合发展体制机制建设和新型城镇化的探索。本文以莱西市南部三个建制镇为案例，分析其基本情况、城镇化演变历程和发展动力，探索基于城乡统筹的大都市远郊区城镇化模式。

关键词：城乡融合；大都市；远郊区；城镇化模式

1　研究背景

1.1　宏观背景

我国新型城镇化已经进入了高质量发展阶段。"十四五"时期的中国城镇化，将全面提高城镇化质量，加快城镇化转型，走高质量城镇化之路。其中，加快农业转移人口的市民化是全面提高城镇化质量的关键。国土空间规划改革后，城乡融合成为高质量城镇化的一个重要衡量标准。

　* 高永波，工程师，现任职于青岛市城市规划设计研究院规划二所；袁圣明，高级工程师，现任职于青岛市城市规划设计研究院规划二所，副所长；王腾辉，助理工程师，现任职于青岛市城市规划设计研究院规划二所。感谢青岛市城市规划设计研究院王天青总规划师、田志强副总工程师对本文的学术指导，感谢规划二所解玉成、大数据中心胡倩在规划案例中提供的技术支持。

2019 年，国家发展和改革委员会等多个部门联合印发《关于开展国家城乡融合发展试验区工作的通知》(发改规划〔2019〕1947 号)，共确定 11 个试验片区，其中"山东济青局部片区"在列，莱西市、即墨区和平度市"一区两市"入选国家城乡融合发展试验区。莱西市城镇化率低于全市平均水平，在新型工业化、农业现代化和新型城镇化方面有巨大潜力，适合作为探索城乡融合的城镇化路径的实验区。莱西市南部三个建制镇属于青岛的远郊区，通过城乡融合的措施不断探索高质量发展阶段城镇化的有效路径。

1.2 文献综述

城镇化和城乡统筹在国外学术界有大量相关的理论成果，如美国学者唐纳德·博格 (D. J. Bogue) 的人口流动"推力 – 拉力"理论、法国经济学家佩鲁（Francois Perroux）的"增长极"理论、瑞典经济学家缪尔达尔（G. Myrdal）的二元经济结构理论、英国学者威廉·配第（William Petty）的比较利益差异学说、美国学者舒尔茨（W. Schults）等人的投资与收益理论、美国学者托达罗（P. Todaro）的乡 – 城人口流动模型等。美国学者麦克·道格拉斯（Mike Douglass）针对发展中国家在城镇化过程中存在的问题，较早地提出了"城乡一体化"概念，认为传统的城市极化效应虽然可以带来城市的繁荣，但与之伴随的是区域经济的落后、农村的老龄化和农民生活的贫困，采取城乡一体化（Rural–Urban Integration）方式，建立城乡联系的区域网络可以促进区域城乡经济的共同协调发展。美国学者斯卡利特·爱波斯坦（T. Scarlett Epstein）和戴维·杰泽夫（David Jezeph）提出三维的城镇化发展模型，包括乡村增长区域（Rural growthareas）、乡村增长中心（Rural growth centers）和城市中心（Urban centers），通过城乡之间的合作促进区域经济发展和城镇化。法国经济学家毕雪纳·南达·巴拉查亚（Bhishna Nanda Bajracharya）提出，通过发展小城镇，加强小城镇与乡村之间的联系，为城镇化发展提供基础，进而实现城乡协调发展。关于城市郊区城镇化模式最为著名的理论是加拿大学者麦吉（T. G. McGee）在对亚洲部分国家进行长期研究后提出的"Desakota"概念，并将其定义为一种以区域为基础的城镇化现象，其实质是城乡之间的统筹协调发展，以广州、深圳为核心的珠三角地区是中国"Desakota"模式的典型案例。

大都市远郊区的城镇化通常伴随着大都市的向外扩张和逆城市化。城镇的发展包括向心集聚力和离心扩散力两种动力机制，城市发展的前期以向心集聚的力量为主，后期以离心扩散的力量为主。郊区城镇化和逆城镇化就是城市离心发展过程中的两种不同类型和不同阶段（周一星，1995）。20 世纪 40 年代以来西方大都市经历了四次从城市中心向郊外扩散的浪潮，大都市郊区化促进了郊区小城镇迅速发展，郊区小城镇承接了中心城区人口、制造业、商业和办公业的外溢（徐全勇，1999）。我国的大都市虽然尚未进入郊区化阶段，但郊区城镇的经济更多地受到其在大都市区域中空间分布特征的影响（范晓瑜，2007）。

我国农村城镇化自下而上的动力主要来自农村非农产业化，珠三角和长三角等地区大都市远郊区的农村非农产业化现象较为普遍（梁镜权，2011）。与近郊地区依托中心城区辐射推动城镇化发展不同，远郊地区面临着产业发展水平较低、农业人口众多、城乡基础设施薄弱等问题，城镇化推进有一定的障碍（谢华育，2015）。解决"三农"问题对大都市远郊区乡镇的城乡统筹和协调发展至关重要（韩冬，2010）。成都市采取中心城区带动郊区与村镇自发城市化相结合的模式，大大地促进了郊区农村的发展，创造了城乡统筹的"成都模式"（刘玉莹，2010）。进入国土空间规划新时代，在大都市建设用地资源受到约束的发展背景下，远郊小城镇作为乡村与都市的衔接纽带和过渡空间，既要有效推进乡村振兴，又要优化城镇功能（苏蓉蓉，2019）。

2 大都市远郊区城镇化常见模式

2.1 以北京、上海为代表的新市镇模式

新市镇是现代都市扩张的常见发展模式，通常位于远郊区，主要是为了疏解中心城区的人口。国内以上海和北京规划的新市镇最有代表性。北京选择在城市重要发展廊道和主要交通沿线、具有良好发展基础、资源环境承载能力较高的地区，建设具有一定规模、功能相对独立、综合服务能力较强的新市镇，如通州区永乐店镇、昌平区南口镇等。除此之外，北京依托大科学装置建设的怀柔科学城、依托大兴国际机场建设的大兴国际机场临空经济区，也大大地推动了远郊地区城镇化进程。上海突出新市镇统筹镇区、集镇和周边乡村地区的作用，根据功能特点和职能差异，分为核心镇、中心镇和一般镇。核心镇有金山山阳镇和崇明城桥镇等，中心镇有长兴镇、枫泾镇、朱泾镇、安亭镇、亭林镇、奉城镇、海湾镇、惠南镇和罗店镇等。

2.2 以苏南为代表的工业园模式

苏南地区经济发展，乡镇工业起步早，苏州、无锡和常州等大城市周边远郊地区分布着大量工业园，不仅有国家、省、市级工业园，而且还有大量乡镇工业园。例如，苏州通过建设产城融合的工业园区对远郊乡镇进行规划整合，苏州工业园的建设促使胜浦、斜塘等远郊乡镇由镇变城区；昆山的玉山镇、花桥镇、正仪镇等乡镇依托乡镇工业园大大地提高了城镇化水平。由于自然禀赋和开发得当，苏州周边的同里、角直、千灯、胥口等远郊镇既是工业镇，也是旅游镇，服务业的繁荣也进一步加速城镇化进程。

2.3 以浙江为代表的特色小镇模式

特色小镇缘起于浙江，被写入 2017 年《政府工作报告》，从而推广到全国。在《住

房城乡建设部　国家发展改革委　财政部关于开展特色小镇培育工作的通知》（建村〔2016〕147号）中曾提出要培育1000个左右各具特色、富有活力的休闲旅游、商贸物流、现代制造、教育科技、传统文化、美丽宜居等特色小镇。特色小镇为新型城镇化提供了新样板和新路径，以特色产业带动城镇化的思路值得大都市远郊地区小城镇借鉴。

2.4　以珠三角为代表的全域城镇化模式

珠三角地区的城镇化表现为多中心、组团化的全域城镇化模式，自下而上的非农化主导了该区域的城镇化进程。珠三角大都市远郊地区小城镇、村庄的非农产业发达，部分建制镇人口规模能够达到中小城市规模，城镇建设用地扩张快，流动人口多，经济实力强，与城市中心差距不明显，以东莞和佛山最为典型。例如，东莞的长安镇和虎门镇常住人口都超过了50万，佛山的顺德区北滘镇则拥有碧桂园和美的两家本土的世界500强企业。

2.5　其他地区常见的新区模式

国内其他大都市为推动郊区城镇化、疏解中心城区人口、增加城镇建设用地，普遍采用新区模式进行郊区开发，例如西安的西咸新区、贵阳的贵安新区、兰州的兰州新区。但此类新区大多位于远郊，交通通勤成本较高，且一般都超出中心城区的溢出效应辐射范围，因此人口增长缓慢，建设周期较长。

3　莱西市南部三镇基本情况

3.1　基本情况

莱西市南部的姜山镇、夏格庄镇和店埠镇属于典型的大都市远郊区，三镇地处胶东半岛腹地，南距青岛主城区约50公里，北距莱西主城区10多公里，交通便利，一小时内可达李沧、城阳、即墨、平度、莱阳和海阳等周边区县（见图1）。对外交通通道有青龙高速、青荣城际铁路、204国道和309省道等，其中姜山镇是青岛—即墨—烟台发展轴上的重要节点。

图 1　莱西南部三镇区位示意图

产业方面，姜山镇作为青岛北部重要的工业镇，主导产业有新能源汽车、橡胶化工、生物医药、服装制鞋等，是山东省济青烟国际招商产业园青岛片区的重要组成部分。夏格庄镇近年来重点发展绿色建材产业，主导产业有石材加工、绿色建材和塑料加工等，镇域内有隶属于青岛饮料集团的五四农场。店埠镇紧邻大沽河，农业发达，是农业农村部批准的农业产业强镇，主导产业是蔬菜种植、交易和食品加工等；近年来还建成通航机场一座，围绕机场发展航空制造业和航空技术培训。三镇的产业发展均以制造业为主，农业基础较好，服务业较为滞后。

人口方面，根据统计，2018 年莱西南部三镇的户籍总人口为 17.7 万，户籍城镇人口约 4.8 万，户籍城镇化率 27.2%，远低于青岛市的 74% 和莱西市的 50%。根据百度慧眼的大数据统计，三镇常住人口约 10.4 万，另外有 3.3 万流动人口。可以看出，三镇的人口外流情况非常严重。通过 OD 分析发现，三镇的流动人口主要流动方向莱西城区以及三镇之间（见图 2）。

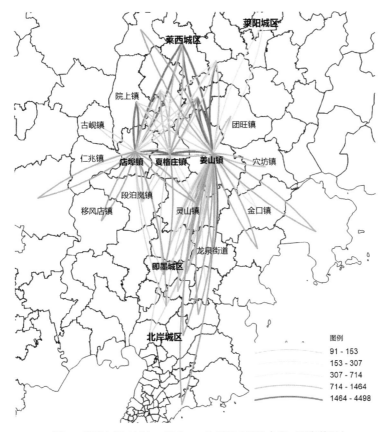

图 2　莱西南部三镇人口流动 OD 分析图（图片来源：百度慧眼）

3.2　莱西南部三镇城镇化发展历程

改革开放以来，莱西南部三镇经历了三个阶段：自下而上主导的初步萌芽阶段、自上而下主导的快速发展阶段和上下协调的收缩转型阶段。

3.2.1　1978~1992 年，自下而上主导的初步萌芽阶段

改革开放初期，莱西南部三镇陆续出现一批村镇企业，农村生产效率不断提高，农村劳动力被解放出来，进入村镇企业工作。这一阶段，姜山镇、李权庄镇和绕岭镇尚未合并，朴木镇和店埠镇尚未合并，各镇都在自下而上的动力主导下自发地推进城镇化，城镇人口和建设规模都有一定增长。

3.2.2　1992~2012 年，自上而下主导的快速发展阶段

20 世纪 90 年代，在青岛市扶持下，姜山镇（原李权庄镇）开始建设昌阳工业园，夏格庄和店埠镇也启动乡镇工业园区建设。这一阶段，依托完善的园区配套，姜山镇引进了泰光制鞋、耐克森轮胎等大中型企业，工业产值快速增长，在工业化带动下，

城镇人口和城镇建设用地迅速增长，姜山镇逐渐成长为青岛北部重要的工业基地。这一时期，为了提高乡镇的综合竞争力，集中精力打造乡镇工业园区，莱西市不断推进乡镇合并，1994年朴木镇被并入店埠镇，2001年绕岭镇被并入姜山镇，2012年李权庄镇被并入姜山镇。

3.2.3　2013~2020年上下协调的收缩转型阶段

2010年以后，受到周边大城市的虹吸作用以及劳动力价格上涨的影响，莱西南部三镇的人口已经出现外流趋势，外出打工成为普遍选择。同时，由于长期的计划生育控制，三镇的自然增长率保持在极低的水平，户籍人口增长缓慢。2015年在新型城镇化背景下，三镇户籍城镇人口数量有一次较大提升，但随后恢复缓慢增长的态势。三镇的人口外流情况与国内小城镇进入收缩阶段的大趋势也是一致的。

这个阶段，原来乡镇较为青睐的传统产业发展受到限制，青岛市也与三镇政府相协调，不断引进新兴产业，试图推动三镇实现产业转型，提升其人口集聚力。2013年姜山镇引进了北京新能源汽车产业项目，到2020年北汽一期、二期已经全部建成投产，由此成为北方新能源汽车的重要制造基地。2017年夏格庄镇提出打造"绿色建筑小镇"，引进多家绿色建材企业。店埠镇依托航空机场建设"航空文化小镇"，围绕机场建设航空产业园，引进多家飞机制造企业。

4　莱西南部三镇城乡统筹的城镇化模式

4.1　莱西南部三镇城镇化发展动力分析

按照城镇发展的两种动力机制理论，莱西南部三镇作为青岛的远郊地区，前期需要依托自身对周边乡村区域的向心积聚力量，发展成为具有一定规模的小城镇，后期需要依托青岛主城区的离心扩散力量，升级为现代化的小城市，两种力量相结合才能实现城镇化。

农村生产力的提升是农村城市化的根本动力。只有完成农村产业现代化，才能释放更多剩余劳动力、提高农民的收入水平，为其实现就地城镇化奠定基础。提高农村生产力，促进农村经济的发展，也可推动乡镇一、二、三产业的融合。莱西南部三镇农村地域广阔，小城镇作为工业和服务业枢纽，对周边农村地区具有辐射带动作用，镇区配套的公共服务设施也可与农村地区共享，逐步缩小城乡差距。

由于在国土空间规划阶段，大都市远郊区的城镇大规模扩张已无可能，但农业生产空间可以得到充分保障。通过小城镇的产业升级和农业现代化双管齐下，可以提升地区生产效率和农民收入水平，促使农民在生活方式和生产方式上完成现代化，有利于推动农民实现就地城镇化。

2019 年莱西南部三镇的户籍城镇化率仅有 27%，常住人口城镇化率仅有 32%，尚处于城镇化的初级阶段。随着产业不断升级转型，工业化水平不断提升，三镇的城镇化也将进入加速阶段。加速阶段初期为 2019~2025 年，户籍人口城镇化率按照年均 1.5 个百分点的中增长率增长；加速阶段中期为 2025~2035 年，户籍人口城镇化率按照年均 2 个百分点的高增长率增长，预计到 2035 年将达到 56%。而常住人口城镇化率则按照年均 2 个百分点的增长率增长，预计到 2035 年将达到 66% 以上（见图 3）。城镇化的动力既来自城镇的工业化，也来自农村的现代化，而城乡统筹是这两种动力共同作用的必然要求。

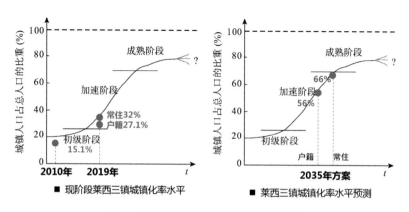

图 3 莱西南部三镇城镇化水平预测示意图

莱西市通过推动小城镇的产业升级吸引部分农业转移人口回流，同时加强生态体系整体修复、公共资源共建共享和城乡交通的互联互通，实现区域城乡统筹。就地城镇化既能为农民提供一个低成本的城镇化方式，也可以避免南部三镇这类大都市远郊区的空心化。通过高、中、低三种方案预测莱西南部三镇未来农业转移人口回流数量（见表 1），针对未来就地城镇化的多种可能性做出发展应对方案。若能够吸引异地城镇化的农业转移人口全部回流，则需要增加居住用地供给，大力发展服务业，加强农村劳动力培训，为新增的就地城镇化人口提供就业岗位。

表1　莱西南部三镇农业转移人口就地城镇化方案一览表（单位：万）

	现状户籍城镇人口	异地城镇化的农业转移人口	回流就地城镇化的人口	未来新出生城镇人口	预测户籍城镇人口	发展应对方案
高方案			5.6	0.8	11.2	增加三镇镇区居住用地比例，保留部分劳动密集型产业，大力发展服务业，加强农村劳动力培训，加大城乡公共服务资源整合力度。
中方案	4.8	5.6	2.8	0.5	8.1	加快产业转型升级，发展服务业和现代农业，加强农村劳动力培训，逐步淘汰劳动密集型产业。
低方案			1.4	0.3	6.5	严控小城镇规模，加快城镇产业升级，全面淘汰劳动密集型产业，引进人工智能技术，重点发展智慧农业。

数据来源：莱西市2019年统计年鉴和百度慧眼平台。

4.2　莱西南部三镇城乡统筹的就地城镇化措施

4.2.1　构建特色功能为主导的镇村体系

基于乡村资源特色，将城镇开发边界以外的镇域空间划分为若干乡村组团，包括镇区生活组团、特色产业组团、特色农业型乡村组团和农旅融合型乡村组团四类。与传统的行政主导的镇村体系相比，乡村组团更有利于激发乡村发展活力，将乡村特色农业与镇区非农产业有机地结合起来。

莱西南部三镇在城镇开发边界以外规划打造19个乡村组团（见图4）。绕岭农产品加工特色产业组团和东庄头农产品交易特色产业组团鼓励当地农业转移人口就近就业，发展实现一、二、三产业融合；大沽河沿线村庄依托滨河旅游资源打造滨水旅游乡村组团；保驾山村、望埠村依托红色旅游和姜山湿地打造田园旅游乡村组团；渭田村、双山村和三都河村依托传统村落建筑打造胶东特色乡村组团，通过发展乡村旅游为农民提供更多就业机会；若干特色农业型乡村组团则致力于农业现代化，提高农业生产效率，进一步释放农村劳动力。

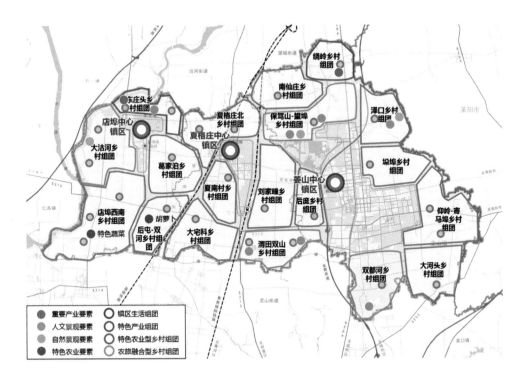

图 4　莱西南部三镇镇村体系示意图

4.2.2　基于生态廊道推动城乡生态统筹

为落实"两山"理论，建立全域全要素生态保护体系，莱西南部三镇以河流水系为基础，构建联通城乡的生态廊道，既能分隔城镇组团，又可以串联城乡空间。镇域范围内按照统一标准进行生态廊道的保护和建设，主要河流两侧预留的生态廊道具有水源涵养、防洪排涝和休闲游憩等功能（见图 5）。

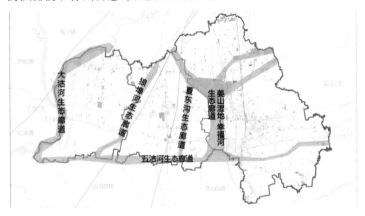

图 5　莱西南部三镇生态廊道布局示意图

4.2.3 提质减量，集约利用土地，提高村镇土地利用效率

借助编制国土空间规划的机遇，合理划定城镇开发边界，实现镇区土地集约利用，避免走过去工业园区快速扩张的老路。同时，根据产业规划，统筹布局农村工业用地，将农村低效生产经营用地复垦后腾出的城乡建设用地指标集中到乡镇工业园区使用，发展新能源汽车、航空产业和绿色建材等新兴产业。最终通过村镇土地利用效率的提高，倒逼整体企业效益的提升。乡镇工业园企业效益的提升，有助于吸引异地城镇化的农业转移人口回流、提高就地城镇化水平。

在农村地区以增加耕地、减少低效工业用地为目标，逐步将不符合规划的农村生产经营用地进行复垦。对于符合两规的农村生产经营用地，通过建立评价体系和淘汰机制，逐步淘汰其中生产效率较低的企业。

表 2　农村生产经营用地评价体系一览表

评价指标	判断标准	权重	相关性
产业类型	是否为新兴产业	20%	正相关
用地权属	是否为村集体产业	20%	负相关
用地效益	亩产税收	40%	正相关
权属人退出意愿	是否愿意退出	20%	正相关

4.2.4 推动一、二、三产业融合发展，实现产业升级

莱西南部三镇现状是一、二、三产业发展融合程度较低。店埠镇蔬菜种植和销售较为发达，但缺少蔬菜深加工产业；姜山镇制造业发达，但服务业发展较慢；夏格庄镇一、二、三产业均不发达。小城镇的发展优势是农产品的种植、加工和销售，但仅依靠农业无法创造出足够多的剩余价值，不能为农业转移人口提供足够多的就业岗位。因此，莱西南部三镇需要将一、二、三产业相融合，并推动产业从农业和低附加值传统制造业向高新技术产业以及服务业升级。莱西市在姜山镇结合姜山湿地建设基金小镇，引进城市资本，为农产品加工、乡村特色旅游和新能源汽车等产业提供资金支持，有效地促进了一、二、三产业的融合。

莱西南部三镇按照新城标准建设市政交通配套设施，为小城镇产业转型奠定基础。三镇围绕新能源汽车、生物医药、建筑新材料、航空制造和食品加工构建多条产业链，并借助工业物联网平台打造产业生态网络，增加就业岗位。

表 3 莱西南部三镇主要产业和企业情况一览表

产业类型	主要企业或构成	参考标准（个岗位/km²）	预测就业岗位（个）
汽车产业	北汽新能源基地、北京汽车厂及相关配套企业等	1500	20000
生物医药	海诺生物医药、奥迪斯生物科技	500	3000
建筑新材料	碧桂园绿色建材，华夏基石建筑工业互联网、英良石材加工	3000	5000
航空制造	赛捷公务机、美国派珀、哈飞运12及相关零部件制造	800	2000
食品加工	蔬菜深加工、饮料、肉类加工	2000	5000

4.2.5 引进职业学校，实现多层次、多元化的人才融合

莱西南部三镇通过引进西大技工学校、青岛职业技术学校、青岛航空职业技术学校等职业教育学校，对镇域布局的制造业进行对口人才培养，同时长期教育与短期培训相结合，提升三镇人口的综合素质，实现多层次、多元化的人才融合。同时，学校规模的逐步扩大，也可以为三镇带来稳定的常住人口，促进镇区商业服务业的发展。

表 4 莱西南部三镇在校师生一览表

学校类型	主要企业或构成	计划招生人数（人）	预计学生教职工总数（人）	位置	占地面积（公顷）
职业教育	青岛航空科技职业学院	30000	31000	店埠镇	60
	青岛职业技术学院莱西校区	5000	6000	姜山镇	17.9
	西大技工学院	8000	9000	姜山镇	26.7
私立学校	南开学校	3690	4000	姜山镇	26.9
合计		46690	50000		131.5

4.2.6 打造镇村共享的公共服务体系，提升公共服务质量

依据"城市—镇—行政村—自然村"四级体系，配置公共服务设施内容。在规模较大的姜山镇配套区级公共服务设施，包括区级综合医院、文化中心、体育馆、养老院和南部新城的招商中心，辐射莱西南部三镇和即墨北部汽车城区域。通过多级配套，保证就地城镇化的农业转移人口既能享受到与中小城市水平相对的公共服务，也能满

足社区"15分钟生活圈"的服务需求。对于九年义务教育以外的教育设施，在乡镇层面优先保证职业教育的就近配套，利用民办高中、莱西城区和青岛市区高中资源解决普通高中教育需求。

表5　三镇公共服务设施配建内容一览表

等级	公共服务设施配建内容
城市级	综合医院、文化中心、体育馆、养老院、招商中心
镇级	管理服务、幼儿园、小学、初中、医院、文体活动中心、敬老院、公园、公共停车场、公交站、便民超市、垃圾收集点、公共厕所、邮政、污水处理设施、主要道路路灯、农贸市场、防灾避难场所
行政村级	管理服务、幼儿园、卫生室、文体活动中心、文体活动场地、养老服务中心、村庄游园、公共停车场、公交站、便民超市、垃圾收集点、公共厕所、邮政、污水处理设施、主要道路路灯、防灾避难场所
自然村级	文体活动场地、垃圾收集点、公共厕所、主要道路路灯、防灾避难场所

5　结论

莱西南部三镇作为典型的大都市远郊区，城镇化滞后于工业化，城乡发展不协调，农民收入水平低，在城镇化过程中要注重城乡统筹发展。莱西市城乡统筹的就地城镇化措施对其他大都市远郊区具有一定的借鉴意义：构建特色功能为主导的镇村体系，激发村镇活力；落实"两山"理论，建立全域全要素生态保护体系；保护耕地、将村镇低效工业用地集中到乡镇工业园，提高土地利用效率；以小城镇为核心，推动镇域一、二、三产业相融合，通过乡镇工业园的产业升级，吸引农业转移人口返乡就业，提高农民收入水平；引进职业教育学校，提高远郊地区人口素质，增加常住人口；打造镇村共享的公共服务体系，提升公共服务质量。

总体而言，大都市远郊区城乡统筹的关键在于非农产业发展和公共服务的提升，需要把小城镇及其农村区域作为一个整体来研究。城乡统筹是实现高质量发展的前提，但不同地区应根据自身发展阶段和城镇化规律探索适合自己的新型城镇化路径。

参考文献

［1］谢华育、陈维：《上海远郊地区城镇化模式、问题和对策研究——以上海市奉贤区为例》，社会科学文献出版社 2015 年版。

［2］韩冬、曹西强：《大都市远郊区城乡统筹与协调发展研究——以新浜镇为例》，中国城市规划学

会编：《规划创新：2010 中国城市规划年会论文集》，重庆出版社 2010 年版。

［3］梁镜权、温锋华：《基于城乡统筹的大都市郊区农村城市化模式研究》，《改革与战略》2011 年第 8 期。

［4］李孟其、高伟：《Desakota 理论对珠三角城市化进程研究的影响及启示》，《南方建筑》2011 年第 4 期。

［5］周一星：《城镇郊区化和逆城镇化》，《城市》1995 年第 4 期。

［6］徐全勇：《国外大都市郊区化与郊区城镇的演变》，《小城镇建设》1999 年第 10 期。

［7］苏蓉蓉、廖志强、苏甦：《"多规合一"视角下大都市郊区城镇总体规划策略探讨——以上海练塘新市镇为例》，《上海城市规划》2019 年第 6 期。

［8］徐萍平、江小军：《大都市郊区城市化模式探讨——以杭州为例》，《现代城市研究》1998 年第 4 期。

［9］陈明星、叶超、周义：《城市化速度曲线及其政策启示——对诺瑟姆曲线的讨论与发展》，《地理研究》2011 年第 8 期。

［10］范晓瑜：《快速交通体系对大都市郊区城镇发展的影响》，同济大学硕士学位论文，2007 年。

［11］刘玉莹：《城乡统筹的城市化模式探索》，兰州大学硕士学位论文，2010 年。

［12］《"十四五"时期新型城镇化迈向高质量发展阶段》，《中国经济时报》2020 年 10 月 29 日。

［13］《关于开展国家城乡融合发展试验区工作的通知》（发改规划〔2019〕1947 号），中国战略新兴产业信息聚合平台，2019 年 12 月 27 日，http://www.chinasei.com.cn/zcjd/201912/t20191228_31215.html。

［14］《分析上海郊区城市化进程的快慢：距离市中心远近，仍主导发展顺序》，https://baijiahao.baidu.com/s?id=1681815950798614440&wfr=spider&for=pc。

［15］《东莞市各镇排名，虎门镇面积最大，长安镇人口最多》，http://www.360doc.com/content/18/0512/22/40490835_753447284.shtml。

［16］《姜山新能源汽车特色小镇》，http://www.laixi.gov.cn/n1/n5798/n5801/n7333/n7335/n8355/190514100832600022.html。

［17］《夏格庄镇培育绿色建材产业，打造高质量发展引擎》，http://www.laixi.gov.cn/n1/n23/n27/190227114712361355.html。

［18］《山东莱西市店埠镇航空文化小镇建设稳步推进》，http://www.sd.xinhuanet.com/sd/qd/2019-01/22/c_1124018715_3.htm。

有机更新视角的老城区控规管控要素思考

赵启明　史宜民　田志强 *

　　摘　要：新一轮国土空间总体规划将明确城市有机更新的重点区域，注重补短板、强弱项，优化功能结构和开发强度，传承历史文化，提升城市品质和活力，避免大拆大建，保障公共利益。控规是国土空间规划"五级三类"体系中详细规划的重要组成部分，是传导和落实总体规划的重要抓手。随着政府管理需求的增加，控规管控要素在不断外延，涵盖了城市设计、海绵城市、地下空间等多项要素，愈发臃肿的管控要素使得控规难以实施，面对产权复杂、利益交织的老城，控规遭遇久编不批、批复之日即修改之时的困境。本文结合青岛市控规编制实践，从老城区控规面临的问题着手，落实党中央实施城市有机更新要求，立足于"自上而下"规划传导和"自下而上"内生更新两个角度，以简单、管用、好用为目标，提出老城区控规管控要素优化策略。

　　关键词：有机更新；老城区；控制性详细规划；控制要素

　　未来一段时期，我国城镇化进入提升质量为主的转型发展新阶段内涵式的有机更新是老城更新的主要方向。2019 年，中共中央要求分级分类建立国土空间规划，明确详细规划是开展国土空间开发保护活动、实施国土空间用途管制、核发城乡建设项目规划许可、进行各项建设等的法定依据。新时期老城区控规管什么？如何适应精细化空间治理需求？本文将从有机更新的视角，分析当前控规编制和应用存在的问题，并提出控规管控要素的优化建议。

　　* 赵启明，工程师，现任职于青岛市城市规划设计研究院大数据与城市空间研究中心，副主任；史宜民，助理工程师，现任职于青岛市城市规划设计研究院大数据与城市空间研究中心；田志强，高级工程师，现任职于青岛市城市规划设计研究院大数据与城市空间研究中心，主任，院副总工程师。

1 城市有机更新

1.1 "有机更新"理念的提出

1980 年，吴良镛先生在什刹海规划研究中首次提出"有机更新"思路，在遵循城市原有肌理的情况下，保留相对完好者，修缮、整治一般者，采取适当规模、适当尺度，循序渐进地对城市破旧建筑更新替换，既要保留旧城环境，又要满足现代化生活的需求。1987 年吴良镛先生在北京菊儿胡同的改造中实践了"有机更新"理念，在保护延续北京四合院肌理的前提下，提高居民的生活环境质量与居住水平。

1.2 "有机更新"理念的发展

党的十九大报告指出，我国经济已由高速增长阶段转向高质量发展阶段。城市建设也由外延式扩张向内涵式提升转变，城市大规模增长时期的城市更新是外科手术式的改造，破坏了宝贵的历史文化资源，冲击了脆弱的生态环境，是不可持续的。城市长期发展不能依靠手术维持，而是要靠自身细胞层面的新陈代谢，是小规模、渐进式的更新（伍江，2018）。通过有机更新统筹实现城市结构重塑、土地集约利用、产业空间拓展、城市功能完善、运行效率提升、人居环境改善、历史资源活化、生态环境修复的多元目标。"有机更新"理念已成为一种态度和价值观，保持更新后城市空间的完整性和时间的连续性。

1.3 "有机更新"理念的实践

上海市秉承习近平总书记提出的"人民城市人民建，人民城市为人民"的指示精神，开展了杨浦滨江整体活力提升行动，将原先工业生产为主的岸线更新为生活岸线、生态岸线、景观岸线，实现由"工业秀带"向"生活秀带"的完美转变，充分利用沿江工业遗存构建城市公共空间，留下了城市发展记忆。

广州市永庆坊历史街区微更新，将原有建筑以保留修缮为主，留住一定比例原住民，引入创意产业和时尚消费。既延续了传统风貌与生活，又为街区注入了新的活力，成为历史街区有机更新典范，其"绣花功夫"得到习近平总书记的称赞。

深圳市福田区水围村成功实践了城中村综合整治，采取政府出资、国有企业改造、村集体协调的方式整体租赁居民的"握手楼"，通过"统一设计、统一装修、统一管理"更新成为优质青年人才公寓，开创了城中村综合整治的典范。

北京、上海、广州、深圳、成都等城市均开展了小规模、渐进式"有机更新"实践，在更大范围内考虑城市综合效益，继承与发扬了吴良镛先生提出的"有机更新"理念。总的来看，各地项目的成功实施，离不开对建筑改建与扩建、功能调整与混合、用地权属变更等规划和土地管理的支持，因此控规作为功能和强度管控的重要工具，合理确定管控要素有利于鼓励和引导"有机更新"理念的实施。

2 青岛市控规编制与应用

控制性详细规划作为城市建设用地出让的法定依据，在城市外延扩张阶段发挥了重要指导作用。老城区土地价值较高，政府、市场和权利人对土地开发诉求不一，对控规期望值过高，导致控规普遍存在管得过多和内容繁琐的现象，甚至部分地区控规编制十年未得批复。

2.1 管控要素

19 世纪 80 年代随着我国市场经济改革，为适应规划管理与建设方式的转变，借鉴美国区划技术（zoning），开启了控制性详细规划实践。青岛市控规分为"片区 – 单元 – 街坊"三个层次，主要包括规定性指标和指导性指标两类，管控的规定性指标主要包括用地性质、用地面积、建筑密度、建筑限高（上限）、建筑后退红线、容积率（单一或区间）、绿地率（下限）、交通出入口方位（机动车、人流、禁止开口路段）、停车泊位及其他公共设施（中小学、幼托、电力、电信、燃气设施等）。

2.2 应用场景

国有建设用地出让或划拨应当出具规划设计条件，并纳入土地出让合同或划拨决定书管理。规划设计条件则依据已批复的控规拟定，对建设项目提出规划建设要求，是编制修建性详细规划和审批、建筑设计方案审查、建设工程规划许可和规划核验的重要依据。因此，涉及用地功能改变、开发强度调整、建筑形态优化等方式的更新项目，需要依据控规编制规划和审批项目。

2.3 取得成效

城市扩张时期，土地整理成本较低、项目实施难度小，控规侧重于描绘蓝图、传导刚性管控，确保建设项目按照既定规划目标实施。成熟的控规管控指标体系和配套管理机制，对上传导和落实上位规划，对下保障项目建设土地供应需求，成为蓝图设计与项目建设之间的有效纽带。青岛市大规模旧城、城中村和老企业搬迁改造实施时，控规在"守底线、定功能、定强度"等方面发挥了有益作用，但也面临着一系列难题。

2.4 存量建设用地管理的控规失效

青岛市老城区控规普遍面临规划久编不批、"批准之时即修改之日"等情况，控规作为法定规划的权威性和严肃性受到严峻挑战。以刚性控制主导的终极蓝图式控规，在指导产权复杂、利益多元的存量用地更新改造时失效，存在的主要问题有以下四个方面：

2.4.1 刚性指标确定难

老城区产权复杂，土地获取成本高，更新改造限制条件多，导致项目招商具有不确定性，项目用地性质、开发强度、绿地率等刚性指标难以简单确定，是控规久编不批的根源。

2.4.2 缺少多元更新方式引导

现行控规主要关注拆除重建类用地，对于既有建筑功能改变、改扩建等微更新缺少管控和引导，导致审批微更新项目时缺少法定规划依据，项目实施路径不清晰。

2.4.3 缺乏实施统筹管控

现行控规主要管控要素是针对地块，缺少指导实施的管控策略。老城区土地价值高，由于政府与开发企业已形成开发联盟，优先实施收益快、获利高的经营性用地，导致公益性用地储备滞后，是规划公益设施落地实施难的根源。

2.4.4 编制要求冗多，规划不堪重负

新国土空间规划体系建立前，控规上位规划和标准规范众多，如海绵城市、地下空间、绿色建筑等工程性要求被纳入控规编制范围。由于控规并非直接实施的规划，难以将工程性要求纳入法定规划，仅对该部分内容提出原则性要求，并无实质控制，既增加了无效研究工作量，也容易造成规划和建设主管部门的多头管理、权责不清。

3 有机更新工作的两个视角

单一的目标导向规划在老城区可实施性不强，应当以问题导向为基础，目标导向为指引，通过解决问题实现规划目标。同时，要充分考虑经济可行性，为市场活力留足空间。因此，老城区有机更新工作可以分为两个角度：一是"自上而下"统筹要素，保障基本公共利益；二是"自下而上"引导要素，发挥市场配置城市更新要素，发挥市场力量推动老城有机更新。

3.1 "自上而下"统筹视角

新时期以人为本实施城市有机更新已成为社会共识，实现城市功能完善、产业空间拓展、土地集约利用、市民方便宜居、保护历史文脉、提升环境品质等目标，有机更新的目标就是老城区更新发展的底线。老城区控规应更加注重城市问题的查找与底线的控制，精准识别发展短板，定量分析城市限制要素，以便有效确定管控要素。

3.1.1 统筹交通体系优化

近年来大多数老城区面临交通拥堵的困境，为缓解交通压力，实施了道路拓宽工程，新建了大量快速路。事实上交通拥堵问题仍没有得到有效解决并愈演愈烈，快速交通影响了城市功能空间完整性，居民也失去了慢行空间。

构建"公共交通＋步行"为主导的交通系统、落实"小街区、密路网"布局要求、织补慢行交通网络是城市有机更新的重要任务。近年来大城市轨道交通进入快速发展期，

轨道交通建设给老城区带来新的机遇，利用轨道交通串联保障性住房、人才公寓、公共服务设施以及商业设施等基本生活保障空间，提高老城区公共出行比例，促进交通干道"降速、减宽、增绿"，轨道交通站点核心区（200米）是老城区控规管控的重点区域。

3.1.2 统筹更新功能

本轮国土空间总体规划划定了规划分区，并明确各规划分区主体功能。城市更新时应当落实主体功能定位，将用途管制传导至更新用地。由于城市更新项目的实施具有不确定性，地块功能和用途需求随市场需求不断变化，控规阶段明确更新用地范围和用途难度大。

城市更新用地连片集中的区域，可以借鉴美国区划法的"规划内发展"措施（程明华，2009），按照区域主体功能的方式进行管理，不直接规定地块用途。控规确定管理单元的主体功能，约束不同主体功能内用地功能调整比例、总建设量等刚性指标。项目实施时编制城市更新单元规划，细化确定地块边界、功能用途和开发强度等。

3.1.3 统筹公益设施建设清单

目前控规依据各地政府部门出台的公共服务配套标准确定公益设施的规模和布局，例如2010年青岛市规划局发布《青岛市市区公共服务设施配套标准及规划导则（试行）》，指导详细规划的编制和审批，有效地保障了规划公益设施规模。由于公益设施具有非营利性属性，在缺乏实施统筹情况时，市场主体选择后置或搁置公益设施实施，老城区公益配套短板问题日益突出。

城市更新项目启动时应当对片区内教育、文化、体育、卫生、养老、行政等公益类公共服务设施开展评估，按照构建"15分钟社区生活圈"要求，明确服务规模和可达性的现状短板。结合片区人口变化趋势，合理确定"补短板"的公益设施建设清单，根据实施模式分为项目配建和项目捆绑两类，为下步城市更新单元规划审批和土地出让（划拨）前规划条件拟定提供依据，确保公益设施与更新项目同步实施。

3.2 "自下而上"引导视角

城市中功能性衰败和物质性老旧每时每刻都在发生，功能性和物质性更新往往是权利人自下而上的微更新，控规难以精准预测并超前管控，而这些恰恰是渐进式有机更新的重要组成部分。目前控规对于微更新的管理处于空白状态，例如老旧小区改造、工业创业园改造等更新项目缺乏控规审批依据，"一事一议"的审批方式时间漫长，影响市场参与积极性。

城市微更新区域需要的是特殊扶持政策，控规应明确享有该类政策的政策区。在政策区内更新项目可享受微更新政策，例如允许在不调整控规强制性内容的情况下，现状用地功能兼容或调整为符合所在管理单元主体功能发展要求的用途。

4 青岛市老城区控规创新探索

青岛市老城区主要集中在胶州湾东岸、胶济铁路两侧区域，历经百年发展，历史文化底蕴丰厚。老城区包含历史文化街区、老商业街区、老工业区、老旧小区、城中村等，现状更新基底多元化。2016 年青岛市控规编制全覆盖工作中，不同功能区在可更新用地管控方面作了许多有益的探索。

4.1 历史文化街区

青岛市将历史文化街区保护规划与控制性详细规划合并编制、合并审批、合并管理，划定保护紫线，实现了对文化保护单位、历史建筑、传统风貌建筑的精准保护。中山路历史文化街区保护规划在单元图则方面进行了创新，除保护历史资源外，增加了功能准入内容，以塑造旅游名品荟萃区为目标，通过业态策划确定了建筑正向功能清单，为下一步精细化街区治理提供有效支撑。

4.2 工业遗产

市北区滨海新区南片控规在工业遗产保护利用方面作了较好尝试，对中车四方老厂区 42 公顷的街坊进行了整体管控。将厂区内需要保留、保护的要素进行落位控制，规划以科研、中小学、博物馆等公益功能为主，提高公共利益控制要求，确保实施阶段政府拥有充足的博弈空间。2020 年 11 月，中车四方智汇港项目正式开工建设，超标准地落实了控规明确的公益底线，同时增加了产业和居住功能，促进了区域产城融合发展和土地集约利用。

4.3 城市更新单元探索

市南区西片区控规编制时在中岛、云南路、青岛湾广场等重点更新地段，以道路为界划定了 6 个城市更新单元。在地块图则中提出，实施时原则上不超出现状人口总数，确保现状公共服务设施不减少、服务水平不降低。在用地功能、开发强度等强制性指标控制方面为更新单元"开天窗"，允许以最终批准的更新单元规划为准。更新单元的应用为项目招商留有弹性，解决区政府报批规划的后顾之忧。

5 老城区控规管控要素优化建议

5.1 避免新一轮全覆盖式控规修编

近年来各城市基本完成控规全覆盖工作。2016 年青岛市启动了中心城区控规全覆盖编制或修编工作，全市共 81 个控规片区，现已基本实现了老城区控规全覆盖，为老城规划建设管理提供了法定规划依据。随着新一轮国土空间总体规划临近上报，对详细规划的优化调整工作提上日程，对于是否有必要再来一次全覆盖式控规修编，大家观点不一。

老城区现行控规依据《青岛市市区公共服务设施配套标准及导则》(以下简称《导则》),结合片区规划人口规模,明确了公益设施清单,包括公共服务设施、交通设施和市政设施的规模和布局。经比较《导则》和《城市居住区规划设计标准》(以下简称《标准》)得知,《导则》对设施规模要求高于《标准》,仅在步行可达方面约束不足。在大幅度调整片区规划人口的情况下,青岛老城区没有重新规划公益设施的必要性。地块功能和强度的调整涉及利益主体的博弈,难以纳入控规修编程序。综合来看,老城区已批控规不适宜再开展一次拉网式修编工作。

5.2 以单元为单位开展规划编制

城市更新是老城区规划建设的主题,从规划传导来看,城市更新规划分为国土空间总体规划、专项规划和详细规划三个层面。其中,详细规划层面包含城市更新空间单元规划和城市更新实施单元规划两类。城市更新空间单元与现行控规管理单元应当保持一致,因此结合城市更新区域优化调整管理单元范围是首要工作,确定的城市更新空间单元是本轮控规优化的主要区域,其他控规管理单元不再统一修编。

控规编制时充分考虑统筹更新的要求,划定具有可实施性的城市更新实施单元,更新项目实施时要以更新实施单元为单位开展产权、补偿、规划、供地、建设等全流程管理。申报主体申请对控规确定的更新单元进行一定比例的范围调整,为市场参与留有余地。

微更新为主的区域可以划定政策区,为下一步出台微更新优惠政策提供实施依据。市南区西片区在滨海别墅区域划定了功能调整政策区,未来根据政策允许居住建筑调整为商业或商务用途,作为滨海旅游服务中心,引导滨海居住功能退出。

5.3 开展区域评估

借鉴上海市区域评估管理经验,开展三个层面的区域评估:一是以行政区为单位开展辖区公共服务设施、市政基础设施、交通设施等城市建设承载力评估,结合国土空间总体规划和各级专项规划,制定市级、区级和街道级公益设施建设需求清单;二是以城市更新空间单元为单位开展"15分钟社区生活圈"评估,按照《标准》要求补充社区级公益设施建设需求清单;三是以城市更新实施单元为单位开展实施评估,结合单元人口特征明确社区级以下配套设施建设内容。

开展区域评估的目的是通过分层精准识别,建立公益设施与更新项目捆绑机制,提高规划公益设施的可实施性,在更新项目实施时落实公益优先原则,保障公益设施在更新过程的建设时序。

5.4 优化开发强度控制

青岛市老城区控规编制时,开发强度微调对土地开发收益影响巨大,由于行政能力和管理机制不完善，开发强度自由裁量权具有较高的廉政风险。因此，对于地块开发强度采取极限上限的方式进行控制，由于没有弹性空间，容积率奖励和转移机制无从谈起。

借助本次国土空间规划体系重构机遇，通过制定法律法规的形式优化城市整体开发强度分区。例如，利用轨道交通核心区开发政策，限制轨道交通影响区以外的开发强度向轨道交通站点周边转移；利用海岸带保护政策，限制滨海区域开发强度向内陆转移等。以城市更新实施单元为单位，以区域评估为基础，合理确定单元总建设量，明确单元内开发强度分区，为地块开发留有弹性。

建立公开透明的开发强度调整机制，公开容积率奖励规则与数量，让项目开发强度调整充分接受公众监督，释放自由裁量权以增加控规弹性管理空间，为政府参与市场和权利人博弈增加筹码。

5.5 控规编制成果减负

现行控规编制技术规范对成果要求过于庞大，从形式上包括文本、说明书、基础资料汇编、图纸等。图纸中又包含总图图则、单元图则、地块图则，图纸中要求标注坐标、控制线、路名等内容，规划成果流于形式，实际操作上由于字体过小而难以使用。一套控规成果近百张文本和图纸，规划管理人员使用不便。

按照中共中央国土空间规划改革要求，建立坐标一致、边界吻合、上下贯通的国土空间规划"一张图"。详细规划作为国土空间规划体系的重要组成部分，需要纳入"一张图"进行统一管理，控规成果不可能再沿用原先的形式，所有的管控内容需要融合矢量文件后统一纳入实施监督信息系统，配合管理通则进行管理。因此，要求将控规复杂的规划逻辑和大量分析论证进行凝练，通过"一张图"表达全部管控要素，既提高了规划管理效率，也有利于多元数据的快速整合。

6 结语

城市有机更新是一项综合性、系统性、社会性工作，涉及功能优化提升、产业升级转型、肌理织补完善、配套升级增效、土地集约利用、文化风貌传承、政策赋能推动等。老城区控规管控要素选取时，应当充分考虑统筹与自发更新诉求，做到管关键、简单管、定政策、留弹性，严守公共利益的底线，同时促进市场配置更新资源，提高城市更新质量和效率。

参考文献

［1］程明华：《芝加哥区划法的实施历程及对我国法定规划的启示》,《国际城市规划》2009 年第 3 期。

［2］黄卫东、唐怡：《市场主导下的快速城市化地区更新规划初探——以深圳市香蜜湖为例》,《城市观察》2011 年第 2 期。

［3］彭飞飞：《美国的城市区划法》,《国际城市规划》2009 年第 S1 期。

［4］吴良镛：《北京旧城居住区的整治途径——城市细胞的有机更新与"新四合院"的探索》,《建筑学报》1989 年第 7 期。

［5］吴良镛：《从"有机更新"走向新的"有机秩序"——北京旧城居住区整治途径（二）》,《建筑学报》1991 年第 2 期。

［6］伍江：《保留历史记忆的城市更新》,《上海城市规划》2015 年第 5 期。

［7］伍江：《从历史风貌保护到城市有机更新》,《上海城市规划》2018 年第 6 期。

［8］杨生光：《探讨城市更新背景下的控规编制优化》,《低碳世界》2021 年第 3 期。

［9］阳建强、杜雁：《城市更新要同时体现市场规律和公共政策属性》,《城市规划》2016 年第 1 期。

［10］赵冠宁、司马晓、黄卫东、岳隽：《面向存量的城市规划体系改良：深圳的经验》,《城市规划学刊》2019 年第 4 期。

［11］战强、赵要伟、刘学、孟杰、张群：《空间治理视角下国土空间规划编制的认识与思考》,《规划师》2020 年第 S2 期。

［12］赵守谅、陈婷婷：《在经济分析的基础上编制控制性详细规划——从美国区划得到的启示》,《国外城市规划》2006 年第 1 期。

［13］阳建强、朱雨溪、刘芳奇、王铭瑞：《面向后疫情时代的城市更新》,《西部人居环境学刊》2020 年第 5 期。

基于市场化配置促进低效用地再开发的几点思考

商桐　季楠　周琳 *

摘　要： 本文解读城镇低效用地再开发的新要求，客观分析"低效用地"的概念特征、形成原因，明晰进行市场化配置的理论基础，探索提出利用市场化配置手段促进低效用地再开发的措施建议。分析得出：一是低效用地体现出权属复杂、利益主体多元等特征，以政府为主导进行低效用地再开发存在诸多困难；二是市场机制具有竞争、选择、激励等功能，市场化配置是低效用地再开发的有效手段；三是促进低效用地再开发，重点在于明确产权、建立规范市场、引入多元主体、强化税收激励等方面。研究建议：转变以行政为主的低效用地再开发模式，通过建立各类生产要素价格的市场化机制、构建自由流转的土地二级市场、积极引入多元的社会主体参与等措施，充分利用市场化配置促进低效用地的再开发。

关键词： 低效用地；市场化配置；低效用地再开发

1　引言

随着我国城镇化的快速发展，社会经济已由高速增长转入高质量发展阶段，城市的开发建设已经不能单纯依靠建设用地外延式扩张来推动，"以地城镇化"的城市发展模式发生了根本性转变。从 2019 年年底中央经济工作会议提出的"改革土地计划管理方式"，到自然资源部于 2020 年 6 月 2 日下发的《自然资源部关于 2020 年土地利用计划管理的通知》(自然资发〔2020〕91 号)，明确提出"继续实施'增存挂钩'"，"对未

---

* 商桐，高级工程师，现任职于青岛市城市规划设计研究院编研中心、青岛市国土空间规划智能仿真工程研究中心，主任研究师；季楠，高级工程师，现任职于青岛市城市规划设计研究院编研中心、青岛市国土空间规划智能仿真工程研究中心；周琳，工程师，现任职于青岛市城市规划设计研究院编研中心、青岛市国土空间规划智能仿真工程研究中心。

纳入重点保障的项目用地，以当年处置存量土地规模作为核定计划指标的依据"。在此背景下，加强城市低效用地的挖潜提质增效已成为保障城市发展空间的主要渠道之一。但目前针对低效用地的再开发仍较多采用政府主导模式，存在产权分散、利益平衡、债务抵押、规划调整等诸多困难，围绕低效用地的土地二级市场尚未完全建立，各类生产要素也未自由进入市场流通，各地仍在积极探索建立低效用地再开发的市场化模式。

2020年3月30日，中共中央、国务院印发的《关于构建更加完善的要素市场化配置体制机制的意见》提出了"充分运用市场机制盘活存量土地和低效用地"的新要求；随后在5月11日，中共中央、国务院又印发了《关于新时代加快完善社会主义市场经济体制的意见》，针对"构建更加完善的要素市场化配置体制机制"提出了"建立健全统一开放的要素市场""推进要素价格市场化改革""创新要素市场化配置方式""推进商品和服务市场提质增效"等四项具体措施。2021年3月出台的《中华人民共和国国民经济和社会发展第十四个五年规划和2035年远景目标纲要》更是强调"加强土地节约集约利用……盘活城镇低效用地……完善土地复合利用、立体开发支持政策"，为低效用地的市场化配置指明了方向；4月30日，习近平总书记主持召开中共中央政治局会议，听取了第三次全国国土调查主要情况汇报，会议上强调"要继续推动城乡存量建设用地开发利用，完善政府引导市场参与的城镇低效用地再开发政策体系"，更是进一步突显出市场参与低效用地再开发的重要意义。基于这样的认识，本文尝试客观分析"低效用地"的概念特征、形成原因，明晰进行市场化配置的理论基础，探索提出利用市场化配置手段促进城市低效用地再开发的措施和建议。

2 解读"低效用地"概念

2.1 概念界定

我们常说的"低效用地"，多指其狭义概念，是指围绕产业发展方向、设施安全性、功能完善性、经济效益性、土地利用强度等多元价值导向，对现状建设用地进行综合研判，主要表现为布局散乱、建筑危旧、利用不充分不合理、产出效率低的建设用地。相对于新增建设用地，低效用地体现出土地权属复杂、利益主体多元、空间碎片化、用地退出难等特征。

2.2 产生原因

造成低效用地的原因较多，主要有项目引入标准低、履约监管松、利益难以协调、流转难度大等原因。具体来说，有以下四个方面：

一是在之前城镇化、工业化快速增长过程中，城市发展"重速度、轻质量"，各类功能区、产业园区设立较多，产业用地扩展较快，引进的企业质量、效益参差不齐，加之政府在招商引资中一些盲目引进等原因，造成了城镇中存在较多的低效用地；而这些低效用地又占用一些较为优质的土地资源，加剧了城镇土地供需的矛盾。

二是政府的监管机制不到位，"重审批、轻监管"问题较为突出，导致部分企业利用效率不高，不按照合同履约使用土地的问题较为明显，而政府又缺少抓手进行督查，存在大量低效用地却无从发力。

三是多元主体之间的复杂关系，导致了低效用地再开发的管理成本与组织成本增加；另一方面，低效用地再开发打破了原有的利益格局，而再开发主体的预期收益受限；加之再开发的激励政策不足、落实较难，导致各方进行低效用地再开发的积极性不高。

四是用于低效用地流转的土地二级市场尚未健全，市场化流转机制不通畅。用于新增用地出让的土地一级市场已较为完善，而土地二级市场却一直没有形成完善的体系，直到 2019 年 7 月国务院办公厅出台《关于完善建设用地使用权转让、出租、抵押二级市场的指导意见》(国办发〔2019〕34 号) 后才逐步得以系统性建设，但长期积累的交易信息不对称、交易平台不规范、政府服务不完善等问题一时难以改善，导致二级市场的作用未能完全发挥出来。

3 实施再开发的重要意义

综合相关研究，本文所说的低效用地再开发，是指在已有建设用地上对原有用地类型、产业功能、建筑结构以及空间布局进行转换升级，使其与城市功能、空间布局和产业发展相吻合，以提高土地利用效率以及土地的经济、社会、环境效益的过程。实施低效用地再开发具有以下几项重要意义：

一是有利于明晰用地产权属性。处理好土地的产权问题是进行低效用地再开发的核心，要将原地块复杂的产权关系予以明确化，再开发的过程也是对产权与社会关系进行重构的一个过程。

二是有利于促进节约集约用地，提高用地水平，缓解用地供需矛盾。在严格耕地保护制度和节约集约用地制度的双重压力下，盘活城镇存量用地，有利于增加土地供给，高效集约利用土地，缓解当前突出的用地供需矛盾。

三是有利于带动社会资本投资，扩大城乡就业，增强经济发展动力。在政府财政紧张的情况，鼓励吸引多元化市场主体参与低效用地的盘活利用，能够很大程度上减轻政府负担，促进经济发展，使得各方利益主体能够达到"共赢"。

四是有利于引导产业结构调整升级，促进经济发展方式转变，保障新旧动能转换的用地需要。通过低效用地再开发，倒逼旧工业、旧城镇、旧村庄退出土地，淘汰低效用地，腾出土地引进高新项目、龙头项目和现代服务业，促进落后产业整合优化。

五是有利于完善城市基础设施和公共服务功能，改善城市人居环境。通过开展城镇低效用地再开发，优化空间布局，完善城镇功能和改善人居环境品质，综合提升土地的经济、社会、环境效益。

4 市场化配置的探索

4.1 理论认识

4.1.1 市场经济的一般理论

理论和实践都证明，市场配置资源是最有效率的形式。从经济学角度来说，市场决定资源配置，就是通过市场竞争、市场选择、市场激励等功能，促使优质资源要素向高质量项目集聚，对各类生产要素资源进行合理配置，从而实现效益最大化和效率最优化。深化土地要素市场化配置改革，重点是建设完善的土地市场、各类生产要素进入市场流转、各生产要素的价格市场化。这也是运用市场化配置促进低效用地再开发的关注要点。

4.1.2 运用市场化配置促进低效用地再开发的内涵

长期以来，低效用地再开发往往侧重从政府主导的角度，通过行政命令来推动。而运用行政化配置带来的主要问题表现在以下几个方面：一是参与再开发的主体较为单一，原土地使用权人积极性较低；二是缺少完善的土地交易市场平台，土地收回再出让的程序复杂；三是缺少反映供需关系的价格机制，交易费用较高，这导致了市场经济的价值规律、竞争规律和供求规律作用未能充分体现（严金明，2020），造成了低效用地再开发的资源配置效率较低。而根据市场经济的理论，这些问题只能通过引入市场机制、借助市场化配置的调节作用、引导低效用地的合理利用和自由流转来解决。

低效用地的市场化配置就是注重利益平衡和优胜劣汰，破除阻碍低效用地各要素自由流动的体制机制障碍，把低效用地再开发工作从行政化配置转变为市场化配置的过程，也就是说，要明晰低效用地的产权，建立公开透明的低效用地交易市场，确保低效用地再开发的多元主体能够自由进入或退出市场，并且土地、用水、用电等各类生产要素价格能够依据市场确定。通过市场化配置，确保低效用地的各权益关系在各个社会群体间进行合理、公平调整，建立正向激励、反向倒逼的再开发机制，才能够切实提高低效用地的再开发利用效率。

4.2 几点思考

4.2.1 进一步厘清政府和市场的关系，实现"有效市场"与"有为政府"的有机统一

运用市场化配置，首要的就是要转变政府的行政思维，由"政府主导"转为"政府引导"。一方面，政府应充分尊重、遵循市场发展规律，区分政府、市场、原土地使用权人的权益，通过"最优市场配置机制"，放开市场"看不见的手"，使得低效用地再开发的各类要素都能按照市场的供需关系自由流动，充分发挥市场对资源配置的决定性作用；同时还应进一步完善"增存挂钩"机制，将低效用地和批而未供、闲置土地一起纳入存量用地总盘子，以处置存量用地规模作为核定新增计划指标的重要依据，提升政府主体的积极性。另一方面，政府还要充分发挥出"看得见的手"对资源的配置作用，切实提供制度保障。在保护生态环境、维护用地产权、保障基本公共服务、弥补市场失灵、坚持实施"增存挂钩"、充分运用税收手段等方面起到宏观统筹、刚性管控的作用，明确政府需要收回土地的类型、比例、应移交政府的公益性项目面积等内容，确保城市建设的良性发展。

4.2.2 推进低效用地的确权登记，建立与市场化配置相适应的产权制度

市场化配置的基础是建立权责明确、流转顺畅的现代产权制度，而低效用地再开发的本质就是产权交易的过程。只有低效用地的产权（包括土地用途、开发条件、流转要求等）明晰了，各交易主体才能够在法律意义上明确自身的权利、责任和利益，交易双方才能共同遵守市场规则，从而对生产要素的价格变化反应敏感，提高参与低效用地再开发的积极性；而"模糊产权"会导致在再开发过程中产生严重的外部性，自身责任可以转移，利益得不到相应保障，致使再开发成本大幅度增加，再开发难以为继。因此，通过低效用地的确权登记工作，建立有利于低效用地市场化配置的产权制度，保障低效用地自由流转，是进行再开发利用的前提和基础。

尤其是对于低效划拨用地，因其具有政府统一调拨、无偿、无期限使用的特点，在土地使用、流转方面一直缺乏有效的监管，更容易造成产权混乱、资产流失等问题。因此，对于低效划拨用地首先要明确划拨用地的产权，确定用地盘活的利益主体，再开发才能有的放矢，提高企业再开发利用的积极性。

4.2.3 构建完善的低效用地流转市场，建立公开透明的要素交易制度

土地要素的自由流转离不开平台的支撑，只有建立了全面、公开、透明、规范的土地二级市场，为低效用地流转双方提供供求和交易信息、地块说明、政策咨询等服务，做好平台的动态监测和实时更新，才能有效降低信息不对称的风险，减少低效用地交易费用，促进低效用地再开发的效率；同时，建立差异化、多样化的低效用地交易方式，切实提升低效用地流转程序化、规范化水平，确保公平竞争。

4.2.4 强调市场主导，建立多元参与的再开发模式

同新增建设用地利用相比，低效用地再开发面临着更为复杂的产权关系和更加多元的利益主体。因此，要根据不同地块的现状建设、规划情况和改造目标，建立多元主体参与的低效用地再开发模式，将各类利益主体吸引到再开发过程中。尤其要加强市场运作，除了必须由政府回收改造的地块外，要充分激发原土地使用权人、市场主体、农村集体经济组织参与再开发的积极性，政府应做好政策引导、保障公共利益、督促监管等工作。

例如，对于历史城区、重点发展区域、周边条件较差的地块，应以政府主导为主，发挥规划引导和兜底保障作用；对于原土地使用权人资金实力好、改造意愿强、改造能力大的地块，应以原土地使用权人改造为主，激发企业改造积极性；对于可连片改造、增值潜力较大的地块，应以市场主体改造为主，充分发挥市场运作功能。

4.2.5 建立收益共享的规则体系，保障各方主体的收益实现

从根本上讲，能提升原土地使用权人、市场主体参与再开发积极性的还是经济利益，如果权利主体的收益受限，再开发的行为就不具备可行性，因此低效用地再开发只有更加注重利益平衡和社会公平才能得以持续。政府应树立"运营城市"的思维，按照"放权均利"（林坚，2017）的原则让各利益主体分享土地增值带来的收益，适当调整降低短期利益预期，通过低效用地及周边地块土地价值的提升来获得更长远的收益。

可通过引入多元化融资渠道、出台税费优惠政策、降低变更利用费用、返回一定比例的土地或土地出让收益、共享物业收益、完善"债券＋基金"融资模式等财政扶持措施，并将各类融资机构纳入再开发的金融保障体系，形成利益共享格局，有利于缓解资金压力，推动再开发工作的顺利开展。

4.2.6 明确低效用地再开发的奖惩措施，制定差异化要素价格体系

市场化配置的一大优势就是具有激励倒逼功能，要对低效用地的综合绩效进行科学合理的评价，借助"亩产效益"等评价成果，从开发强度、投资强度、产出强度等方面建立评价指标体系，使低效用地的分等定级更加客观、公正和权威。以此为基础，综合运用行政、经济、法律等手段，引入价格激励倒逼机制，出台差异化的用地、用水、用电、用能、用人、税费、信贷、地价等生产要素配置政策，建立用能、节能、排污等配额的交易制度，大大提高闲置低效用地的持有成本，推动资源要素向高效优质企业流动，倒逼企业加快转型升级的速度。

例如，对超过指标标准1倍以上的企业给予奖励、对达到或超过上述指标标准1倍以内的企业免于征收土地使用税、对闲置低效用地实行双倍征收土地使用税等措施。

4.2.7 创新再开发方式，提升行政服务效能

发挥市场配置作用，离不开服务环境的改善优化。政府部门应配套完善的用途变更管制等政策，将有利于低效用地再开发的规划调整内容划分不同等级，差异化地简化、优化审批程序，推动土地用途、开发强度等规划指标得到合理快速调整，为再开发提供精准服务。

例如，对于使用低效用地进行文化创意、科技研发、生产性服务业等新业态、新产业转型升级的，可不再经过政府收储、招拍挂出让程序，直接采取五年过渡期政策，保留原用途和出让价格，促进低效用地的快速再开发利用。同时，探索构建"准入—开发—退出—再开发"的全过程生命周期动态管理机制，采取协议出让、先租后让、弹性出让、混合利用、连片开发、"零增地"技改、异地置换等多种再开发方式，有效提升低效用地再开发成效，杜绝再开发用地再次变成低效用地。

4.2.8 建立"土地要素跟着项目走"机制，杜绝低效用地的新增

对于低效用地，一方面要加大再开发力度，另一方面更要注重源头管控。各地应主动适应土地计划管理方式的改革，坚持土地要素跟着项目走，以真实有效的项目落地作为建设用地配置计划的依据，加强对新增土地市场的宏观调控。落实"标准地"出让方式改革，严格设定项目准入标准，制定产业准入的负面清单，在符合国土空间规划、产业政策和用地定额标准的前提下配置建设用地，如自2021年2月底，青岛要求全部新增工业用地应均以"标准地"方式出让，签订出让合同和履约监管协议，倒逼企业守信履约，同时明确监管主体，保障后期监管有规可依。促进土地的差别化管理和择优竞争配置，引导企业按需拿地，确保增量建设用地更精准、更有效，从源头减少低效用地的新增。

5 小结

通过市场化配置促进低效用地再开发的关键在于：改变以往行政分配的要素配置方式，通过合理界定政府调控和市场配置的关系，真实反映市场供求关系；通过建立公平开放透明的市场平台、积极主动引入多元市场主体等路径，充分发挥企业及市场主体在资源配置中的决定性作用，实现各类土地要素的合理有效配置；通过统筹协调政府、市场与原土地使用权人在土地增值收益上的分配，构筑起利益共同体，形成利益共享机制，有效促进低效用地的再开发利用。

通过市场化配置促进低效用地再开发，不仅能够提高土地利用效率、优化城市建设用地布局，而且还减少了政府对于各类生产要素的直接干预，有助于推动城市管理方式的创新，提升城市的营商环境水平，促进城市高质量、可持续发展。

参考文献

〔1〕李明月：《我国城市土地资源配置的市场化研究》，中国经济出版社 2007 年版。

〔2〕闵师林：《城市土地再开发》，上海人民出版社 2006 年版。

〔3〕邹兵：《增量规划、低效规划与政策规划》，《城市规划》2013 年第 2 期。

〔4〕何鹤鸣、张京祥：《产权交易的政策干预：城市低效用地再开发的新制度经济学解析》，《经济地理》2017 年第 2 期。

〔5〕董祚继：《土地供给侧结构性改革的破题之举》，《新华月报》2017 年第 3 期。

〔6〕黄军林：《产权激励——面向城市空间资源再配置的空间治理创新》，《城市规划》2019 年第 12 期。

〔7〕洪银兴：《关于市场决定资源配置和更好发挥政府作用的理论说明》，《经济理论与经济管理》2014 年第 10 期。

〔8〕罗德明、李晔史、晋川等：《要素市场扭曲、资源错置与生产率》，《经济研究》2012 年第 3 期。

〔9〕庄幼绯：《土地要素市场建设制度框架研究》，《上海房地》2018 年第 3 期。

〔10〕刘丽娟：《国有企业改制中的土地处置方式分析》，《住宅与房地产》2017 年第 12 期。

〔11〕袁涌波：《浙江海宁要素市场化改革的主要做法与经验启示》，《中共浙江省委党校学报》2015 年第 2 期。

〔12〕严金明：《深化土地市场化改革要把握好五大价值导向》，《中国自然资源报》2020 年 4 月 13 日。

〔13〕林坚：《城镇低效用地再开发的若干思考》，《第二十六届（2017 年）海峡两岸土地学术研讨会会议报告》，南昌，2017 年 7 月。

青岛市创新空间演化规律认知与衍生思考

赵琨　李艳　杜臣昌 *

摘　要：创新是新时代城市高质量发展的核心动力，正确认识创新空间演化规律，对于优化创新空间功能布局、驱动城市转型发展具有深刻意义。本文以青岛为例，立足"时间＋空间"视角，以"阶段梳理划分－特征规律认知－规划路径设计－衍生问题思考"为主线，运用 GIS 方法，叠加多元变量，全景刻画青岛创新空间演化过程，并从自身发展和区域协同两个方向分析内含的逻辑规律，据此提出城市层面创新空间规划的技术路径和策略。在实证研究基础上，站在"政府施策"角度，对创新与空间的逻辑关系、创新空间研究导入经济学原理、创新阶段和地位对空间体系的影响、中观尺度创新空间研究范畴、政府介入时机等政府行为边界问题作出思考，明晰城市创新空间体系构建思路。

关键词：创新空间；演化；规律；行为边界

当前，我国经济发展进入"新常态"时期，增长动力由劳动力、土地、资源等传统要素驱动向科技创新驱动转变，发展方式由粗放型向集约型、由规模速度型向质量效率型转变。以创新驱动和高质量供给引领新需求，成为"双循环"发展格局下的必由之路。

创新空间作为创新活动的载体，已经引起了理论界的关注。但传统经济学的创新研究以创新要素的空间匀质分布为假设，忽视了创新活动在空间上的差异性。近年来

*赵琨，高级工程师，现任职于青岛市城市规划设计研究院编研中心、青岛市国土空间规划智能仿真工程研究中心，主任研究师；李艳，高级工程师，现任职于青岛市城市规划设计研究院编研中心、青岛市国土空间规划智能仿真工程研究中心；杜臣昌，高级工程师，现任职于青岛市城市规划设计研究院编研中心、青岛市国土空间规划智能仿真工程研究中心。本文为 2020 年度青岛市哲学社会科学规划项目（QDSKL2001353）成果。

兴起的创新地理学虽然从空间维度对创新活动开展研究，但研究对象的空间尺度以国家和区域为主，创新活动最丰富、空间差异性最明显的中微观层面研究还不充分；多数研究以静态视角为主，强调定量测度空间聚集度、联系度，缺乏对创新空间演化规律的剖析以及对其隐含规律、存在问题的探究。因此，当前的理论研究对创新空间规划实践的指导力仍然较弱，尤其缺少立足政府视角的探讨和明晰可行的规划路径。

城市创新空间规划研究的关键在于发现创新活动的空间端倪，认识创新活动的空间特征，寻找创新活动的空间变化轨迹。唯有将创新空间的规划营建与创新行为本身的规律结合起来，才能有效识别创新的空间诉求，在空间维度上有效组织创新活动。本文从规划实践需求和政府空间、服务供给的角度，以青岛为实证对象，通过研究创新空间演变阶段、规律特征、演进逻辑，提出城市层面创新空间规划普适性的技术路径和规划策略，并针对研究衍生出的逻辑问题，从"政府行为边界"的视角提出思路和方向。

1 青岛创新空间的演化与规律

1.1 创新空间内涵

创新空间的内涵是创新主体进行创新活动所需的空间载体或场所，各具特色的创新空间相互作用并形成了完整的城市创新生态体系。从创新全周期角度看，城市创新主体主要涵盖：从事基础性创新的高校、科研院所、重点实验等机构，从事应用技术创新的企业，直接或间接参与创新服务的各类中介机构和平台等，致力于制度创新的政府机构和非政府行业组织等（见图1）。

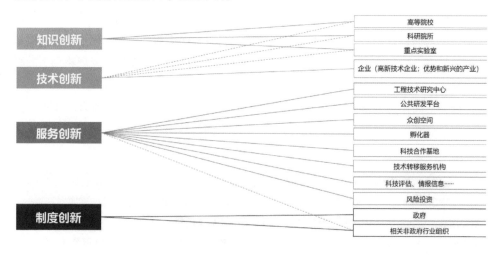

图1　创新主体涵盖范围

从事服务创新的主体大致分为三类：第一类是直接参与和服务技术创新的机构，如过程技术研究中心、公共研发平台、众创空间、孵化器、科技合作基地等；第二类是为科技资源要素流动配置服务的机构，如技术转移服务机构；第三类为科技创新提供支撑资源（资金、信息数据等）的机构，如风险投资、科技信息情报机构等。本文重点关注直接服务于创新过程及成果转移转化的创新主体及其对应空间，第三类服务创新主体不作为研究重点。

非政府的行业组织主要在行业标准制定、行业秩序维持、行规制定等方面发挥一定的制度创新和服务创新的功能。

本文重点研究从事知识、技术和服务创新的 3 大类、10 小类创新主体，对应到空间维度（见图 2），可以明确创新空间的具体形式既包括独立占地的科研、教育、工业等用地类型，也包括功能混合的楼宇、园区等类型。创新主体与创新空间之间具有多元对应关系，这是创新空间功能复合、边界模糊的重要原因。

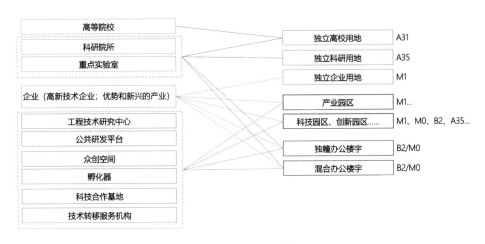

图 2　创新空间涵盖类型

1.2　创新空间演化阶段与特征

创新升级换代之快，决定了创新空间的演变有着较其他经济空间更显著的动态性。依托国家创新发展战略导向，百余年间青岛的创新空间无论在布局结构上还是组织模式上都发生了巨大变化，总体可概括为以下四个阶段：

1.2.1　传统创新阶段（建置至 1984 年）

建置后至改革开放初期，青岛的纺织、橡胶、机械制造、钢铁、化工、轻工业等发展迅速，催生出一批具有创新优势的科研院所，逐渐形成以产促研、以研带产的良好开端。这一阶段陆续设立 13 所高等院校、18 家科研机构，这些基础性科教创新机构聚集于前海一线、环胶州湾及崂山西麓等山海环境良好的区域。企业等应用创新主体则更多考虑铁路、港口的交通优势，沿胶济铁路线性分布。

1.2.2 开放创新阶段（1984~2008年）

这一时期，青岛相继获批计划单列市、成立国家级高新区、完成青岛港西迁，在开放引领下逐步实现产业转型，电子信息等高新技术产业初具规模，并沿济青高速、烟青公路两侧集中兴办了一批三资和"三来一补"企业。以企业为主体的创新空间形成"一园二区三线"的格局，全面实现向西海岸"跨越式发展"；同时，北部高新区得以壮大，并显现出沿交通干道向城市外围拓展的趋势。为配合产业空间拓展和新区发展，科研院所数量明显增加，高校布局从最初集聚于东岸沿海区域向外围扩散，科研机构仍倾向于东岸城区，集中布局态势无实质变化。

1.2.3 转型升级阶段（2008~2015年）

2008年国家开启创新型城市试点工作，宏观形势从技术引进转向自主创新。为配合创新型城市建设，加快重点领域科技创新，抢占海洋领域创新高地，青岛通过老企业搬迁实现产业用地置换，为创新发展提供了大量空间，并建设了崂山科技城、蓝谷、中德生态园、海洋高新区，创新空间开始以园区形式组织发展。这一阶段，大量科研院所落地青岛，一改单点聚集的模式，逐步向外围政策区拓展布局。

1.2.4 全面创新阶段（2015年至今）

2015年国家提出"大众创业、万众创新"，全面创新成为这一时期城市发展的"主旋律"。大量顶尖高校分校、重点实验室落地青岛，各类创新主体数量大幅增长，企业创新活动进一步加强，全面创新格局逐步形成。此时，创新空间布局结构整体向外推移，蓝谷、古镇口、临空经济区等重要功能节点凭借其区位优势、交通枢纽优势、政策区优势，成为创新主体聚集的热点区域。

1.3 内含的逻辑与规律

通过青岛创新空间演化的历史图谱可以看出，承载创新活动的空间具有明显的层级性、多元性、网络化、功能复合性、边界模糊性、非传统性和难以预见性，而将创新空间演变阶段与现状创新主体、创新产出分布空间叠加后，可以挖掘出其中隐含的内在规律与发展逻辑，对于多数城市而言，这一规律和逻辑具有相通性，并决定了后续识别潜力创新空间和进行空间组织的方向与路径。

1.3.1 创新热力空间从早期向城郊园区集聚转为向城市中心区回流

早期的创新空间主要以开发区、高新区等城市外围的"大空间"形式存在，随着中心区"退二进三"，城市工业外迁，以科技园区、孵化器等为代表的"专业创新空间"一度在城郊集聚。近年来，出于对技术、信息、资金、人才、市场等资源的追求，许多创新创业企业向大城市中心区回流，中心城区的创新热度值明显提升。考虑到成本敏感性以及对服务、良好环境氛围的需求，大量创新创业企业倾向于以"小微创新空间"形式，集聚在城市中心的旧工业改造区和旧城更新区。因此，综合改造（片区改造、功能改造、楼宇改造等）后的城市中心低成本区域对创新创业企业极具吸引力。

1.3.2 近郊的产业政策区更容易成为创新活动的聚集区域

除城市中心区，近郊产业聚集的高新区、开发区、工业园区也是创新发生的热点区域，因为创新大多依托产业开展，应用技术创新空间与产业空间的结合十分紧密。青岛近郊和远郊范围创新活动的主体主要是高新技术企业，承载空间以产业园区为主，反映出目前的创新活动仍以支撑工业化生产为主要目的。高校和科研院所等智力机构主要布局在市内七区，空间相对分散，集聚效应不明显，尤其是高校的空间离散性较强，与主导产业的发展在空间布局和专业设置上契合度不高，反映出知识创新与技术创新、技术应用还存在空间错位。科技中介主要布局在城市内圈层，东岸聚集态势明显，生产服务资源在空间上"一心独大"，难以支撑多中心创新体系的建构。

1.3.3 创新生态体系的构建强调创新空间的融合开放

创新空间营建的关键不是对创新主体和创新类型的选择，而是培育肥沃的"土壤"，提供高度开放融合的创新环境。具体有两层含义：一是构建"产学研府资介"有机结合的城市创新生态圈。从全球创新中心经验看，任何创新高地的打造除了创新要素和创新活动在特定地理空间上的集聚互动，更重要的是在长期互动中形成彼此适应、共生的生存法则与生态关系。政府在这一过程中要匹配创新需求，提供特色化、多元化的必需公共物品及服务，包括创新空间增量转存量、技术转化应用的政策依据，可以满足差异化需求的空间体系和配套服务设施以及社会网络关系、创新交流平台的建立。二是营造高度开放与多元包容的创新环境。目前，青岛在此方面仍有差距，还存在国际学术和商务交流签证程序繁琐、城市语言环境不友好、国际化服务设施缺失、消费业态缺乏多元性、信用体系建设滞后等问题。这些问题的解决是一个上下结合的漫长的过程，但首先要从源头明晰城市在全国、全球创新网络中价值区段的定位，这决定了创新环境营建的方向与力度。

1.3.4 创新强化了空间组织的网络化、等级化特征

工业化生产为主的区域，生产效率的提升依赖于专业化分工，日益紧密的上下游联系强化了区域城镇间的经济联系，形成"城镇—区域"模式。不同于工业生产空间聚集的特征，创新表现为表面松散、实则有序的"网络—节点"空间组织形式。原因在于：首先，创新在区域和全球范围实现资源流动，强化网络节点之间的连接通道比扩大节点的空间规模更有价值。其次，创新成果的传输依赖于虚拟网络，降低了物理

距离对创新关联的影响，创新活动的地理空间比一般经济活动的地理衰退性更强，创新协作更倾向于发生在创新能级相同或能级差距小的节点之间，因此，创新在空间上以等级扩散为主，而非相邻性扩散。需要说明的是，企业主导的创新或与生产制造过程紧密相连，或与生产空间分离，选择彼此能级适宜又联系便捷的区域。

1.3.5　创新空间具有强大的极化效应

与一般生产制造不同，创新难以进行资本替代，这是创新空间极化的关键原因。工业生产可由机器代替人，生产空间的安排更关注获得低成本空间和提高本地生产配套率。因此，工业区对周边产生的影响主要是扩散效应或涓滴效应，一个工业区的崛起会带动周边城镇的产业发展。创新作为一种智力活动，具备极高的资本替代门槛，要通过人与人的交流协作加以实现，因此，创新集聚地区对于配套的基础性服务和设施需求很高，而这些服务同样难以进行资本替代，从而贡献了大量就业岗位，吸引周边人口集中，产生较强的极化效应。所以，无论在城市尺度上还是城市群尺度上，都很难找到一个类似涟漪状的创新空间"差序格局"，创新高地的外围往往不是创新次高地。

以上规律，前三条从城市自身出发，回答了创新空间选择的问题，后两条扩展到城市群视角，反向思考了创新对空间结构影响的逻辑问题。不难看出，反映在创新空间上的问题都只是表面现象，其背后的深层次原因大都不是空间自身的问题，多是城市发展思路和治理能力的问题。

2　创新空间的规划策略

2.1　核心思路与技术路径

创新空间规划应尊重创新的经济属性，秉持"尊重市场不越权，开放包容不封闭"的原则，着重围绕四个问题设计技术路线（见图3）：一是针对"现状有哪些创新空间"，梳理既有创新要素及其空间位置，筛选创新要素集中的优势区域；二是在分析表象特征和内在规律的基础上，识别创新潜力区域，回答"创新需要什么样的空间，还有哪些区域适合承载创新活动"；三是对"现有＋潜力"的散点状创新空间，采取适宜的模式进行空间组织，回答"如何优化创新空间组织，打造创新中心体系"；四是利用生态学观点，基于创新生态体系的营建解答"如何支撑创新空间优化发展"。

图3　创新空间规划的技术路径

2.2　关键技术环节

上述技术路径涉及三个关键技术环节。

一是梳理既有创新空间，挖掘特征规律。在青岛的实践中，主要以"创新主体（产学研介）现状空间分布＋创新产出（科技进步奖、专利）现状空间分布"叠加方法，分析现状创新集聚分布的空间特征（见图4），在此基础上叠加创新空间演变数据，从动态角度挖掘出创新空间聚集变化的路径和规律（结论见本文1.3）。

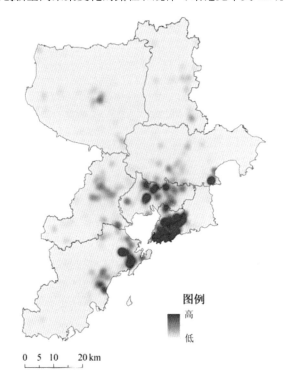

图4　青岛市创新活动现状集聚空间

二是识别潜力创新空间，做好双向研判。对创新空间的安排必须统筹考虑所有支撑要素在合理空间距离内的可得性。通过创新空间特征规律分析，创新活动空间选择时着重考虑区域的公共服务能力、交通便利程度、自然景观环境、创新基础条件及相关政策等具有明显正向作用的因素。因此，在识别潜力创新空间时，结合数据获取情况，着重从创新支撑要素、创新环境、创新基础条件三个方面设置指标体系（见表1），在单因子分析基础上耦合集成，识别出创新潜力空间。

表1 潜力创新空间识别的指标体系

指标层	准则层	方案层
创新支撑	公共服务设施	小学可达性
		三甲医院可达性
	城市中心可达性	城市中心区可达性
	交通可达性	机场可达性
		高铁站可达性
		地铁便捷程度
	自然景观环境	与海岸线距离
		与山体距离
		与水系距离
创新环境	园区	是否为国家级、省级园区
创新基础	人才集聚情况	本科及以上人口分布
	现状创新主体聚集情况	高新技术产业聚集
		高校聚集
		科研院所聚集
		科技中介聚集

对比创新潜力空间与现状创新活动聚集空间，有两种情况：一种是现状创新能级较低，但叠加上资源、政策等因素后，后续潜力大的区域，如即墨中心城区、胶州临海区域。一种是有优质的资源条件，但创新潜力预测结果并不理想的区域，这种情况应成为政府关注的重点。这种情况具体可以分为四类：第一，创新优势度明显下降的区域（经济技术开发区南部区域），既有违创新中心强极化效应的规律，也不符合这一区域"科教＋产业"的功能定位；第二，一些国家政策区（军民融合区、上合示范区核心区等）现状创新价值和未来估值均不理想，创新层级不符合区域能级定位；第三，极具资源优势但未能带动创新能级提升的区域（胶州临空经济区周边）；第四，有空间

释放潜力和区位优势的区域（黄岛石化区），但以空间创新潜力估测看，未能体现出与胶州湾东岸对翼发展形成下一个城市之"心"的趋势。

三是明确创新空间组织模式，找准施策着力点。单一创新集聚空间的形成和发展是市场选择的结果，将散布的创新空间有机组合成网络化的空间体系，则是政府介入创新发挥引导作用的关键突破口。政府对创新空间进行组织应在明确创新基本空间单元的基础上，研究如何分圈层、分区域、分类型地因地施策和因类施策，具体可以采取"活""组""连""织""补""扩"六类策略（见表2）。

表2　创新空间组织的方式与施策着力点

策略	适用圈层	重点区域	空间类型	创新空间特点	具体组织方式	施策着力点
"活"	内圈层	老城区	建筑（办公、居住、闲置等）、建筑群、校园、厂房	设施相对陈旧，有大量待活化的建筑和设施以及待提升利用效率的低效用地；文化氛围良好；部分区域景观环境和基础公共服务水平较高；空间成本相对较低	利用老城区旧厂房、旧建筑和闲置用地，打造一批低成本的小微型创新空间载体，重点吸引初创期企业入驻。设计好老城区内、外联系的交通微循环系统，提升基础设施服务能力，提高空间承载能力。通过微观元素的保留和注入，维系老城原汁原味的生活气息、浓郁的街道氛围，营造良好的创新创业氛围，增强对创新功能的吸引力	城市更新改造
"组"	内圈层	城市核心区	大型综合体建筑、建筑群、多类型企业集聚的创业园或科技孵化园、某类特定行业技术型企业聚集的科技园、依托实力企业形成的专业园区	产城高度融合，形态高度自由开放，功能高度复合，资源充分共享，创新辐射力较强	针对城区内规模小、距离近、散点布局、独立存在的基本创新空间单元，通过纳入周边生活服务等功能，增加内部街道连通性，优化景观环境，设置共享的公共交流空间，开放创新主体物质边界，以统一户外设施、家具、小品、绿化等风格的方式形成视觉上的街区边界，通过局部功能微调等方式，对空间重新"组合"，形成微型创新网络体系，形成开放式创新街区	微环境改造、边界开放

续表

策略	适用圈层	重点区域	空间类型	创新空间特点	具体组织方式	施策着力点
"连"	中圈层	城市近郊	专业型园区（科技园区、产业园区、创新园区等）	通常是以专业园区形式存在的生产型创新空间单元，规模较大，空间上集中布局，产城融合度一般，部分资源和服务依赖于中心城区	出于人员通勤、商务交往等需求，重点考虑建立与中心城区及其他重要创新节点往来交流的通道，如高等级公路、地铁、轻轨等必要交通设施。另外，依托交通复合走廊构建串联重要创新节点，并穿越主要城市区域的创新大走廊，作为打破行政壁垒的创新政策区，试行相关创新政策，培育集聚智力资源与生产力，提供宽松的发展环境	市政、交通设施建设
"织"	外圈层	城市远郊	专业型的特色小镇、专业化大型产业园区	通常以田园式创新空间单元的形式存在，由于远离城区，主要依靠私人汽车交通；基本可实现自组织与自满足，将居住－工作－娱乐－自然更加紧密地融合在同一物流空间范围内，对中心城区资源依赖较少，与邻近的次中心区域联系较为频繁	通过高等级公路、城际轨道交通等区域交通设施建设，将位于远郊区的独立创新源与城市内、中圈层进行连接，纳入市域创新网络体系。同时，完善区域基础服务功能和有关基础设施建设，进一步优化区域生态环境	区域型基础设施建设、区域特色环境品质营建
"补"	—	设施缺口大的区域	—	有些创新空间单元的资源依赖单一，存在明显的设施缺失，对创新潜力的发挥有所制约	根据创新空间单元的功能类型和需求，补齐创新发展所需的各类基础设施和公共服务设施，完善空间功能	基础设施和公共服务设施建设
"扩"	—	创新外溢明显的区域	—	有些创新空间单元的辐射范围较大，有规模扩张和对外链接的需求	硬件上做好区域基础设施的规划布局与用地储备，预留创新走廊建设空间；软件上做好跨区域的政策衔接与一体化发展机制设计	政策面对接、区域基础设施建设

3 关于政府行为边界的衍生思考

目前，关于创新空间的研究分散在地理学、城乡规划、经济学等领域，不同专业以各自的技术方法专注于不同方向的工作，理论研究成果的融合性仍难以满足实践需要，新空间规划的具体操作中还存在一系列未解决的逻辑问题。因此，本文站在"政府施策"的角度，重点思考公共行政部门对城市创新空间发展"介入时机"和"参与度""参与面"等行为边界问题。

3.1 创新与空间的关系紧密性和逻辑顺序

由市场决定的经济行为和由行政统筹的资源供给之间的关系，决定了规划研究的切入点和技术逻辑。规划惯常的逻辑是：创新活动主动地寻求合适的空间区位，选择资源特征符合发展需求的空间，应在同时分析区域条件和创新选址需求基础上，双向匹配选择适宜的创新发展空间。

但这个逻辑忽视了创新与空间关系的动态性。首先，创新发展与空间资源供给本质上都追求效益最大化，创新需要恰当的空间资源来支撑，空间需要通过承载创新实现价值最大化，两者的关联性毋庸置疑；其次，不能只以空间特征为依据选择创新落位空间，应反向关注创新的空间效应，创新发展大概率会改变空间的社会经济特征，重塑区域空间关系，进而长期影响城市的战略布局。

3.2 在创新空间研究中导入经济学原则

空间（土地）作为一种资源，要遵循市场规律，站在经济学立场思考其价值的最大化，弄清楚创新空间的盈利点。从政府视角出发，创新空间的盈利点离不开四个方面（$V=V1+V2+V3+V4$）：V1是土地资源出让收入，是创新空间最直接的经济价值体现；V2是创新带来的经济收入（税收）增长，视为创新空间出让的衍生价值；V3是支撑创新和生产的配套服务所产生的经济收入（税收），视为创新空间的溢出效应；V4是创新带动区域升级（基础设施、公共服务等完善）对周边空间价值的提升，同样视为创新空间的溢出效应。

各组成部分的估值情况为：城市通常有明确的土地出让价格，因此V1相对明确和固定；参考行业平均水平，创新生产带来的税收收入V2也是可期可估的；周边配套服务产生的经济效益V3没有确定公式，原因在于服务的多元化以及服务链条长、服务范围广；V4也是难以准确估算的，但由于创新会通过生态环境营造、设施完善、服务提升带动区域空间价值提升，V4必然会以正值形式存在。

解析后可以明确，自然资源和规划范畴应关注的是V1、V3、V4三部分。对于V1，应关注空间供给形式，即M0、M1、B2用地的统筹布局与合理出让配置；对于V3，应在创新产业用地集中区域，配套好相关服务设施的建设发展空间；对于V4，应在预留和布局创新产业用地时，同步做好基础设施、大型公建的空间预留和配建工作，并营造适于创新发展的良好景观环境。导入经济学原则后发现，创新空间研究的逻辑思路就是"创新切入，空间落脚"，即政府不必花费大量精力在具体空间位置和创新项目的安排上，而应致力于"空间力"的塑造，即研究如何提升V3、V4的价值。

3.3 城市创新发展阶段和地位对创新空间体系结构的影响

根据产业经济学理论，当城市处于工业快速发展阶段时，创新主要服务于一般制造业的效率提升。这个阶段城市发展的主要动力是以追求分工协作为目的的周边式扩张，强化了城镇群的发展。进入后工业化社会，创新主要服务于生活和具有技术垄断、技术领先特征的高端制造业，城市发展会在更大地域范围内向同等级或次等级的城镇寻求合作。长期来看，城镇体系与空间形态会趋于分散，跨区域、跨城市群和都市圈的创新与生产协作则更加紧密。对处于这一创新阶段和区域关系的城市而言，寻求与等级相似城市的分工协作是创新发展的最佳路径，空间关系也会跳出与周边区域的连片集群式发展。可见，研究城市的创新空间，要考虑其创新发展阶段，并将其置于更大的区域创新网络中统筹考虑。

3.4 中观尺度创新空间规划研究的内容范畴

不同空间尺度下，创新空间规划研究的内容和范畴存在差异。宏观尺度的研究通常交给城市战略规划，需要置于更大的区域创新网络中，统筹思考城市在创新链上的定位、机遇把控、创新网络融入等方向性问题。微观尺度的研究交给详细规划和城市设计，重点考虑单个创新节点的空间打造、环境营造、基础设施配套等空间形式问题，以落地的细度解决创新项目和功能的实际需求。

中观尺度应开展专项规划，结合创新领域、产业结构、发展阶段等，思考创新空间体系结构、大型设施配置和空间连通等问题，确保宏观的战略定位能有效传导至微观的空间设计。具体应做好四方面研究：一是形成全域统筹的、清晰的创新空间体系结构，这是大结构问题；二是营造多元化的创新空间体系（创新综合体、创新街区、创新园区、创新特色小镇等），明确不同区域的适用形式，这是类型形式的问题；三是做好支撑创新发展的市级和区域级大型基础设施、公服配套设施的布局，这是创新空间支撑的问题；四是做好产业用地类型细化（增加新型产业用地）、混合用地（扩大兼容）、低效用地／设施（增加利用弹性和灵活度）利用等实操性政策的研究，解决好空间资源供给的问题。

3.5 政府介入创新空间建设的关键点和时机

政府介入创新空间体系构建的关键点在于，针对"市场失灵"程度较高的领域，采取不同的介入方式，选择不同的政策工具，搭建好服务平台，营造让市场充分发挥作用的软、硬环境。硬环境主要由政府规划布局和出资建设一些基础设施、公共服务设施以及打造良好的景观环境等，强化空间对创新的支撑力，在物理层面串联创新节点，构筑网络化空间结构。从创新发展阶段看，有三个阶段的市场失灵程度比较高，分别是基础研究阶段、应用研究阶段和产品入市后的技术锁定阶段。政府应该针对每一个阶段的实际需要和具体问题，从财政扶持、人才引进、团队培养、科研制度建设、外部创新资源引入、资源共享、税收激励、金融支持、政府采购、政府推介、防范垄断、知识产权保护等政策"工具箱"中，选择不同的政策工具组合，塑造创新发展的良好软环境。例如，空间角度可以围绕降低创新用地成本的需求，探索低效用地再利用、混合用地、差异化地价等土地出让和利用方面的支持政策。

另外，要把握好政府介入创新中心建设的时机。从相关经验看，处于成长初期的创新中心大多属于政府驱动主导型，处于成熟期的创新中心多属于市场驱动主导型，可见创新中心发展的原始动力往往来自政府，公共行政部门应该更关注那些尚未发展起来的创新潜力区。

4 结语

随着城市发展向创新驱动模式转变，创新空间成为城市高质量发展的重要策源地，理顺创新资源要素与空间协调发展的关系，是创新驱动城市战略发展、提升城市竞争力的关键。然而，现实中政府精细规划的创新空间出现低效或失败的案例不在少数，原因是没有把握住创新的内在经济规律与发展逻辑，没有找准自身在创新空间营造中的地位，没有做到"因地制宜"和差异化的"因地施策"。

创新空间是一个相互联动的复杂系统，需要基于自身发展特征和规律采取相应的规划策略，但实践中通常会遇到两方面困惑：一是城市创新空间规划的合理技术范式与路径，二是在创新空间发展过程中政府的行为边界。基于这些困惑，本文以青岛为例，通过探讨城市创新空间的发展阶段、规律特征，力求站在规划实践需求和政府空间、服务供给的角度，解答在城市层面开展创新空间规划的技术路径和策略，并引申出对政府介入创新空间发展的时机、程度等边界性问题探讨。这在当前以创新驱动城市高质量发展的背景下具有重要的理论与现实意义。

参考文献

［1］王亮、陈军、石晓东：《北京市科技创新空间的演化特征与发展路径研究》，《2018 中国城市规划年会论文集》，中国建筑工业出版社 2018 年版。

［2］邓永旺、胡涛、侯军杰、张美露：《长春都市圈城市创新能力空间分异研究》，《规划师》2017 年第 36 期。

［3］孙瑜康、李国平、袁薇薇、孙铁山：《创新活动空间集聚及其影响机制研究评述与展望》，《人文地理》2017 年第 5 期。

〔4〕陶承洁、吴岚:《南京创新空间协同规划策略研究》,《规划师》2018 年第 10 期。

〔5〕李佳洺、孙铁山、张文忠、耿耿:《产业的区域空间效应及其作用机理》,《城市规划学刊》2020 年第 1 期。

〔6〕李佳洺、张文忠、马仁锋、马笑天、余建辉:《城市创新空间潜力分析框架及应用——以杭州为例》,《经济地理》2016 年第 12 期。

〔7〕朱凯:《政府参与的创新空间"组"模式与"织"导向初探——以南京市为例》,《城市规划》2015 年第 3 期。

〔8〕眭纪刚:《全球科技创新中心建设经验对我国的启示》,《人民论坛》2020 年第 3 期。

〔9〕王振波、王欣雅、严佳:《城市高质量发展之创新空间演进的逻辑与思路》,《城市发展研究》2020 年第 8 期。

〔10〕张建军、高鹤鹏、刘福星:《沈阳科技创新空间发展特征与布局规划研究》,《规划师》2019 年第 S1 期。

〔11〕曾鹏:《当代城市创新空间理论与发展模式研究》,天津大学博士学位论文,2007 年。

〔12〕李晓江:《创新空间与空间创新——北京、天津等项目实践的若干思考》,中国城市规划设计研究院上海分院,2015 年。

〔13〕Feldman M P., *The Geography of Innovation*, Boston: Kluwer Academic Publishers,1994.

即墨鳌山卫海防文化历史价值研究

袁圣明　陆柳莹　解玉成 *

摘　要：即墨区鳌山卫街道位于青岛市域中东部，青岛蓝谷功能区内。鳌山卫卫城环依崂山，面朝黄海；地势险要，独特的自然地理环境形成了"南望崂山若绿屏，东傍碧湾守海疆"的总体空间意象。元末明初，倭寇侵扰中国沿海地区，洪武三十一年（1398 年），在东部沿海筑城设防，置鳌山卫；分辖雄崖所和浮山所，直隶山东都指挥使司，自此鳌山卫成为军事海防要塞。本文以海防文化为支点，结合现存建筑空间调研、厘清历史沿革、地理环境、选址特征，总结海防文化历史价值，挖掘特色空间，为鳌山卫海防古镇的保护和城市更新提供实践指导。

关键词：鳌山卫；海防文化；城市更新

1　鳌山卫卫城的历史变迁

即墨，青岛文明之源，春秋时期即为今青岛地区的中心城市，隋朝以后至 1898 年前，即墨一直是青岛（除西海岸新区以外）的政治、经济、文化中心，其辖区包括今即墨区，平度市的南村镇、市南、市北、李沧、城阳、崂山等地。自古以来有"千年即墨，百年青岛"之说。

＊袁圣明，高级工程师，现任职于青岛市城市规划设计研究院规划二所，副所长；陆柳莹，高级工程师，现任职于青岛市城市规划设计研究院规划二所，所长；解玉成，助理工程师，现任职于青岛市城市规划设计研究院规划二所。本项目由北京清华同衡规划设计研究院有限公司和青岛市城市规划设计研究院共同完成。感谢青岛市城市规划设计研究院王天青总规划师和宿天彬副总工程师对文章的学术指导；感谢规划二所高永波，建筑与景观设计研究所王升歌、孔静雯，大数据与城市空间研究中心禚保玲提供现状分析和数据支持；感谢北京清华同衡规划设计研究院有限公司项目组成员的技术支持。

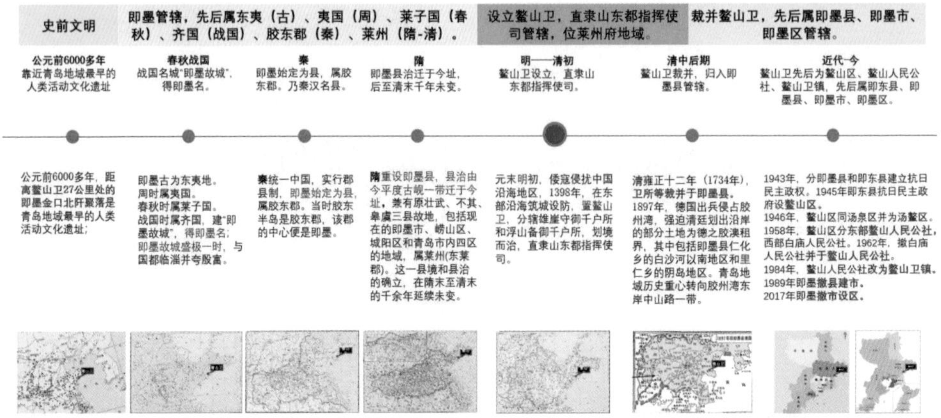
史前文明
即墨管辖，先后属东夷（古）、夷国（周）、莱子国（春秋）、齐国（战国）、胶东郡（秦）、莱州（隋-清）。
设立鳌山卫，直隶山东都指挥使司管辖，位莱州府地域。
裁并鳌山卫，先后属即墨县、即墨市、即墨区管辖。
公元前6000多年
靠近青岛地域最早的人类活动文化遗址
春秋战国
战国名城"即墨故城"，得即墨名。
秦
即墨始定为县，属胶东郡。乃秦汉名县。
隋
即墨县治迁于今址，后至清末千年未变。
明——清初
鳌山卫设立，直隶山东都指挥使司。
清中后期
鳌山卫裁并，归入即墨县管辖。
近代-今
鳌山卫先后为鳌山区、鳌山人民公社、鳌山卫镇，先后属即东县、即墨县、即墨市、即墨区。
公元前6000多年，距离鳌山卫27公里处的即墨金口北阡聚落是青岛地域最早的人类活动文化遗址；
即墨古为东夷地。
周时属夷国。
春秋时属莱子国。
战国时属齐国，建"即墨故城"，得即墨名；
即墨故城盛极一时，与国都临淄并夸殷富。
秦统一中国，实行郡县制，即墨始定为县，属胶东郡。当时胶东半岛是胶东郡，该郡的中心便是即墨。
隋重设即墨县，县治由今平度古岘一带迁于今址，兼有原壮武、不其、皋虞三县故地，包括现在的即墨市、崂山区、城阳区和青岛市内四区的地域，属莱州(东莱郡)。这一县境和县治的确立，在隋末至清末的千余年延续未变。
元末明初，倭寇侵扰中国沿海地区，1398年，在东部沿海筑城设防，置鳌山卫，分辖雄崖守御千户所和浮山备御千户所，划境而治，直隶山东都指挥使司。
清雍正十二年（1734年），卫所等裁并于即墨县。
1897年，德国出兵侵占胶州湾，强迫清廷划出沿岸的部分土地为德之胶澳租界，其中包括即墨县仁化乡的白沙河以南地区和里仁乡的阴岛地区。青岛地域历史重心转向胶州湾东岸中山路一带。
1943年，分即墨县和即东县建立抗日民主政权。1945年即东县抗日民主政府设鳌山区。
1946年，鳌山区同汤泉区并为汤鳌区。
1958年，鳌山区分东部鳌山人民公社，西部白庙人民公社。1962年，撤白庙人民公社并于鳌山人民公社。
1984年，鳌山人民公社改为鳌山卫镇。
1989年即墨撤县建市。
2017年即墨撤市设区。

图 1　即墨历史体系演变

元末明初，中国沿海诸县，广东、福建、浙江、山东、辽东一带，经常受倭寇袭扰，其中山东海疆是被侵扰最严重的地区之一，明廷深以为患，遂在沿海府州县设立卫、所，构成严密的陆海防御体系（见表 1）。

表 1　洪武年间山东沿海倭寇情况

时间	倭寇情形	资料来源
洪武二年（1369 年）一月	倭人入寇山东海滨郡县，掠民男女而去	《明太祖实录》卷三八，第 14 页
洪武三年（1370 年）	倭夷寇山东，转掠温、台、明州傍海之民，遂寇福建沿海郡县，福州卫出军捕之，获倭船一十三艘，擒三百余人	《明太祖实录》卷五三，第 12 页
洪武四年（1371 年）六月	倭夷寇胶州，劫掠沿海人民	《明太祖实录》卷六六，第 7 页
洪武六年（1373 年）七月	倭夷寇即墨、诸城、莱阳等县，沿海居民多被杀掠。诏近海诸卫分兵讨捕之	《明太祖实录》卷八三，第 4 页
洪武七年（1374 年）六月	倭寇滨海州县。靖海侯吴祯帅沿海各卫兵捕获，俘送京师	道光《重修胶州志》，卷三四，第 13 页
洪武七年（1374 年）七月	倭寇登莱	《山东通志》第 1 册，第 829 页
洪武七年（1374 年）七月	倭夷寇胶州，官军击败之	《明太祖实录》卷九一，第 2 页
洪武二十二年（1389 年）十二月	倭船十二艘由城山洋艾子口登岸，劫掠宁海卫。指挥佥事王镇等御之，杀贼三人，获其器械，赤山寨巡检刘兴又捕杀四人，贼乃遁去	《明太祖实录》卷一九八，第 5 页

续表

时间	倭寇情形	资料来源
洪武三十一年（1398年）二月	倭夷寇山东宁海州，由白沙海口登岸，劫掠居人，杀镇抚卢智。宁海卫指挥陶铎及其弟钺出兵击之，斩首三十余级，贼败去。钺为流矢所中，伤其右臂。先是倭夷尝入寇，百户何福战死，事闻，上命登、莱二卫发兵追捕。至是铎等击败之	《明太祖实录》卷二五六，第3页

历史上中日海上交通航线与山东沿海紧密关联，倭寇往往选择熟悉的海路入侵中国。郑若曾在《筹海图编》中记载："宋以前日本入贡，自新罗以趋山东，今若入寇，必由此路。"明初山东主要遭两股势力侵扰：一是张士诚、方国珍的残党，一是倭寇。张士诚与朱元璋争夺统治失败后逃亡海上，与国内外的其他势力继续反明活动，经常流窜于辽海、山东、闽浙等滨海之地。自元末始不断侵扰沿海，仅明洪武时期对山东就有9次侵扰，洪武元年起七年内曾7次大规模侵扰，当时莱阳、胶州、即墨、诸城受灾尤重（见图2）。

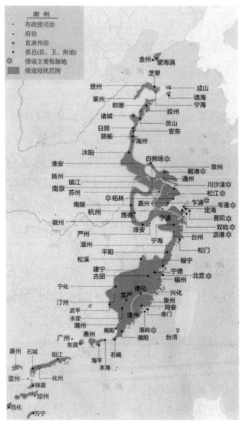

图2　明倭寇犯境示意图

为了消弭山东沿海倭患，明太祖朱元璋对日本政府进行过两次外交努力，均以失败告终。依靠日本政府解决倭寇问题已无望，明廷决定加强海防建设。洪武初期，构建了"卫—所—司—城寨—墩堡"的全套防御系统，打造连绵不断的海岸线和陆地防线（见图3）。山东省沿海区域共设置11卫6所，内地仅设青州左卫，其余均布置在滨海区域，主要集中在登州、莱州府范围内，山东海防体系初步建立（见图4）。

图3 《筹海图编·莱州府境图》 　图4 明初山东沿海卫所分布示意图

鳌山卫于洪武三十一年（1398年）建立，城垣周长五里，下辖三个千户所，与威海卫、灵山卫、大嵩卫等卫城建于同一时期。鳌山卫设立后，直属于山东都指挥司。它的最高长官是指挥使，官秩正三品。其建制原额设有指挥使、指挥同治、指挥金事、经历、儒学教授、镇抚司镇抚、千户、白户各级官员41名，卫设边操军、京操军、守城军、屯田军，官兵和家属共5600人，共有18个部队，屯有140多公顷农田。鳌山卫军事等级高，管辖范围广，指挥与行政管理于一身，下领三所，26墩堡。下领三所分别是浮山千户所（前所）、雄崖守御千户所（后所）、卫附一所（后所或中所）。墩堡数量达到26个。与同期威海、成山、安东等卫所相比，数量较多，说明其具有重要的军事战略地位。

受"周王城图"格局的影响，鳌山卫建为典型的方形城池。卫城城墙厚重高大，防御水平很高，墙高二丈五尺，厚一丈二尺五，城墙规模高于即墨县。卫城有四座城门，为"东安""西台""南清""北平"，城门上有寺庙，反映了古代卫城建设对国家和人民安定的希望。城外有一条护城河，护城河宽二丈五尺，深一丈五尺，护城河与大海通过河流相连，并且可以通行战船。护城河主要依靠西部山区的雨水汇合补充，东部联通大海，因此护城河具有东咸西淡的特点。城内水网纵横交错，主要道路如清平街、泰安街等两旁沟渠分明。鳌山卫城东、西、南、北四个城门形成一条十字大街，形成卫城的干道骨架。十字大街笔直且宽阔，方便部队进出，街道两旁设置众多公建、商服设施等。城墙内道路曲折，结合城墙内部设置环城路。主干路和环城路多以笔直的长街连接，次干路与环城路交叉口多为T字形路口，马车通行不便，易于歼敌。鳌山卫城的路网体系由十字大街、环城路和笔直的长街组成（见图5）。

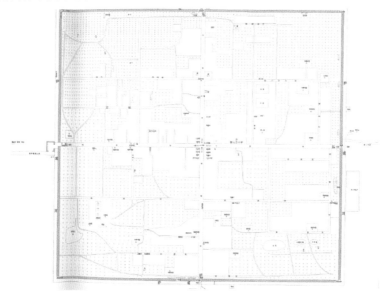

图5　鳌山卫古城平面图（1953年）①

清初以来，朝廷逐渐缩减卫城的职能和编制，废除世袭军丁等。雍正三年（1725年），鳌山卫归莱州府督理。雍正十二年（1734年）冬，将鳌山卫划归即墨县。此后的200多年，鳌山卫逐步衰落。民国时期，鳌山卫饱受战乱，动荡不安，但总体格局仍然存在。1953年，随着城墙和城门的拆除，大部分古迹均被破坏，为了相对准确地探索现有鳌山卫城墙的位置，项目组对鳌山卫城墙遗址进行梳理推测。

以史料所记述的城墙位置为参考依据，我们参考黄济显主编《鳌山卫古城》（中国文史出版社2007年版），清同治版《即墨县志》，《即墨市志》（1988年），并与史志办同志进行现场对接。《鳌山卫古城》书中描述：鳌山卫城为方城，东西长约710米，南北长约710米，城墙高约12米，宽约6米（城墙顶部），城墙周长约13.75米，与同治版《即墨县志》记载相符。冯居鳌先生曾经实地对鳌山卫古城遗迹进行测绘，并绘制平面图。依据以上推测，北城墙位置应位于城北马路南10~20米，南城墙调整至刘家街。整体形制满足710米×710米，北城墙与陈希瑞故居距离吻合。因此，通过该推测试画出目前最合理的城墙边界（见图6）。

---

① 参见黄济显主编：《鳌山卫古城》，中国文史出版社2007年版，第40页。

图 6　鳌山卫现状城墙遗址推测图

　　鳌山卫的历史见证了中国海防军事体系由兴盛到衰落的全过程，见证了中国历史上最严密完善的海防军事体系。鳌山卫是中国海防历史文脉中保存最完整的卫城（见图 7）。

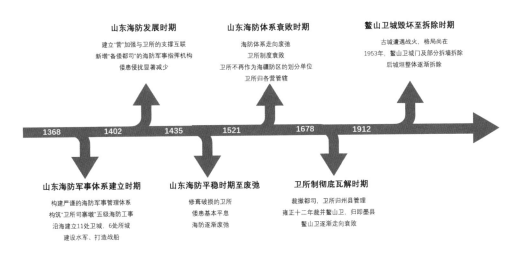

图 7　山东海防体系沿革

2　鳌山卫海防文化历史价值

基于鳌山卫城历史沿革梳理，结合现状调研，我们从卫城选址、营建、民居、人文四个方面提炼出鳌山卫海防文化历史价值。

2.1　鳌山卫卫城选址兼顾了传统山水形胜和军事防御考量

山东半岛主要为丘陵和平原，呈现中间高，四周低的地形特点。结合地势特点，山东省沿海卫所均处胶东丘陵地带，地势优越，背枕群山，面朝大海，形成了集军事防御于一身的海上长城。鳌山卫位于崂山北侧，崂山余脉构建了一条天然的保护屏障，居高临下，俯瞰整个崂山湾。鳌山卫城位于即墨县以东约 40 里，是即墨县海防军事保护的前沿，并与即墨营、浮山所、雄崖所等形成联动，共同保卫着崂山至即墨海岸线的海防安全（见图 8）。

图8 即墨各卫所区位示意图

五里一墩，结合周边海防设施，整体形成沿海边展开的扇形防御模式，鳌山卫城位于正中，侦察方便并可快速指挥部队行动（见图9）。在卫城周围，结合高处设置烽火台等防御设施，能够及时发现并迅速出兵阻止敌人侵犯，时至今日，卫城周围仍保留了三座烽火台。利用卫城与大海之间的间隔距离，形成缓冲区，既可以减少风暴潮等灾害对卫城的影响，也便于军事侦察和指挥部队，还有利于周边居民耕作（见图10）。

图9 鳌山卫扇形防御体系示意图1

图 10　鳌山卫扇形防御体系示意图 2

　　"坐"与"朝"是影响中国古代城池选址与布局的两个最重要因素。"坐"的本质是在自然环境和文化模式的影响下，将聚落或建筑选址于临水又有较高隆起的地形上；"朝"既有方向意义，也有气势与景观的意义，即"面对山川景物有来潮之意"。

　　鳌山卫城选址基于"坐"与"朝"的分析，以山峰、水口框定大概格局，以视线初步测量。在确定"坐"与"朝"的基本要素后，取得空间之"极"，选取"中"作为聚落选址的最佳条件（见图 11、图 12）。

图 11　卫城选址"坐"与"朝"

图 12 卫城选址"极"与"中"

鳌山卫城十字中轴顺应周边山川河流的空间关系。东西向是卫城主轴线，西侧为连绵的崂山余脉，向西延伸经过尼姑山和红石山，直指天柱山，形成"远山对景，近峰两向"的空间格局，符合古人的"山川构图文化模式"（见图 13）。从现代城市设计的角度来看，顺应空间格局，以层次清晰、构图优美的山地景观为背景，是难得的城市景观意象。

图 13 卫城轴线与周边山川关系示意图

2.2 鳌山卫卫城建设体现了海防军事文化特色

卫城城墙具有鲜明的海防军事防御特征。鳌山卫城防御等级较高，城墙建设规模较一般县城大得多，城墙高度是一般县城的两倍以上。与同期山东其他卫城相比（同期山东其他卫城周长多为 3~6 里，城墙多高二丈以上；所城多为 2~4 里），鳌山卫城城墙尺度也处于前列（见图 14）。

图 14　鳌山卫卫城规模比较

城墙外，鳌山卫四个城门也充分体现了军事与传统文化的融合。四城门东为"东安"（旧志曰镇海）、西为"西泰"（旧志曰迎恩）、南为"南清"（旧志曰安远），北为"北平"（旧志曰维山）。其中，西门可俯瞰远观，迎福接旨，迎宾接待，并设有操场、指挥台、武术训练场等，又名"瓮城"；南门连通交通要道，是军民的主要出入口，有直接通往崂山的官道；东门面朝大海，主要为监视和抵抗倭寇的门户；北门俯瞰雄崖，视线开阔。门楼上分别设置庙宇，体现了中国古代传统神明崇拜的特点：北门设真武庙，南门设财神庙，西门设二郎庙，东门设魁星阁，代表着对文武、农耕、雨水等方面的尊重和希望。

卫城水网布局统筹军事防御和军民生活。卫城建于鳌山湾与崂山湾之间的谷地，可以监视和防御来自两湾的敌人入侵，护城河通过河流与南部崂山湾相连通，东门外通过河流与鳌山湾连通。进可攻，退可守，护城河在战争时期主要功能为防御，非战时则主要作为出海的通道。护城河深约 8.25 米，宽约 13.75 米。东部、南部、北部护城河因通过河流与海湾相连，海水倒灌，咸度相对较大。西部北护城河主要通过西侧山体汇水、自然雨水等进行补充，且坡度较大，故为天然淡水，是卫城中洗漱、耕作等主要水源（见图 15）。

图15　历史上卫城水网布局推测

　　城内居民生活与中国传统村落用水方式相同，多为井水，鳌山卫古井主要有"甜水井"和"懒水井"两种。甜水井主要为饮用井，数量少，位置相对分散，多布置在城门周边，懒水井则主要为生活用水，用来洗涤及饲养牲畜等。古城内庄稼灌溉主要利用护城河水及部分坑塘雨水、山体汇水等。结合现状调研及2012年地形图分析，卫城周边水系格局明显，水网纵横交错，与两湾连通的河道完好，现代建设活动虽对河道水系等产生一定程度的破坏，但沟渠水系连通性依旧清晰可见、保存完好。卫城内，沟渠临街设置，流水潺潺，沿街古树葱葱，具有良好的景观意向效果（见图16）。

图 16　现状古城水网分布图

2.3　军民融合的功能布局与彰显礼制的街巷格局

鳌山卫城在历史上具有军事和行政两重职能，为体现军政一体，城内将文武衙门合并设置。典型卫城布局，凸显礼制与秩序。城池受儒、道、佛等古代哲学规划思想影响，讲究天人合一，遵从礼制、严正统一的原则。城垣以十字大街为轴，四方开四门，方正有序，同时，泰安街和清平街也作为战时主要交通要道，贯通卫城，四通八达，便于货物运送、军队进出城内其他传统街巷包括近城墙的屯兵的环状马道、与主干路、环状路相连的长街以及一般的街巷。主次分明、动静有序。目前仍保留十字大街、长街等数条传统街巷。城北保存较好，城南街巷多数已改道或不存。原古城 4 个区片内的主要街道，路宽与建筑高度的比例大约为 1:1。其余更窄的次要街巷宽度大约是建筑高度的 1/2。现今南北向主街，以日常生活为主，东西向泰安街进行了拓宽。街道宽度与建筑高度的比例大约为 2.5:1。

文武衙门西侧南北向大道，是古时练武和射击之处。西门是军官的训练场和行刑场，古时曾建有一处人工山，用于军事防卫、俯瞰瞭望。东南面设有一处码头，主要用于军舰停靠。祠堂等主要分布在中心十字轴及外部环线上；文武衙门等行政设施主要位于中轴线东侧，真武庙及 5 座关帝庙等结合十字轴和城墙设置，符合我国城池功能布局传统形式，反映了军官对武术的崇拜与信仰，强化其对保卫家园的决心，体现了对国泰民安的祈福。另外，还有娘娘庙、龙王庙等，则充分体现了卫城居民对于生活的美好期盼（见图 17）。

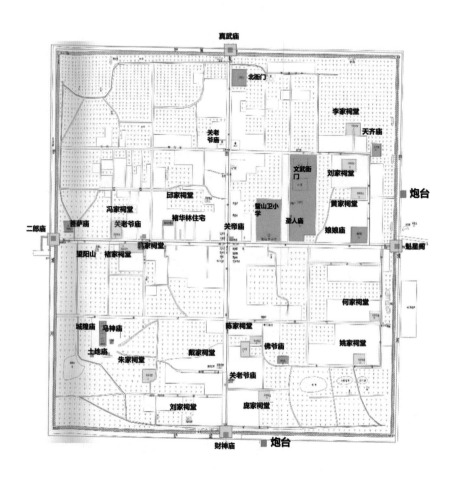

图 17　鳌山卫卫城功能布局与街巷格局

2.4　老即墨传统民居的典型代表和传统文化衍生地

即墨是青岛地区文明的源头，鳌山卫是即墨传统民居遗存最为集中的区域，传统风貌民居集中成片、保存良好，建筑遗存价值较高（见图 18）。即墨传统院落有典型的合院特点，基本坐北朝南，院落一般包括院门、厢房及正房。单体建筑形态一般可分为"一字形""L形"和"匚字形"，建筑硬山、歇山屋顶较多，青砖灰瓦墙面较多。鳌山卫传统民居承袭即墨，现今遗存弥足珍贵，通过照片对比，鳌山卫民居与即墨古城民居一脉相承，即墨古城现今民居已完全拆除，鳌山卫遂成为即墨民居文化重要的传承地，具有较高的保护价值（见图 19）。

图 18　鳌山卫传统民居普查

即墨古城传统民居（旧照）

鳌山卫现存传统民居

图 19　鳌山卫卫城传统民居年代比较

较雄崖所而言，鳌山卫传统民居建设手法与施工工艺更加精湛。雄崖所现存民居相对粗糙，墙面砌筑和建筑用料等混搭现象较为普遍，石料体块较大，缝隙较大，整体感觉相对粗犷；而鳌山卫古城内现存民居则相对精细得多，石块切割打磨考究，样式精致，缝隙较小（见图 20）。

图 20　雄崖所民居与鳌山卫民居比较

通过普查发现，当地传统民居以"清砖、灰瓦"的清式建筑为主，平面布局是以"四六尺"平面构成单座建筑，再以墙围合成院，或者再于东面或西面建厢房，构成二合院，进而以庭院为单位构成各种形式的组群。过去曾有多进院落住宅，新中国成立后逐渐分隔为独栋的一进院落，目前仅有少数二进建筑。鳌山传统民居以三间平面居多，也有四间、五间和六间平面形制。若为四间居为例，从明间向东称之为"东间""东里间"，两面房间称之为"两里间"（见图 21）。

图 21　鳌山卫传统民居肌理

鳌山卫当地传统民居立面分为三部分：砌石、墙身、屋顶。没有明显的台基，常常是砌石高出地面 12~15 厘米，作为顶层建筑物的基底。台基主要由三行花岗岩石料砌筑而成，高度不足 90 厘米。板桩之上有两行腰带高度的"板垛"。"板桩"在檐墙上身有凸出墙面层层叠山的部分称为"马头"。马头顶端成下端常以石条代替两行砖，称"石头橛子"。山尖主要有尖山式、饶钹式、圆山式（见图 22）。

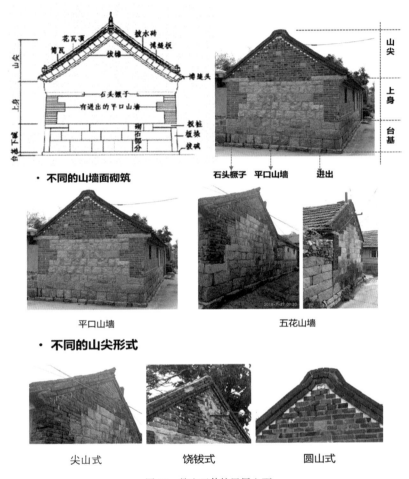

图 22　鳌山卫传统民居立面

鳌山卫历史上曾得名"小云南"，因为当时鳌山卫驻军多来自云南。鳌山卫设立以后，明政府从云南区域调入多支军队入驻鳌山卫，占即墨总人口 60% 以上，以鳌山卫为中心沿滨海区域设置，绵延数百公里。《即墨市地名志》载：即墨市 30 个乡镇，近 1000 个村庄，半数户多称祖籍云南，或云南乌撒卫。万历版《即墨志》载：洪武二十四年（1391 年），即墨县有 13480 户，126800 人。迁来的军户，为不忘云南故地，有区别于云南，称此地为小云南。

明代山东渔民生活在海边，靠海吃海，渔民认为海神是他们的守护神，久而久之，在生活中逐渐形成了独特的风俗文化——海神文化。我国历史上曾出现诸如四海之神、妈祖、龙王、刘公刘母等传说人物，是我国独特的海洋文化、海神文化的代表，民间纷纷立庙设碑，祈求出海平安。因海神文化衍生最为明显的当属祭典活动，祭典流程纷繁复杂，人们在当天禁捕、进香祭拜、游神、表演等，仪式隆重。如今祭典活动仍广泛存在，即墨区域最出名的当属田横祭海节，位于鳌山卫城东北部周戈庄村，直线距离约28公里，距今已有500多年历史，是中国北方规模最大的祭海节，田横祭海节自2006年开始举办，2008年确定为中国第二批非物质文化遗产。

3 问题与思考

习近平总书记曾说过："一个城市的历史遗迹、文化古迹、人文底蕴，是城市生命的一部分。"同济大学阮仪三教授也曾说过，留住乡，才有愁。文化底蕴毁掉了，城市建得再新再好，也是缺乏生命力的。2020年8月，住房和城乡建设部办公厅发布《关于在城市更新改造中切实加强历史文化保护坚决制止破坏行为的通知》，要求在城市更新改造中切实加强历史文化保护，坚决制止破坏行为。保护有价值的城市片区和建筑是文化遗产的重要组成部分，是弘扬优秀传统文化、塑造城镇风貌特色的重要载体，实现城市更新改造和健康发展的有机融合。

老城是城市的根和魂，是城市丰富历史文化的载体，是居民情感和历史记忆的容器，除拥有文物古迹和传统民居之外，还拥有丰富的传统文化内容，如传统工艺、民间艺术、民俗精华、名人轶事、传统产业等。它们和有形文物相互依存、相互烘托，共同反映着城市的历史文化积淀，共同构成城市珍贵的历史文化遗产。新时期人类对遗产观的认识在不断地丰富，文化遗产与城市的耦合关系愈发紧密。如今，随着蓝谷功能区的快速发展，鳌山卫卫城的传统村庄均被纳入城中村改造计划，如若不进行及时的保护，现代化建设将直接对古城格局破坏殆尽，最终千年古城只闻其名，不见其形，历史文化传承断档。卫城及其周边也被视作国家海洋科学城的核心组团，如何保留卫城遗存，科学合理地利用其历史价值成为片区未来城市更新的重要的课题。

通过研究系统性梳理的卫城旧址的空间逻辑，项目组试图建立大遗产的保护观念，探索文化遗产与城市空间关系，协调历史价值的保护与发展策略，并应用在具体区域周边规划建设项目中，例如，减少建筑高度对片区历史风貌的影响，整体保护其格局、风貌，注入文创产业，重塑文化自信等。

鳌山卫历史文化遗存是中国海防文脉价值的重要体现，未来在区域城市更新过程中应秉承"大遗产观",将鳌山卫卫城遗产进行活化,让历史遗迹与现实生活有机互动,留住原住民,吸引年轻人。希望通过对鳌山卫海防文化历史价值研究,给予类似海防卫所价值研究提供一点参考,更好地传承海防文化。

参考文献

[1]黄济显主编:《鳌山卫古城》,中国文史出版社 2007 年版。

[2]宋烜:《明代海防军船考——以浙江为例》,《浙江学刊》2012 年第 2 期。

[3]郝文:《浅谈明代山东的海神崇拜文化》,《中文信息》2014 年第 9 期。

[4]马光:《明初山东倭寇与沿海卫所建置时间考——以乐安、雄崖、灵山、鳌山诸卫所为例》,《学术研究》2018 年第 4 期。

[5]《山东即墨渔民"祭海"风俗》,《海洋与渔业》2012 年第 4 期。

[6]刘道广:《略论汉、宋铜镜纹饰中的西王母故事》,《东南大学学报》(哲学社会科学版)2000 年第 1 期。

[7]王东楠、代峰:《青岛市即墨鳌山卫镇的历史文化资源保护策略》,《青岛理工大学学报》2014 年第 5 期。

[8]孙晓琪:《文化线路下明清沿海卫所聚落构成体系与价值评估初探》,华东理工大学硕士学位论文,2018 年。

[9]张仲良:《明代山东半岛海防——以登、莱为例》,安徽大学硕士学位论文,2013 年。

[10]孙倩倩:《山东沿海卫所研究》,山东建筑大学硕士学位论文,2013 年。

[11]胡鹭鹭:《青岛即墨传统院宅空间类型及建造特征浅析》,南京大学硕士学位论文,2014 年。

[12]马月敏:《〈醒世姻缘传〉中的狐意象研究》,济南大学硕士学位论文,2012 年。

[13]赵杰:《城市设计理论在古城保护中的应用研究》,中国城市规划学会:《规划 50 年——2006 中国城市规划年会论文集》(中册),广州,2006 年。

机构改革背景下数字赋能规划土地业务协同探索与实践

朱会玲 *

摘　要：在机构改革和政务数字化转型的背景下，本文以青岛市西海岸新区为例，采用创新驱动、数字赋能的方式，在规划和土地业务领域通过统一数据基础、统一业务标准、统一土地编码、统一信息平台的"四统一"举措，打造了"一个底图""一个平台""N个业务流程"的数字化协同办公体系，实现了土地资源的全生命周期监管和自然资源部门之间的信息共享、业务融合，提升了自然资源业务办理的工作效能，加强了土地资源的统筹调控和规划引导。

关键词：机构改革；政务数字化；创新驱动；数字赋能；规划和土地业务；协同办公

2018 年 3 月，国务院机构改革方案提出组建自然资源部，并在同年 9 月，首次公布了自然资源部的"三定"方案，方案指出，自然资源部将履行统一行使全民所有自然资源资产所有者和统一行使所有国土空间用途管制和生态保护修复的"两统一"职责。自然资源部的成立打破了"九龙治水"和"多规冲突"的问题，有利于顶层统筹、标准统一，也有利于业务重组、提高审批时效。但是部门重组了，业务仍然割裂、横跨在各个科室之间，信息孤岛和重复审批等问题突出。如何做到摸清底数、知家底，如何加强不同部门之间的业务协同，如何解决原来业务事项间的数据底数不一致、数据共享不充分、审批材料难复用、业务流转时间长、责任划分不清晰的问题，也是机构改革以后，各地自然资源部门面临的巨大挑战。

党的十九届五中全会提出"建设数字强国"和"加快数字化发展"的明确要求。按照国家推进"互联网＋政务服务"的指导意见，加快自然资源领域的数字化改革势

＊朱会玲，工程师，现任职于青岛市城市规划设计研究院西海岸分院。感谢青岛市城市规划设计研究院刘文新、王鹏对论文的实践指导，同时感谢李大凯、苏瑞对论文提供的技术支持。

在必行。数字赋能可以对自然资源的体制机制、方式流程带来全方位、系统性的重塑，为城市高质量发展提供精准服务，为国土空间治理现代化提供精准支撑。

本文以"数化""连接""赋能"为导向，探索机构改革后，数字赋能规划土地业务协同的具体实现方法与途径，并以青岛市西海岸新区自然资源局规划土地业务协同融合为例，对技术路线的实践效果进行验证，推动自然资源领域的全面数字化转型。

1 技术路线

1.1 统一数据基础

很长时间内，规划和国土部门各司其职，各自都有自己的业务侧重、数据标准和业务流程，存在自成体系、内容冲突、缺乏衔接协调等问题；且各部门内部数据底数存在不一致现象，有时会出现误判或错判，导致规划打架、规划难落地、重复报地、报地容易供地难、项目难以落地等问题。

为了解决以上问题，实现协同办公、业务融合，第一步就是打通两部门之间的数据壁垒。我们将规划部门的国土空间规划数据、现状数据、基础地理数据，与国土部门的批供地数据、地籍数据等进行了数据清洗与整合，通过术语定义、要素分类编码、数据库结构定义、要素分层等方式，实现了数据标准的统一，形成了底数相对清楚的"国土空间一张图"。并以此为数据底板，通过系统更新及专人维护的方式实现动态更新，以保证其时效性和准确性。

国土空间一张图数据结构

图 1 "国土空间一张图"数据结构

"国土空间一张图"的建立，解决了规划土地业务办理过程中底数不清、标准不一的问题，强化了规划土地业务的数据支撑，具体表现在以下几个方面：

1.1.1 支撑国土空间规划管理

"国土空间一张图"涵盖了国土空间规划的主要内容，实现了将各类空间管控要素精准落地，形成了覆盖全域、动态更新、权威统一的数据基础，在规范空间规划数据成果管理、减少规划冲突等方面具有非常重要的作用，除此之外，规划数据与土地业务数据的集成，更有利于国土空间规划的精准编制。

1.1.2 支撑国土空间用途管制

基于"国土空间一张图"，建立"GIS智慧选址分析系统"，在审批供地的规划符合性审查时，通过将项目用地信息与国土空间一张图图层数据进行空间叠加，系统自动判断项目红线是否符合两规、是否占压生态红线、是否占用未报批土地、是否存在重复报地或重复供地等情况，直接出具每个图层占压情况报告，报告采用图文一致的表达方法，直观地展现占压区域的空间分布情况。提升了自然资源部门业务的精准性、权威性，有助于从源头上优化国土空间用途管制，建立以国土空间规划为基础，以统一用途管制为手段的国土空间开发保护制度。

1.1.3 支撑业务办理全流程在线图审

"国土空间一张图"的建立，实现了规划土地业务数据的汇总整合和标准统一，为规划和土地审批业务的全流程在线图审提供了可能，进一步促进了"图、属、档"一体化办公，同时也为协同化办公提供了基础的数据支撑。

1.2 统一土地编码

土地资源作为区域发展的空间载体和重要保障，具有有限和不可再生的特性，如何推进土地资源的高效集约利用，优化营商环境，推动城市的高质量发展受到了各个城市的广泛关注。

本文采用"一地一码"的管理方法，实现土地资源全生命周期跟踪管理。将土地状态分为符合两规未报批、在批、已批、拟选址、在供、已供、未用、在建、建成9种，一码贯穿所有的土地状态，进而实现从土地报批到项目建成，土地各阶段相关档案一键调出，且随着业务办理进度的推进，土地状态发生实时的变化，平台动态生成"批地一张图"和"供地一张图"。并且支持一键分权限统计汇总分析，定期形成土地资源利用情况简报，推送领导作为决策参考。

1.3 统一业务流程

业务流程管理（BPM，Business Process Management）是以业务为驱动，强调业务全生命周期管理和持续迭代优化的管理思想。通过实施业务流程管理（BPM），可以把国土、规划业务不同环节的业务资产有效连通起来，打通不同业务体系之间所形成的"信息孤岛"，形成点到点、完整、顺畅的业务流程体系，有助于提高行政服务效率、服务水平和服务质量。

本文秉承着"多审合一、资源复用、流程化简"的原则，采用BPM方法，通过调整、优化、整合规划土地业务流程，对业务表单进行精简去重，减少申报材料的数量，规范材料模板的管理，建立标准化业务流程。采用BPMN（Business Process Modeling

Notation）建模语言建立包括土地征收、建设用地报批、土地供应、规划方案审批、工程建设、批后监管、竣工验收和不动产登记在内的 N 个业务流程模型，最终形成了"征、批、供、建、监、验、登"的土地资源全生命周期管理的一体化业务流程（见图 2）。该流程的建立实现了规划土地业务的全业务线上数字化协同办理，对于提升工作效率、减少"跑腿儿次数"、深化"放管服改革"意义非凡，同时也实现了一个平台满足全局全事项审批的需求。

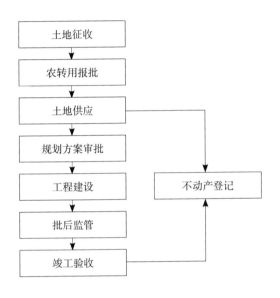

图 2 一体化业务流程图

1.4 统一信息平台

规划和国土原分属于不同的部门，其信息化程度不一，数据平台林立，一方面，存在着入口不统一、标准不一致、技术路线众多、系统之间技术孤岛现象严重的问题；另一方面，业务系统丛生，但是缺少顶层规划设计，系统覆盖范围不一致，覆盖深度无法支撑全生命周期土地业务流程管理，且存在重复建设、资源浪费、数据共享困难等问题。除此之外，很多部门缺少数字档案管理系统，正在处理的业务做不到全程跟踪和业务留痕，处理结束的业务档案难以实现统计汇总，每次的数据统计都浪费大量的人力、物力和时间成本。

本文采用"数据贯通，促进业务融合"的建设理念，建设完成了"规划土地业务数字化协同办公平台"（见图 3），包括智慧辅助选址、业务留痕管理、信息推送、电子档案、一键统计汇总、效能督办、领导驾驶舱等功能模块。平台对业务流程中的每一个项目进行唯一编码，项目信息和材料终生绑定，业务办理的每一个环节信息都完全共享，过程中还支持全流程项目办理进度跟踪，每个办理环节的用时、办理部门、办理意见等情况全程留痕，项目办理过程公开透明。平台还有效能督办模块，临近办理时限，系统自动通知，超出办理时限，系统自动亮灯，对项目进度管理和审批时效的提升有很重要的辅助作用。

平台的建立统一了规划土地业务办理的入口，全面实现了规划土地业务"信息共享""全程留痕""可以追溯""公开透明"的线上办理，在提升工作效能、促进高效利用土地、加强土地资源统筹等方面具有重要的意义。

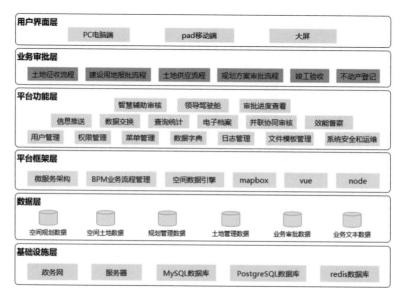

图 3　平台架构图

2　实践经验

青岛市西海岸新区（以下简称"新区"）是获批的第 9 个国家级新区，辖 23 个街镇、10 个功能区，行政区划的调整和机构改革都对新区自然资源局的工作带来挑战。按照"统一数据基础""统一土地编码""统一业务流程""统一信息平台"的技术路线，新区自然资源和规划局充分利用创新驱动、数字赋能的方法，积极探索规划土地业务协同办公的实现途径，推动自然资源领域的数字化改革，具体实践方法和实践成效如下。

2.1　实践方法

2.1.1　一张底图

在统一数据标准的基础上，集成了基础地理信息、国土空间规划、生态管控红线、土地批供用 4 大类 32 小类数据，实现了数据的汇总整合。同时，在"国土空间一张图"

基础上，积极推动各种数据应用。数据权限从区局各科室延伸至功能区镇街，形成全区统一的数据底图，实现土地资源数据全区集中统筹，改变以前分散管理的情况，让土地管理工作高效透明，让自然资源业务在阳光下运行，同时促进土地高效集约利用。

2.1.2 一个平台

建设完成"规划土地业务数字化协同办公平台"，业务办理模式由线下办理转为线上办理，串联审核改为并联审核，提高审批效能，促进部门联动。平台全程记录各环节办理情况，包括办理事项、办理人、办理时限等，所有业务涉及的电子材料全网复用，避免重复提交，并实现全流程留痕，一键追溯，超时亮灯督办，项目完成后自动形成电子档案，有效提升项目办理效率，促进项目尽快投产实施。

2.1.3 N个业务流程

经过对规划土地业务流程节点、业务表单、表单模板、办理时限要求等的梳理整合，建设完成包括以土地征收、土地农转用报批、土地供应、规划审批、竣工验收、不动产登记等业务的一体化业务流程体系，实现土地资源的全生命周期管理。

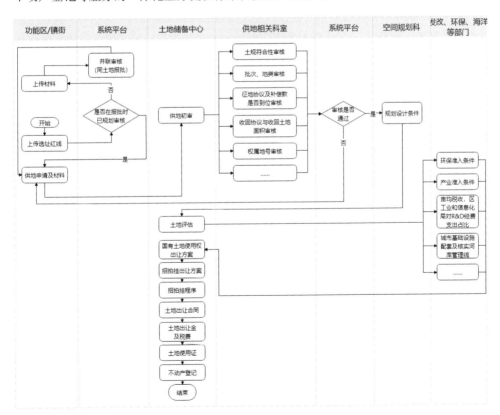

图4 土地招拍挂出让流程图

2.2　实践成效

通过平台的建设运行，加强了土地、规划、林业、不动产登记等全链条业务数字协同，实现了平台化、透明化和高效化的业务办理，同时促进了自然资源流程再造，放大了机构改革成效，提高了政务数字化水平，有效促进"拿地即拿证"，加快了项目落地开工，有利于优化提升营商环境。

2.2.1　提升自然资源业务办理工作效能

自然资源局内部，联合会审改串联为并联，报件材料全程复用，办理完结自动归档，汇总统计快捷高效，同时加强亮灯督办管理，在增强工作协同性和准确性的同时，提升了工作的效能。经统计，改革后的业务办理时效缩减将近1/3。

功能区、镇街采用数字化报件，避免了因纸质材料不全多次补充跑腿的情况，在提高报件规范性的同时，减少了跑腿次数和时间，经初步核算，平均每个项目少跑腿300公里的路程，节约了将近10个小时的时间。

2.2.2　促进土地集约节约高效利用

开发 GIS 辅助智慧选址模块功能，从建设用地报批源头上加强规划引导，促进土地成方连片开发，加快土地高效精准供应，有效减少批而未供土地，促进土地高效集约节约利用，逐步实现"报地园区化、供地标准化"要求。

2.2.3　加强全区土地资源统筹调控

以"协同平台"为纽带，将各部门涉土审批职责集中在一起，形成了各部门齐心协力加强土地资源管理的良好格局，强化了区政府、功能区、镇街、各部门之间的数字化联动，集中优势资源加快重大项目选址落地，加强自然资源态势感知，提升综合监管和宏观决策能力，推动国土空间治理体系和治理能力现代化，促进新区高质量发展。

3　结语

人工智能、大数据、区块链、物联网、云计算、5G 时代等信息技术的蓬勃发展以及"数字生态""数字中国""数字政府""智慧社会"等建设要求的提出，正在重塑并改变着各行各业。如何在数字化转型的浪潮中找到自己的合理定位，实现真正的数字赋能，是各行各业努力的方向。而本文的"规划土地业务数字化协同平台"实现了规划土地业务的数据统一、信息共享、协同办公，做到了自然资源部门与功能区镇街、海洋发展局、环境保护局、城市管理局等的互联互通，但仍是自然资源领域数字化改革中的一粒微粟，如何利用数字化技术打造可感知、能学习、自适应的智慧规划能力，实现"人脑＋智脑"的决策协同，是我们一直努力的方向。

参考文献

〔1〕刘李霞:《机构改革背景下规划与自然资源局业务流程再造研究》,《居业》2020 年第 6 期。

〔2〕罗亚、余铁桥、程洋:《新时期国土空间规划的数字化转型思考》,《城乡规划》2020 年第 1 期。

〔3〕林杭军、朱旭燕、胥朝芸:《杭州市规划和自然资源一体化审批平台建设研究与实践》,《共享与韧性:数字技术支撑空间治理——2020 年中国城市规划信息化年会论文集》,第十六届中国城市规划信息化年会暨中国城市规划学会城市规划新技术应用学术委员会年会,2020 年。

〔4〕《自然资源部职能配置、内设机构和人员编制规定》,中华人民共和国自然资源部,2018 年 9 月 11 日,http://www.mnr.gov.cn/jg/sdfa/201809/ t20180912 _2188298. html。

空间规划与设计

KONGJIAN
GUIHUA
YU
SHEJI

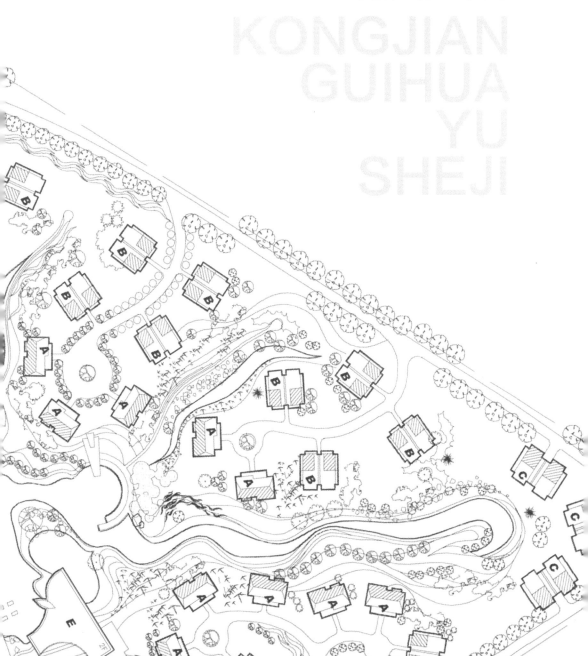

基于需求导向的街道设计导则编制初探

——以青岛市街道设计导则为例

杨彤彤　于连莉　赵琨*

摘　要：街道是城市最基本的公共产品，是城市居民关系最为密切的公共活动场所，也是城市历史、文化重要的空间载体。街道也是城市最重要的公共产品，以满足生活需求、提升街道环境与功能品质为切入点探索转型发展方式，编制彰显城市特色的街道设计导则，具有重要的现实意义和必要性。在城市转型发展的背景下，国内外各城市纷纷开展了街道设计导则的编制工作，本文通过梳理总结各地导则编制的设计理念、成果形式、管理实施机制等内容，以《青岛市街道设计导则》为例，详细阐述了基于需求导向的导则编制思路、多元技术手段的应用探索及构建共建、共享、共治的实施策略，以期为未来其他城市的街道设计导则编制提供借鉴和参考。

关键词：街道；设计导则；需求；实施

时隔37年的中央城市工作会议于2015年重新召开，会议对新时期做好城市工作进行了全面部署，明确了"不断提升城市环境质量、人民生活质量、城市竞争力，建设和谐宜居、富有活力、各具特色的现代化城市"的目标，提出坚持以人为本，转变城市发展方式，并指出要着力提高城市发展的持续性、宜居性。2016年，《中共中央国

* 杨彤彤，高级工程师，现任职于青岛市城市规划设计研究院编研中心、青岛市国土空间规划智能仿真工程研究中心；于连莉，高级工程师，现任职于青岛市城市规划设计研究院编研中心、青岛市国土空间规划智能仿真工程研究中心，主任；赵琨，高级工程师，现任职于青岛市城市规划设计研究院编研中心、青岛市国土空间规划智能仿真工程研究中心，主任研究师。感谢青岛市城市规划设计研究院宋军理事长、段义猛副总规划师、季楠高级工程师对本文的学术指导，感谢项目组杜臣昌、吕广进、朱瑞瑞、王田田、周琳、耿白提供的编制支持，感谢山东建筑大学慕启鹏副教授团队提供的理论研究支持。

务院关于进一步加强城市规划建设管理工作的若干意见》中指出"推动发展开放便捷、尺度适宜、配套完善、邻里和谐的生活街区",树立"窄马路、密路网"的城市道路布局理念,推进慢行交通建设,倡导绿色出行等。2017 年,习近平总书记提出"城市管理应该像绣花一样精细"。城市公共空间的精细化、品质化建设方向已经成为城市品质提升的重要抓手。

青岛是一座兼具自然风光和人文情怀、融合历史底蕴和现代时尚的大都市。2018 年,习近平总书记在青岛考察期间强调"城市是人民的城市,要多打造市民休闲观光、健身活动的地点,让人民群众生活更方便、更丰富多彩",这为青岛的城市发展明确了方向,唯有转变理念,着力提升人居环境,回应人民对美好生活的企盼,才是城市发展的不竭动力。

过去几十年间,青岛在有效解决路网体系不完善、交通能力不足等突出问题上进行了长足探索,却在某种程度上忽视了街道空间的特色传承、活力营造、友好体验、安全保障、环境宜人以及智慧管理。随着城市的不断发展,单方面注重机动车交通便捷通行的规划设计模式,已经难以满足人们对街道生活的向往和社区归属感的深层次需求,青岛急迫需要转换理念,促进街道空间设计向更加注重"人性化"的方向转型。

1 城市转型发展背景下的街道设计工作

街道是和城市居民生活、工作、活动联系最为紧密的公共和交通场所,同时,也是展示一座城市历史与文化最直观的空间承载体。2004 年,全球首个街道设计导则——《伦敦街道设计导则》发布后,美国、德国、纽约、新德里、阿布扎比等国家或城市也陆续发布了各自的街道相关设计导则或手册。上海市于 2016 年颁布施行了国内首个城市级街道设计导则,至此,引发了其他城市编制街道设计导则的浪潮:北京、厦门、广州、南京、青岛等城市相继开展了街道相关导则或指引的编制工作。从国外到国内的导则编制工作历程来看,并非是观念的突然转变,究其根本,这些导则或指引的编制均是在城市转型发展的需求下、推动以人为本的城市品质改善提升的缩影,同时也是城市可持续发展的必然选择。

当前,青岛以建设"开放、现代、活力、时尚"的国际大都市为城市发展目标,提升街道空间品质是实现城市品质改善提升的核心,也是实现城市发展战略目标的基础,更是从细节之处对中央要求和总书记嘱托的落实。

1.1 人本需求,明确街道设计导则的设计理念

街道是城市重要的公共和交通空间,街道设计在转型前较多侧重于系统性、整体

性的交通功能，而以服务居民日常生活为主的街道功能，如慢行交通、沿街活动等则持续缺乏关注，这导致街道空间尺度过大、步行空间受到侵占、环境品质不高等诸多问题，给步行、街道活动等带来不良体验。综观国内外的街道设计导则，均将设计理念定位为"以人为本"，打造宜居、宜人的街道空间环境。如《伦敦街道设计导则》《阿布扎比街道设计导则》等，将"以机动车为中心"的设计理念扭转，减少居民对私家车出行的依赖；《纽约街道设计导则》贯彻安全、可达、可持续等原则，关注人性化的街道环境，推动以人为本的转型；《上海市街道设计导则》建立"以人为本"的价值导向，重构基本公共产品、重要活动场所、独特人文载体三重属性的价值观。

以人文本的设计理念是世界各地街道设计导则的共性需求，从"以车为本"到"以人为本"，更加体现了在不同的城市发展阶段，人们对宜人、舒适步行城市道路的需求以及对行人优先的路权问题思考。

1.2 精细化需求，保障街道设计导则的地域特色

目前已编制完成的街道设计导则成果形式可大致分为三类，较为经典的编制结构是以《伦敦街道设计导则》为代表，是由"愿景＋设计指引＋实施管理"三大部分构成。由于不同城市的需求差异，对各部分的编制侧重点不同，这也就形成了侧重愿景、设计指引的设计型导则和侧重设计实施、建设管理的工程型导则以及将二者兼顾的综合型导则。另外，针对不同的应用范围，可将导则大致分为两类：一类是城市级的街道设计导则，如上海、南京、厦门等；一类是地区级的街道设计导则，如丰台科技园街道设计导则、北京远郊新城街道空间设计导等，还有以行政区划或针对不同类型区域进行编制的，如北京西城区、深圳罗湖区等。

这些不同成果形式和不同类型的导则在设计上基本上覆盖了宏观、中观、微观三种尺度，地区类导则则针对特定区域或需求，一地一策提出方案，直接指导了实施建设，承担了专项规划的作用。在实际工作中，不同导则编制的成果形式和类型差异往往由编制诉求、应用类型、使用阶段的差异而决定，这些精细化的需求，完善了街道设计的全过程，也保障了地域特色。

1.3 管理需求，完善街道设计导则的实施机制

街道是一个复杂的巨系统，既是城市交通的承载，又是城市居民的生活工作场所，而街道的管理者、设计师、建设者、使用者均有各自不同的诉求。搭建一个全面的信息管理平台，为公众提供智能服务，为政府决策提供科学支撑，是保障导则实施的关键环节。如《印度街道设计手册》打通行政管理壁垒，实现多部门整合协调；《上海市街道设计导则》则由众多政府部门、行业专家、公众共同参与制定，统筹协调多种相关因素，形成全民对街道的理解并达成共识。

塑造一条街道往往会贯穿规划设计、工程建设和管理维护的全流程，需要规划设计、工程建设、交通、市政、景观绿化、城市管理等多个政府职能部门的通力合作。搭建一个共享、共建、共治的交流平台，建立街道管理、治理一体化的实施机制是实现街道"全生命周期"建设维护的管理需求。

2 基于需求导向的青岛市街道设计导则编制研究

青岛作为现代城市设计理论的重要实践地，自建置起即在现代城市设计思想的指导下进行建设与发展，规划理念和城市结构贯彻城市建设的始终，"城市设计"是青岛城市建设的优秀传承。在城市设计多年的实践发展下，营造了"红瓦绿树、碧海蓝天"的独特城市风貌。2017 年，住建部公布青岛为第一批全国城市设计试点城市，在高质量发展和人民对美好生活的需求的新时代背景下，紧紧围绕"以人民为中心"的发展思想，深入贯彻落实习近平总书记殷切希望和要求、中央城市工作会议精神、住建部"城市设计试点"的工作部署，青岛市全面推进城市设计试点工作。根据《青岛市城市设计试点工作行动计划》要求，加强城市设计理论研究和技术方法探索，制定《青岛市街道设计导则》（以下简称《导则》）。

《导则》旨在构建"青岛市街道设计导则"的编制体系，设计形成一套能够普遍运用在青岛市街道设计中的技术方法和研究思路，推动青岛街道人性化需求转型，为今后相应的实践工作提供借鉴指导作用。《导则》使用范围覆盖青岛市中心城区，总面积约 1408 平方公里。

2.1 以人为本的导则编制思路

《导则》为满足人民对街道的使用和服务需求，以街道的更新和建设为重要抓手，借鉴国内外街道设计导则的优秀经验，坚持以人为本的原则，提出四个价值转变。一是从"侧重机动车通行"转为"关怀人的日常活动"，运用设计和工程手段将城市慢行交通、静态交通、机动车交通及沿街活动等统筹考虑，以非机动和步行通行为主要出行方式。二是从"道路红线的管控"转为"街道空间的管控"，将道路红线内外统筹协调，将路面和两侧建筑界面共同围合的区域作为完整的街道空间，进行整体设计和建设。三是从"工程设计"转为"空间环境设计"，将原有的工程设计思维打破，发掘街道的时空承载功能，有机整合沿街市政设施、环境景观、特色建筑、历史风貌等要素，彰显街道的独特气质风格。四是从"注重交通效率"转为"引导街区融合发展"，发挥街道的公共场所特性特征，如增加城市交往空间体验、促进消费、环境品质提升、街区活力激发等，推动街道街区融合发展。

在围绕"四个价值转变"，形成共同价值认同的基础上，将特色、活力、友好、安全、绿色、智慧作为设计理念和需求导向，指导具体的规划设计、建设、管理和维护工作，将城市街道打造成为高品质、高质量的公共活动空间，复兴街道生活。

2.1.1 安全保障为设计目标，保障使用者最基本需求

安全的街道环境是使用者参与街道活动的最基本需求。街道设计应从不同交通方式使用者的需求出发，协调人车在街道空间的关系，优化交通组织管理，建立连续的慢行网络，保障行人、非机动车和机动车有序交汇。

路径规划方面，在车速较快和车流量较大的路段，可通过分车带、绿化带等进行隔离，将路侧的非机动车及行人与机动车交通进行适度的安全分离，减少交通路径上的冲突。在车道设置方面，应贯彻公共交通优先发展理念，可通过合理设置公交专用道，形成公交专用道网络。同时为提高道路使用效率，根据交通测算因地制宜地设置共乘车道、可变车道等。慢行交通为主的街道，可通过控制机动车道规模，提供安全顺畅的骑行环境和连续舒适的步行通行空间。具体措施包括将建筑退界与街道空间进行统一设计，形成开放的一体化建筑前区；设置非机动车过街带、非机动车停止线，保障非机动车过街安全等。

道路交叉口的安全是行人过街的重要保障。为了保障行人通过道路交叉口的安全性、便利性，可在机动车交通量不大、过街人流较多的城市支路采用交叉口收缩、人行路全铺装、过街部分抬高等一系列异化形式，也可通过控制路缘石转弯半径大小，从而引导机动车减速右转，缩减行人的过街距离。另外，还可通过在道路路口增设安全岛、延长绿灯时间等方法，合理控制行人单次过街时间，保障驻留行人的安全。

2.1.2 提升街道环境舒适度，迎合不同街道活动需求

街道环境舒适度是影响使用者活动需求的重要指标，良好的街道环境可提高街道空间的活力、增加街道活动的吸引力。在环境感受体验方面，以快速交通为主的街道应塑造大尺度连续的景观界面，强化对城市轮廓线和沿海岸线界面的感受；以骑行为主的街道慢行空间，应注重街道两侧建筑尺度的塑造，协调临街建筑风格特色，结合景观节点打造慢行系统；以步行为主的街道空间，应把控两侧建筑群的尺度、增加街道空间的丰富度，提升步行者使用感受。同时，街道设计应根据街道级别、类型及道路设计车速合理控制直线路段长度，注重土地复合利用，增加趣味性。

在功能混合方面，应对街道的功能形态和空间尺度进行综合考虑，注重水平和垂直功能混合，如将街道结合大型商业综合体、交通枢纽等节点空间布局设计，提高使用舒适度，同时提升街道活力。将街道沿线的零散地块以及建筑围合成的公共区域改造成口袋公园或公共空间，优化街道在其中的线性连接，形成多样的尺度和业态。在富有城市特色的沿海、沿河、盘山等景观区域，应规划自行车道网络，形成连续步道

系统，引导丰富的休闲活动。此外，鼓励在商业性、生活服务性、景观性街道上，设置商业、休闲、文化、社区服务等临时性设施，有条件的可错时开展公共艺术活动，丰富城市多元文化。

2.1.3　传承街道历史文脉，凝聚街道心理认同

挖掘街道的历史价值和物质空间环境，传承城市历史，可强化街道的人文属性、延续街道的历史特色，同时增强城市凝聚力和市民对街道的心理认同感。可通过统一规划，树立特色历史街道、发生重要历史事件的街道通过铭牌标识等，将散点的文脉要素进行关联整合，挖掘城市底蕴，宣传、讲好城市故事。

整体把控街道的肌理、尺度及色彩，强化街道使用者的场所感知。从宏观层面优化和延续老城区街道的历史肌理及风貌特色，结合城市色彩规划，对街道两侧的建筑墙面、屋顶基色等进行控制，塑造街道特色形象。

回应原住民对街道的集体认同感，积淀街道文化厚度，注重地域文化特色的保护，开展街道特色公共活动，提升街道功能多样性和吸引力，实现街道有机更新。

2.1.4　倡导绿色理念，丰富山、海、城一体的城市格局

结合海绵城市试点建设，强化城市依山傍海，山、海、城一体的城市格局，结合街区内各类既有物质要素，加强海绵设施与街道环境氛围的有机关联。将雨水控制利用与景观一体化设计，增加街区绿量，塑造丰富的植物景观层次。顺应不同城区地形，引导海绵调蓄设施布局，疏浚雨洪行泄通道，削减洪峰、控制内涝。充分利用有条件的临街建筑，实现绿色海绵立体化，提升城市生态环境品质，回应人民美好生活的需求。

2.2　多元技术手段的应用探索

2.2.1　基于 GIS 为基础的街道画像

基于 GIS 的大数据应用，既为街道设计提供了不同的思考方向，也提供了不同于传统方向的技术支撑。一方面，运用智能技术手段，感知街道空间特征、识别街道肌理、对街道进行实时画像，增强导则编制的科学性；另一方面，基于智能技术建立街道设计的动态反馈机制与公众参与平台，推动共建、共享、共治的实施策略，探索城市街道交互式设计的新方式；同时，在后续建设和运营管理中，探索实现智能监控、出行辅助、信息交互、设施共享等智慧管理功能。

利用大数据从空间感知、城市肌理两个方面对街道空间特征进行定性分析，并建立街道的四维信息档案，为梳理街道空间情况提供数据支撑。利用 POI、点评数据等功能业态，分别从商业活力和人群活力两个方面为街道画像，为分析街道活力提供科学依据。最后从智能调度、安全防控、公众参与等方面，提供智能服务，以促进智慧出行，维护社会安全，满足公众需求。

2.2.2　基于田野调查的人本性需求

虽然大数据可以便捷、高效、全面地获取街道各个维度的信息，但并不能直观地感受到街道的现状和使用者的体验。田野调查虽然基于人本性需求，直接体验街道的风土人情，但仍带有较强的主观色彩，且由于调研人员的个体差异，难以对街道进行全方位考察。两种手段相辅相成，在《导则》编制中进行相互补充：以田野调查为基础样本，调研以人为使用者会出现的问题及需求，进行实地验证和具体剖析，对大数据进行关键问题上的校正，可大幅度提升调研的有效质量，提高数据的精确度。

2.3　共建、共享、共治的实施策略

城市街道设计是一项兼具专业综合和繁杂内容的工作，目前国家、地方及相关行业部门分别针对如道路工程、管线综合、建筑设计、园林绿化、城市管理等方面，通过制定相关规范、编制相关规划进行约束管控。《导则》通过城市设计手段，以期协调、整合各个专业的相关规范和标准，在学习国外先进设计理念的基础上，对国内的现行规范或标准加以补充和优化。同时，《导则》不以管控为目的，从而为具体的设计工作留足创作空间。因此，《导则》并非是对现有标准规范的替代，而是在具体设计过程中，供设计人员"一站式"查询与参考的依据，是对老城区街道改造、新城区新建街道的指导。

另外，在转变设计理念的基础上，《导则》以目标引导、设计策略为设计基础框架，以设计细则作为街道建设的示范案例，一方面，便于设计人员、建设人员、管理人员从更广的视角再认识街道，用更多元的手段和思路打造街道空间；另一方面，有助于向使用者剖析街道空间中每个细节的设计意图，让使用者理解并参与到街道建设当中。

2.3.1　明确规划引领

逐步完善各专项规划体系，倡导绿色出行，深化道路用地集约利用，明确街道空间范畴，加强街道的空间管控，将道路红线内外一体化统筹，将设计、建设范围从红线内部至沿街建筑立面拓展，统筹设计人行道与建筑退界空间，将街道空间一体化管控。

2.3.2　建立弹性实施制度

为促进街道的品质提升，建立弹性管控体系，将长久性改造方案分解为阶段性改造。同时根据实际需要进行分时段动态管理，提倡绿色出行、慢行出行的理念。在空间上划定机动车限速区域，保障通行安全。

2.3.3　完善保障机制

落实责任分工，成立工作领导小组，统筹协调切实推进街道设计。实施协商机制，

鼓励各方共同参与街道的设计改造，搭建包括政府相关、开发商、沿街业主在内的沟通平台。

2.3.4 持续完善更新，推动示范工程

将街道结合城市建设或综合整治项目推进，建造、推动一批精品街道示范工程，探索和实践其在空间打造、交通设计、建设机制、资金保障、公众参与等方面的优秀经验。进一步促进《导则》的实践和应用，需对《导则》实施情况进行定期评估，适时修订和更新《导则》内容，保持《导则》的前瞻性、引领性。

3 结语

现代都市生活中，街道往往承载了通行之外的更多的空间属性。于街道而言，他是一副基本骨架，架构、联通了城市所有的公共空间，承载了交通功能和各项公共设施；人们日常生活、出行与它难解难分，同时也印刻了人们对于一座城的记忆和文化。由道路、城市市政设施、沿街建筑等全要素构成的街道空间，已然成为提升城市幸福指数和宜居程度的关键。在城市发展的不同时期，街道也承载了使用者的诸多诉求，作为公共资源，街道设计要回应人文关怀，慢行优先，保护弱者，合理分配路权。为满足人的活动需求，其环境景观和设施布局，应符合人的行为特征，并能有效促进文化、艺术、商业等不同功能的有机融合，以更具生气和活力的街道构建丰富的街区生活环境，鼓励引导居民积极参与，形成街区生活的价值共识。

然而，尽管街道设计导则的编制浪潮还在探索实践中涌动，但大量的街道问题仍然存在，街道问题仅仅是城市问题的一个缩影，只有通过全社会的共同努力，才能让街道成为真正的城市客厅，让人民生活更美好。

参考文献

［1］上海市规划和国土资源管理局、上海市交通委、上海市城市规划设计研究院：《上海市街道设计导则》，同济大学出版社 2016 年版。

［2］广州市住房和城乡建设委、广州市城市规划勘测设计研究院：《广州市城市道路全要素设计手册》，中国建筑工业出版社 2018 年版。

［3］［美］阿兰·B. 雅各布斯：《伟大的街道》，王又佳、金秋野译，中国建筑工业出版社 2009 年版。

［4］葛岩、唐雯：《城市街道设计导则的编制探索——以〈上海市街道设计导则〉为例》，《上海城市规划》2017 年第 1 期。

［5］胡晓忠、唐雯、赵晶心等：《街道的价值转型与实践策略》，《时代建筑》2017 年第 6 期。

［6］金山：《上海活力街道设计要求与规划建设刍议》，《上海城市规划》2017 年第 1 期。

［7］张帆、骆悰、葛岩：《街道设计导则创新与规划转型思考》，《城市规划学刊》2018 年第 17 期。

［8］赵宝静：《浅议人性化的街道设计》，《上海城市规划》2016 年第 2 期。

［9］尹晓婷、张久帅：《〈印度街道设计手册〉解读及其对中国的启示》，《城市交通》2014 年第 2 期。

［10］徐淳：《国际典型街道设计导则解读及其经验启示》，《江苏城市规划》2018 年第 5 期。

［11］中华人民共和国住房和城乡建设部：《城市设计管理办法》，中华人民共和国住房和城乡建设部，2017 年。

［12］上海市城市规划设计研究院、厦门市交通研究中心、厦门市城市规划设计研究院：《厦门市街道设计导则》，2018 年。

城市雕塑规划建设的探索与思考

——以青岛市城市雕塑设置技术导则为例

万铭　孔静雯 *

摘　要：城市雕塑是一个城市历史和人文的艺术载体，是时代精神的象征，也是文化自信的重要体现。城市雕塑作为展示城市品质与特色的重要载体，其选址、选材、立意、建设、管理和维护等各环节是否科学合理，是否可操作、可持续就具有重要意义。本文以编制青岛市城市雕塑设置技术导则为例，梳理城市雕塑相关规范，从城市规划建设的角度分析城市雕塑发展过程中存在的问题，结合青岛城市风貌特色和城市规划建设特征，提出了关于城市雕塑设置引导的创新思路。改善以往规划与建设缺少衔接、责权不清、难以管理的问题，形成创作、管理和维护三个层面科学有序的设置引导机制，以期能够有效指导城市雕塑的建设工作，提升城市公共空间艺术品位和价值。

关键词：城市雕塑；城市风貌；规划建设；弹性控制

习近平总书记在十九大报告中提出并强调，文化是一个国家、一个民族的灵魂，只有文化自信，才能真正理解中华民族伟大复兴的意义。同时，党的十九大报告中首次提出"高质量发展"的论述，表明中国经济由高速增长阶段转向高质量发展阶段。2020年10月，党的十九届五中全会提出，"十四五"时期经济社会发展要以推动高质量发展为主题，使发展成果更好惠及全体人民，不断实现人民对美好生活的向往。城市雕塑作为城市文化的载体、城市空间环境的组成部分，在当前高质量发展背景下，

　　* 万铭，高级工程师，现任职于青岛市城市规划设计研究院建筑与景观设计研究所；孔静雯，助理工程师，现任职于青岛市城市规划设计研究院建筑与景观设计研究所。感谢青岛市城市规划设计研究院段义猛副总规划师对文章的学术指导，感谢建筑与景观设计研究所郝翔、刘珊珊对本论文提供的技术支持。

将其纳入城市规划建设体系中统筹谋划发展蓝图，创造有品质、有文化、可传承、可记忆的城市空间具有重要的时代意义。

城市雕塑发展至今，众多艺术家、管理者、建设者都在实践中不断探索可以用来规范城雕行业积极发展的办法和措施，一系列管理办法、工程技术规范、各层次专项规划等文件先后出台，这在一定程度上有效地规范了各地城市雕塑的建设，避免了一些媚俗劣质作品的出现，但是仍然存在专项规划与建设管理衔接不足、实操性弱的问题。

青岛市在国内首次尝试针对城市雕塑设置制定技术性导则文件，依据本地城市特色和文脉传承，确定城雕设置的研究方法、内容和形式等，使规划、建设、管理在导则的整体框架下进行编制和实施，增强了城雕设置流程的可操作性。

1 概念

吴良镛院士曾说："所谓城市雕塑，并不是一个很准确的概念，它是相对于室内雕塑而言的，故可称之为室外雕塑……多年来，'城市雕塑'这一词语既已约定俗成，也就无需再去为它正名。"[①] "城市雕塑"的概念虽然深入人心，但是对其解释却众说纷纭，难有权威说法。直到1993年文化部和建设部联合发布《城市雕塑建设管理办法》，将城市雕塑定义为："在城市规划区范围内的道路、广场、绿地、居住区、风景名胜区、公共建筑物及其他活动场地建设的室外雕塑。"这一定义强调了城市雕塑的室外属性和地域范围，不包括室内雕塑、浮雕等。

随着我国经济建设的不断发展、雕塑艺术的传承与创新，同时结合青岛市城市规划建设体系发展的特征，我们在导则编制中，将"城市雕塑"的定义进行了更为明确的表述，即是指设立于城乡公共空间的雕塑，具有城乡特有的空间环境要素，一般结合城市、乡村的重要公共开敞空间、公园绿地、主要道路、重要公共建筑及具有纪念意义的场所进行设置。对导则所涉及的地域范围和重点设置区域进一步明确，使其更具有针对性、层级性和可操作性。

2 国内外城市雕塑建设相关法规与规划

2.1 国内雕塑发展历程

新中国成立以来最早的城市雕塑是20世纪50年代以梁思成、刘开渠等创作的"人民英雄纪念碑"为起点，当时的中国百废待兴，主要精力都集中在经济发展和城市建

---

① 吴良镛：《蓬勃发展的中国城市雕塑50年》，全国城市雕塑建设指导委员会编：《中国城市雕塑50年》，陕西人民美术出版社1999年版，第16页。

设上，城市雕塑的发展极为缓慢，主要以政府主导的纪念性雕塑为主。直到 1982 年 3 月，中央为加快推动城市雕塑建设，要求全国各省市建立城市雕塑专门机构，全国兴起了城市雕塑的建设热潮。

目前国内公认的第一部关于城市雕塑设置的国家级法规，是 1993 年由文化部和建设部联合发布的《城市雕塑建设管理办法》，较为权威地阐述了城市雕塑的定义和建设要求，明确了主管部门及其职责，规定了城市雕塑的规划、建设和管理办法，为我国城市雕塑设置的法制建设奠定了基础。青岛市早在 1991 年为完善城市雕塑设置的规划管理，颁布了《青岛市城市雕塑设置规划管理办法》，走在国内其他城市前列。国家法规颁布后，全国各地陆续出台具有本区域特色的地方性法规，对当地城市雕塑的建设起到了积极的作用。但是由于法规的设置要求、管理程序较为宽泛，管理内容没有涉及城市雕塑设置的选址、题材、体量等的要求，这在给予艺术家更大的创作空间的同时，却缺少了政府监管和宏观把控的力度，政策的落地实施性不佳，城市雕塑建设行为失控，2020 年 9 月，《住房和城乡建设部关于加强大型城市雕塑建设管理的通知》（建科〔2020〕79 号）应运而生，对建设高品质城市雕塑进行进一步规范。

随着我国城市经济发展的提速，各地区越来越关注和重视建筑艺术品在对于宣传和弘扬城市文化、树立城市形象方面的重要性。将城市雕塑纳入一个城市规划建设系统中进行整体考量，已经成为不少城市的共识。近年来，深圳、上海、广州、长沙、杭州、重庆等城市先后编制和批准了城市雕塑规划，对城市雕塑的规范发展和繁荣创作起到了积极作用，城市雕塑建设呈现国际化、公众化、多元文化融合的特点。但是目前我国还没有出台关于城市雕塑规划的编制办法及实施细则，各城市都是基于自身对规划理论和体系的理解去进行规划编制，对于雕塑规划的规划原则、规划思路、编制体系、规划重点没有形成统一的标准，规划的落地实施和管理的执行力度都具有一定的难度。此外，还需注意的是，当前城市雕塑规划基础理论具有趋同性，导致不同历史文化背景和经济基础的城市在雕塑规划空间布局上出现雷同，难以形成地方特色。

2.2 西方雕塑发展历程

西方雕塑的发展作为西方艺术的重要体现，特别是资产阶级革命之后城市艺术出现了显著的变化。城市中的雕塑已经成为自由与民主的象征，不再仅仅只是一种宗教与统治者稳固政权的工具，另外雕塑也不再只是单纯依附于建筑物的装饰，而已经成为独立的艺术形式并与哲学、艺术的发展趋势紧密呼应，呈现了一种多元化、紧跟时代发展趋势的新形式。

由于西方国家极少针对城市雕塑设置专门规范，因此我们参考公共艺术中雕塑的相关政策。公共艺术政策的雏形来自 1933 年罗斯福总统推行的"新政"，政府在新政中开展了公共工程艺术计划，主要资助艺术家在城市公共场所如学校、医院、美术馆等空间创作雕塑作品，截至第二次世界大战爆发前共创作 2.5 万件雕塑作品，虽然美国联邦政府的艺术促进计划是为了减少经济大萧条时期的高失业率，但在一定程度上也促进了公共艺术和城市雕塑的发展。1934 年美国财政部确立了《绘画与雕塑条例》，明文规定联邦建设费用中应固定划拨 1% 的经费用于新建筑的艺术装饰，我们称其为"百分比艺术"。1959 年，费城成为美国第一个批准授权推行"百分比条例"的城市。随后洛杉矶、西雅图等城市相继通过本政策。2000 年以后西方国家关于城市公共艺术的规划大部分是先通过立法和设立基金机构，保障资金来源，然后将规划范围扩展至城市的整体，制定整体发展目标，通过调查统计、申请、审批来规范公共和私人艺术作品的设立和城市不同区域的平衡发展；通过制定合作框架，使政府、规划师、建筑师、艺术家、居民各尽其职责；通过制定行动计划，保证有步骤地实施；通过公众参与环境评价等一系列技术手段实现信息的反馈和保障。

3 城市雕塑发展现状与问题梳理

3.1 城市雕塑作为城市建设空间中的公共艺术品，缺少与城市规划建设相匹配的宏观引导，造成设置的盲目性和随意性，影响城市形象和美观

我国的城市雕塑兴起于改革开放之后，一些经济基础较好的城市，开始重视城市文化和艺术的建设，产生了一批自上而下、政府主导型的、大型标志性城市雕塑作品。2000 年后，民众对公共艺术的诉求日益增长，一部分非营利性艺术机构和有实力的权属单位开始加入城市雕塑建设中，城市雕塑进入一个新的发展阶段。然而，这个时期大部分城市雕塑没有重视其自身的"公共性"，其主要功能只是用来装饰环境，甚至其艺术创造从一开始就必须服从甲方的意志、商业的利益，而不是凸显自身的文化和艺术价值，造成城市雕塑发展的无序和混乱。

虽然国家和部分城市先后出台了一些关于城市雕塑建设管理的相关政策，编制了城市雕塑总体规划，但在城市雕塑的设置选址、作品方案甄选、建设管理、资金筹措等各个环节都缺少具体的操作指导，造成规划管理和实施建设两层皮的现象，城市雕塑仍是在政府主导、主观意识下盲目建设，随意设置，影响了城市环境品质，破坏了城市文化脉络，打乱了城市空间序列。

3.2 盲目追求雕塑作品的造型和体量，忽视城市雕塑的"在地"属性和艺术空间的营造，破坏了公共空间的整体性和完整性

随着经济水平和社会文化的迅速发展，人民群众对于城市美好人居环境的要求越来越高，城市雕塑作为城市公共艺术的表现形式之一，不仅要求其本身具有艺术品味

和价值，而且还需要其关注与人的关系，根据不同城市的发展脉络和文化背景，同一城市不同空间性质，创作能够让民众产生共鸣的，与空间中建筑、园林景观、文化氛围融为一体的艺术作品。

我国很多城市都经历过"摊大饼"式粗放型扩张发展阶段，土地无度扩大，城市人口迅速增量，城市一度热衷于建设大广场、宽马路，一些带有形象工程、政治色彩的城市雕塑应运而生，这些雕塑作品没有深度挖掘城市自身独特的历史文脉和人文环境，盲目追求"高、大、上"的城市形象，使得城市建设规模雷同，雕塑作品大同小异，割裂了舒适怡人的城市空间，使人产生枯燥感和乏味感，失去了城市雕塑对民众的文化引导和艺术培养的社会价值。

3.3 在市场经济环境下，部分设计师迫于压力，急功近利，雕塑作品缺少创意和人文特色；社会公众参与度不够，雕塑的创作者和欣赏者难以达成共识

城市雕塑具有强烈的公共性，它设置在城市公共空间中，面对的观赏者是社会各阶层、各行业的民众，且城市雕塑的建造资金主要来自公共资金，公众的意愿应该贯穿于城市雕塑设置的全过程。

当下随着市场经济的发展，城市雕塑的创作逐渐被市场控制，创作主题、时间、质量受市场所限，雕塑创作者没有充分的时间和空间来研究文化内涵和地域特色，大量的雕塑作品出现模式化、成品化，缺失创意打磨，甚至出现模仿、抄袭的现象。

此外，目前对于城市雕塑作品的遴选尚未建立起一整套完善机制，许多热爱艺术、热爱雕塑事业，关心城市公共空间品质的民众难以参与到雕塑作品的创作和建设中，公众只是被动地接受，城市雕塑也就失去了激发城市活力、增强人们交流的原动力。

3.4 城市雕塑作品良莠不齐，优秀作品不多，翻新更替较快

随着城市建设的扩大，城市雕塑作品也随之增多，但总体看来，从政府到人民群众，对城市雕塑的艺术认知和美学欣赏尚处于初级阶段，许多质量不高、艺术价值和文化价值较低、视觉形象不佳、对材料和制作工艺缺乏研究的作品出现在我们生活当中。随着时间的推移，一些美学内涵价值不高，仓促建设的城市雕塑拆除更替的频率加快，难以留下城市印记和文化记载。这一方面对城市风貌和文化产生负面影响，另一方面也对城市公共资源造成浪费。

3.5 城市雕塑的定义模糊，建设机制不健全，管理界面不清晰

长期以来，国家和各地城市出台的关于城市雕塑建设管理办法的相关政策、法规，对城市雕塑概念的定义不尽相同，从概念的产生至今，一直没有一种达成共识、规范而权威的定义。定义的模糊，或是不甚准确，使得在城市雕塑的政策制定和执法管理上带来理解偏差和操作难度，虽然雕塑数量逐年增多，但精品难出。

从目前国内城市雕塑管理的力度上看，缺少顶层设计和完善的长效管理制度框架，对于城市雕塑建设的"筹资方式、决策机制、运作程序、维护管理"等方面都没有明确的规定和要求，导致各大中城市的雕塑管理部门对城市雕塑的实施和管理工作难度加大，使得一些艺术价值低、文化内涵俗、工艺水平差的雕塑作品出现在公众视野，降低了城市品位，影响了环境品质，错误引导了公众的审美观。

4 编制青岛市城市雕塑设置技术导则的探索

2018 年，习近平总书记在青岛考察期间强调，城市是人民的城市，要多打造市民休闲观光、健身活动的地点，让人民群众生活更方便、更丰富多彩。为青岛的城市发展指明了航向。

为践行新发展理念，树立文化自信，塑造城市特色、提升城市形象，构筑高品质都市艺术环境，丰富人们精神生活需求，中共青岛市委、市政府提出建设崇尚艺术的创意之城攻坚战方案，在这个背景下，青岛市城市规划设计研究院承担了国内第一个城市雕塑设置技术导则的研究和编制工作。这个导则探索了崭新的研究领域，尝试将艺术植入城市规划、建设和管理中，共同构建多元、舒适、便利的城市生活空间，彰显青岛"山、海、城"和谐相融的地方特色风貌，提高城市美誉度和软实力。

4.1 通过导则的方式将城市规划与建设有机衔接

1991 年通过的《青岛市城市雕塑设置规划管理办法》中明确了城市雕塑的设置原则、审批程序和管理维护机制。但随着城市的快速发展，此管理办法已经难以适应城市建设和雕塑艺术发展的需要。此外，由于城市发展的侧重点在经济和城市建设方面，忽略了城市品质和艺术文化的打造，城市雕塑专项规划迟迟没有编制，城市雕塑的建设缺少宏观指导，导致建设无序，管理失控。

导则的研究思路就是如何将城市规划的宏观调控与城市雕塑的建设有机衔接起来，通过梳理城市总体规划的功能定位和空间布局，结合城市风貌格局，提出"整体规划，分级指导"的设置原则，即依据青岛市总体规划和城市风貌保护规划，对城市雕塑分区、分级进行布局和设置引导，针对不同城市空间提出城市雕塑设置密度的控制指标，从而在青岛市全域层面对城市雕塑的空间布局提出了指导要求，使建设审批有的放矢（见图 1 ）。

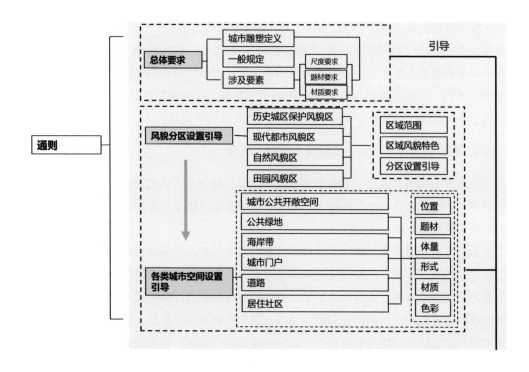

图 1　城市雕塑设置技术导则研究思路

4.2　强调延续城市文脉，加深城市记忆，弘扬城市文化，立足城市特有的自然、人文风貌提出设置方法和内容

青岛地处山东半岛东南，东濒黄海，是国家重要的现代海洋产业发展先行区、东北亚国际航运枢纽。辖区内山地丘陵众多，海岸线绵长蜿蜒，拥有丰富的滨海岸线景观资源；是有百年历史的国家历史文化名城，近现代建筑风貌格局特色显著，是中国道教发祥地，具有中西文化思潮碰撞的独特城市风貌。

导则在深入研究青岛市历史文脉，挖掘自然、人文特色的基础上，提出整体空间布局的研究方法；同时结合青岛市城市建设的发展历程和格局变迁，梳理不同风貌分区的城市肌理、功能空间和风貌特色，对城雕建设的重点区域提出控制要求。立足城市特有的自然、人文风貌，并结合城市风貌保护规划将全区划分为历史城区保护风貌区、现代都市风貌区、自然风貌区、田园风貌区四个控制区（见图 2），根据各分区风貌特色划定需要重点考虑设置的城市空间，提出针对性较强，可管理、好实施的城市雕塑设置要求，延续并弘扬了城市文脉，凸显了独具魅力的城市特色（见表 1）。

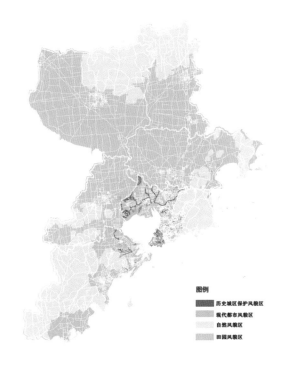

图例
■ 历史城区保护风貌区
■ 现代都市风貌区
□ 自然风貌区
□ 田园风貌区

图2　青岛城市风貌分区示意图

表1　青岛城市分区范围及风貌特色

风貌分区	区域风貌特点
历史城区保护风貌区	窄马路、密路网，围合式里院建筑景观特色
	盘旋迂回的环形与放射状路网交叠，经典的道路对景点
	红瓦、黄墙、绿树、碧海、蓝天是区域特有的城市色彩元素
现代都市风貌区	以大型综合体、新建居住区、办公建筑群为代表的现代都市风貌特色
	蜿蜒绵长的海岸线构成场景变化的港湾休闲特征
自然风貌区	集中展现具有青岛自然景观特色的"山、水、林、石"自然生态环境与文化旅游价值
田园风貌区	包含河流、湖泊、农田、林地、矿区、水库等丰富多样的乡村田园景观特色
	农耕文化源远流长，区域内带有不同年代历史特征的乡村建筑、村庄聚落

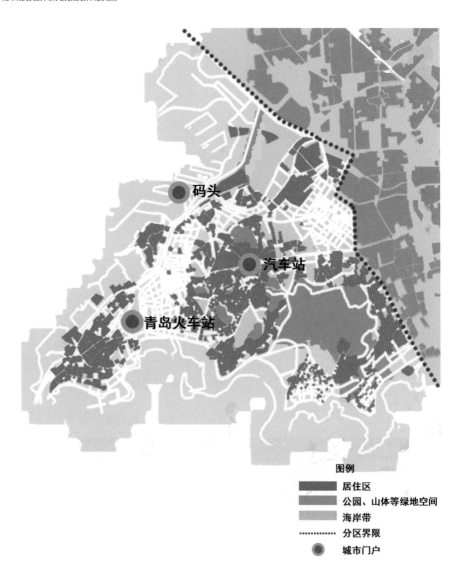

图3　历史城区保护风貌区空间分析

表 2　历史城区保护风貌区城市公共空间类型

城市空间类型	包含内容
城市公共开敞空间	包括区域内除道路、海岸带、居住社区、公共绿地、城市门户以外的所有公共开敞空间
公共绿地	包括区域内山体及综合类公园、滨水开敞空间等所有开敞绿地
海岸带	指滨海第一条城市干路和滨海公路至海岸线范围内。重点设置区段为前海综合旅游带：西起中苑码头，东至奥帆基地海岸带区域
城市门户	包括区域内的火车站、邮轮母港、轮渡码头、客运站等
道路	具有代表性的城市主干道和各类特色街道
居住社区	相对集中成片的居住社区

4.3　采用强制性规定和要素性引导相结合的控制要求，在导则的宏观指导下，保证艺术的创造和发挥不被束缚

城市雕塑作为公共艺术品，好的城雕作品可以引领大众审美，提升社会整体文化品位。其创作有别于单纯的建筑、园林景观、城市家具等城市空间要素，更具有美学性、艺术性，要求更多地展现其深刻的文化内涵。优秀的城雕作品，需要艺术家们通过空间激发灵感，通过感受获取美感。然而有些城雕规划单纯从城市规划的角度进行理性分析，提出相对具体翔实的控制要求，极大地限制了艺术家的美学理论的延展和创作发挥的自由度，导致城雕作品雷同且缺少特色。

导则的编制弥补了城雕管理办法未规定的关于城雕选址、主题、体量等控制内容，为城雕规划提供了编制依据、研究方法和通则性的控制引导，起到了承上启下、宏观指导的作用；同时导则对城雕的形式、材料、色彩等具体内容只提出引导性要求，在保证城市整体风貌完整性、特色性，城市公共空间的舒适性、愉悦性的基础上，给艺术家留有充足的创作空间，通过公众参与的力量对城雕作品进行甄选，充分体现城雕的公共属性。

4.4　注重城雕设置的决策机制、运作程序、维护监督等管理机制的建设

导则在城雕管理办法的基础上，细化完善城雕设置的规划许可和管理要求，提出了总体指导，分级管理思路，明确市区两级主管部门及其管理职责；同时，导则还针对近年来各地大型雕塑建设管理失控的现象，与时俱进地对城市主要公共场所设置大型雕塑提出了具体管理规定，并给出了主要公共场所的范围界定。

此外，导则还规定了城市雕塑设置后维护保养的责任人和资金来源；完善社会监督、举报、投诉渠道和处罚办法。

4.5 强调公众参与，明确公众参与流程和方案征集范围

城市雕塑是接受社会各阶层民众观赏的公共艺术品，不仅要具有较高的艺术价值，引领大众审美方向，而且还应该做到老少皆宜，让百姓看懂读懂。因此，一件成功的城雕作品，不是某些专家、管理者去判断评价的，而是应该交由民众去决定。以前"公众参与"仅停留在理论上、字面上，没有具体的操作流程和参与渠道，而技术导则在附则中明确提出城雕在审批许可前各阶段公众参与的流程要求，使公众参与落到实处。

此外，导则还针对重要城市空间的特殊雕塑提出方案征集、遴选的方式，细化各阶段工作内容和要求，目的就是集思广益，在城雕建设前严格把关，以期更多像《五月的风》(青岛"五四广场"标志性雕塑)一样的作品经典流传，成为城市发展历史上浓墨重彩的一笔。

5 对国内城市雕塑规划建设的启示

5.1 如何将艺术创作与城市规划相互融合，使雕塑艺术与园林景观、建筑、街道、广场构成和谐舒适的生态空间，给人以美的享受和体验，增加民众的幸福感

在接到编制任务之初，我们就处于困惑状态，城市雕塑本身就是一件艺术品，是一个艺术构思、创作、加工的过程，如何从城市规划的角度对艺术创作进行约束，无论在要求尺度上，还是在要求强度上都很难把握。为此，我们向青岛市知名的雕塑专家咨询，同时也尝试与他们合作，想从艺术审美的角度针对城市雕塑的设置提出一些技术要求。经过几轮讨论，我们发现雕塑艺术家更加注重艺术创作的自由发挥，很少从城市空间的大格局角度提出控制要求，对于城市雕塑设置的要求也很宽泛，这就失去了技术导则的指导性和可操作性的价值意义。但在与他们的讨论合作中，我们也获得一些启发，我们编制的导则，既要在宏观城市空间设计的基础上，对城市雕塑的选址、主题、体量进行有效指导和严格把控，同时也要在色彩、材料、风格等方面提出引导建议，给艺术家留有充分的创作空间。如何用城市规划的理论和技术框架来把控和包容城市雕塑的艺术创作，是一个需要不断摸索和尝试的过程，也是一个充满变化和长期完善的过程。

此外，城市雕塑不是孤立存在的，它需要与周边建筑、园林景观、道路广场共同组成城市空间，才能发挥雕塑装饰、激活和营造空间的功能，从而提高城市品质和文化品位。因此，对于一个城市空间的设计，我们需要改变传统从规划—建筑—景观—雕塑的纵向设计思路，转为由规划师、建筑师、景观设计师和艺术家组成设计团队，进行横向协作，共同参与到设计全过程中，才能搭建出和谐舒适、独具魅力的城市空间，满足人们日益增长的精神文化需求。

5.2 城市雕塑作为城市公共艺术的一种表现形式，其色彩、材料、载体空间和展示形式都在不断发生变化，技术导则的可操作性和覆盖面尚需不断调整完善

雕塑艺术在不同的历史时期呈现出不同的文化价值表现，由最初公众被动接受的永久性三维空间视觉形象，逐渐演变到今天公众可参与互动交流的公共艺术空间，城市雕塑的表现形式也随之发生着巨大变化，呈现时代与多元文化融合的发展趋势，从侧面也体现了城市建设发展的时代特征以及人们文化素质水平的不断提高。

随着国家科技创新步伐的加快，一些强度高、韧性持久、可塑性和耐久性强、宜加工的材料不断推陈出新，应运而生的就是新技术、新工艺的多元化、现代化，雕塑家的艺术思维理念和创意空间不断拓展，一些机械雕塑、动态雕塑、光影雕塑等有声光电参与的综合性体验式雕塑形式开始出现，并逐渐为民众所接受。特别是进入20世纪90年代，在数学技术、生物技术、新媒体技术、光效应艺术的推动下，雕塑艺术不断向跨学科、跨媒介方向发展。我们现有的技术导则已不能完全应对、把控和指导不断创新变化的雕塑形式，还需要进行大量的调研和数据积累分析，形成更完善准确的设置指导要求，使艺术创作者、公众参与者和行政管理者能够有的放矢地共同构建合理怡人的生态空间，使导则的操作价值落到实处。

5.3 为使技术导则真正具有实用性，其规划编制与管理要求、公众参与制度、资金来源筹措等实施保障机制应随之完善和加强

导则的编制，除对城市雕塑提出设置技术要求和建设工程要求外，还对规划许可和管理要求提出了规定，明确了规划许可的层级关系，维护和迁移拆除的管理机制以及监督处罚机制，保障了导则的推广实施。

众所周知，城市雕塑具有突出的"公共性"特征，是一个耗资较大的公共艺术品，绝大多数的城市雕塑建设和维护资金来源于公共资金，虽然有企业的赞助和社会的捐助力量，但也只是杯水车薪，政府的资金压力仍然很大，这也是目前城市雕塑作品质量不高的一个客观因素。我们在编制导则时，也查阅了许多相关文献，国外有很多较为成熟的、用于公共艺术建设的资金来源管理做法非常值得我们借鉴和学习，如"百分比政策"，通过立法规定抽出市政设施和建筑工程总造价的1%~2%的资金用于城市公共环境艺术品的建立和城市公共环境艺术事业的发展。希望地方政府结合本地城市建设特点，尽快制定地方性法规政策，保证用于城雕建设资金的长期稳定，使艺术家有充分的空间和时间去创作有生命价值和时代意义的作品传承记忆。

6 结语

我国正处于新型城市化转型发展的关键时期，城市发展的重心已从城市规模的扩

张转变为城市人居环境品质的提升。城市文化建设与人居环境建设显得尤为重要，我们需要从实践中探索方法，摸索路径，积极推动包括城市雕塑在内的公共艺术在规划、技术、管理和资金等各方面得到保障，真正形成一套可落地实施的指导标准和依据。同时还应加强宣传教育，培养民众艺术欣赏水平，提高民众素质，逐渐形成自治管理模式，实现人民城市人民建的理念。

参考文献

〔1〕习近平：《决胜全面建成小康社会　夺取新时代中国特色社会主义伟大胜利——在中国共产党第十九次全国代表大会上的报告》，人民出版社 2017 年版。

〔2〕杜宏武、唐敏：《城市公共艺术规划——由来·理论·方法》，《四川建筑科学研究》2009 年第 5 期。

〔3〕杜菲菲：《我国城市公共雕塑的发展现状、存在问题及完善对策》，《山东工会论坛》2015 年第 4 期。

〔4〕刘贻永、陈乐怡：《对中国当前城市雕塑建设管理法规的思考》，《雕塑》2008 年第 6 期。

〔5〕陈可欣、胡哲：《西方城市公共艺术规划发展历程》，《中国建筑装饰装修》2020 年第 9 期。

〔6〕武定宇：《演变与建构——1949 年以来的中国公共艺术发展历程研究》，中国艺术研究院博士学位论文，2017 年。

青岛市城市地下空间开发利用规划管理研究

仝闻一　徐文君 *

摘　要：青岛市城市地下空间开发正在进入快速发展的重要阶段，但仍存在地下空间缺乏统筹管理、规划系统及内容不清、开发建设方式方法有待优化等问题；本文立足于青岛市地下空间现状，针对城市地下空间的规划管理相关事宜提出了优化措施建议，以期为地下空间规划管理提供借鉴思路。

关键词：地下空间；规划管理；立法；互联互通

1　前言

随着地铁线网的快速建设，青岛市已进入地下空间高速发展的重要阶段。为更好管理和促进地下空间发展，青岛市拟开展地下空间开发利用管理的立法起草工作，笔者有幸参与前期部分研究工作，对青岛市城市地下空间规划管理方式方法的优化进行研究。

地下空间的开发利用管理是一个综合的巨系统，涉及城市规划、工程建设、产权登记等多方面事宜。本文研究核心为其中的规划管理相关内容，研究涉猎内容适当外延，对城市地下空间综合管理体制、互联互通建设管理等内容进行适度的研究。

2　青岛市地下空间开发利用及规划管理现状分析

2.1　青岛市地下空间开发利用现状

地下交通方面，地铁1、2、3、8、11、13号线均已建成通车，胶州湾海底隧道、仰口隧道已开通运行，同时建成了多处地下通道；地下市政方面，已建成百余公里综

---

* 仝闻一，高级工程师，现任职于青岛市城市规划设计研究院规划一所，所长；徐文君，高级工程师，现任职于青岛市城市规划设计研究院规划一所。

合管廊、高新区污水处理厂、张村河水质净化厂及多处变电站；地下商业方面，万象城、凯德茂等商业综合体利用地下空间建设了高品质的商业空间。

未来，伴随着青岛轨道线网的快速建设，城市三维空间立体开发也将迎来高光时期，更多的城市功能将由地下空间承载，更高的城市品质也将由地下空间来实现。

2.2 青岛市地下空间规划编制现状

《青岛市城市地下空间资源综合利用总体规划（2014~2030）》于2015年获得市政府批复。规划范围涵盖青岛市全部陆域，提出了地下空间统筹发展的规划战略及总体发展布局。此后，各区政府也相继编制了地下空间的分区规划，对青岛宏观区域性发展目标与功能进行分解传导，做了更进一步的规划安排。

同时，青岛市部分重点区域，如香港中路商务核心区、金家岭金融新区核心区、中德生态园等，在控制性详细规划编制过程中研究了地下空间相关内容，仍以引导性建议为主。

2.3 青岛市地下空间管理体制及政策法规现状

2.3.1 管理体制

2014年底，青岛市建立了地下空间开发利用工作联席会议制度，统筹协调推进地下空间规划、建设和管理方面的重大事项，市直各有关部门、单位及各区政府各司其职，按各自职能分管地下空间的不同事项。

2.3.2 政策法规

2014年10月，青岛市人民防空办公室制定出台的《市属早期人防工程使用维护管理办法》，2014年12月，青岛市国土资源和房屋管理局制定出台的《青岛市地下空间国有建设用地使用权管理办法》。对地下空间用地使用权的取得、分层出让、产权登记等方面都进行了具体规定。

2.4 青岛市地下空间开发利用及规划管理存在的问题

2.4.1 青岛市地下空间开发利用现状问题

地下空间开发建设规模不高，与上海、深圳等先进城市存在较大差距。

地下空间开发模式较为落后、互联互通不充分。地下空间建设难以打破地面用地权属壁垒，建设模式主要为独立式的点状建设，地下空间与地铁及相邻空间缺乏有效的互联互通，难以形成复合式的地下城市综合体，综合服务能级不高。

地下空间开发深度缺乏统筹控制。由于缺乏对地下空间适宜开发深度的明确规定，出现地下空间开发深度参差不齐，与地铁、地下道路规划建设难以协同的问题。

2.4.2 青岛市地下空间综合管理体制问题

联席会议制度尚不成熟。青岛市已初步建立起了地下空间开发利用联席会议制度，但仍缺乏系统、规范的制度和程序要求，多头管理和管理缺位并存。

缺少开发管理的法律依据。目前青岛市层面还未形成涉及地下空间规划、建设用地管理、工程建设、不动产登记管理及使用管理全过程的综合法律法规，城市地下空间规划建设缺乏强有力的法制保障。

2.4.3 青岛市地下空间规划管理问题

规划编制体系不完善。青岛市地下空间编制体系现状存在断档问题，区域性战略控制和具体地块建设引导之间缺少传导衔接，为规划管理提供直接技术支持的控规仅少部分区域研究了地下空间内容（且仅为原则性规划引导内容）。此外，与地面规划相比，辅助地下空间法定规划开展的相关专题研究、城市设计等非法定规划需要得到更多的关注和重视。

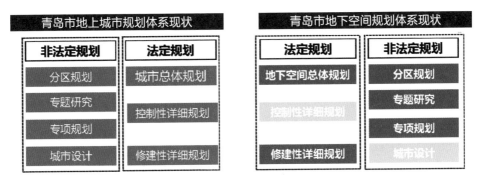

图1　青岛市地上城市规划编制体系与地下空间规划体系现状对比

基础信息数据不系统。地下空间整体处于"家底"不清、现状不明的状态，部分早期地下空间工程现状数据缺失，已有的地下空间数据分散在不同的管理部门，数据共享不足、沟通不畅的问题突出。

缺少规划编制规范、导则。目前青岛市尚未出台相应的地下空间编制技术规范，导致地下空间控制、规划内容、编制深度等方面较为混乱，缺乏统一性标准。

规划审批依据不足。现行控规的地下空间编制内容深度有限，且仅为引导性内容，对重点区域地下空间开发的规划审批不能起到充分的支撑作用。

3　地下空间开发利用及规划管理趋势

3.1　地下空间开发利用趋势

3.1.1　地下空间开发利用范围及利用模式

范围：由局部地下空间的开发利用，发展成为系统化、分层化、区域化利用的格局，逐步发展形成地下城市。

模式：功能综合化、复合化，布局网络化、联通化，地下城市综合体越来越普遍。

3.1.2 地下空间开发利用功能需求

利用地下空间建设高品质的交通、市政、公共服务等设施，实现城市的功能拓展、能级提升及品质优化。

3.1.3 地下空间开发利用品质需求

地下空间环境的生态化、舒适化程度不断提升。

3.1.4 地下空间开发利用深度

由浅表层逐渐向大纵深发展，特别是大型市政设施、交通设施。

3.2 地下空间规划管理趋势

3.2.1 推进地下空间综合管理立法

法制是规范地下空间开发利用规划管理的基础保证，为了规范城市地下空间开发利用管理，合理开发利用地下空间资源，促进土地集约利用，国内外先进地区日益重视地下空间的综合管理立法。

国际案例：2000年，日本国会颁布了《大深度地下空间公共使用特别措施法》。

国内案例：自建设部1997年出台《城市地下空间开发利用管理规定》后，深圳、广州、上海、杭州等若干城市已相继出台地下空间开发利用管理办法或条例，例如《广州市地下空间开发利用管理办法》等。

3.2.2 重视地下空间综合管理协调机制的建设

当今，综合化、规模化的地下空间建设模式，管理内容涉及建设、规划、土地、人防等众多城市管理职能部门，建立地下空间综合管理协调机制日益受到城市管理者的重视。

国际案例：日本成立大深度地下空间使用协调议事委员会。

国内案例：杭州市政府建立地下空间开发利用管理综合协调机制，行驶协调和督促职责，建设主管部门负责协调机构的日常工作以及地下空间开发利用统筹推进工作。

3.2.3 完善地下空间规划编制体系

住房和城乡建设部《城市地下空间开发利用"十三五"规划》明确要求完善地下空间开发利用规划体系，推进总体层面的城市地下空间开发利用规划，完善城市控制性详细规划中涉及地下空间的内容。

3.2.4 加强地下空间的互联互通管理

随着我国城市地铁建设的快速推进，人们已逐渐认识到地下空间互联互通对提升地下空间综合品质及利用效率的重要作用，开始加强对地下空间互联互通的全流程管理。

国内案例：深圳、杭州等城市在控规编制、规划条件核定、项目建设等多方面对地下空间互联互通提出了明确要求。

4 青岛市城市地下空间开发利用规划管理模式优化研究

4.1 顶层设计——优化地下空间开发利用综合管理机制

4.1.1 出台地下空间开发利用综合管理立法

青岛市应出台"城市地下空间开发利用管理条例",对城市地下空间开发利用的全流程,包括规划管理、土地管理、建设管理、产权登记、使用管理等,进行综合管理立法,补齐青岛市地下空间立法短板,为地下空间开发利用管理提供有力的法律保障。

4.1.2 强化综合协调机构职能,明确具体责任

青岛市应进一步加强青岛市地下空间开发利用工作联席会议制度,并建立城市地下空间开发利用综合管理机构,设立实体管理部门"地下空间综合管理办公室",协调解决开发利用中的重大问题,督促有关部门依法履行监督管理职责,全面提升政府综合协同管理效率,推进地下空间数据普查、规划编制、实施建设、监督管理等事宜统筹开展。

此外,鉴于地下空间规划、建设、运营等问题的技术专业度较高,可在地下空间工作联席会议制度下,分设地下空间规划管理、建设管理、运行管理、开发利用管理等专业委员会,充分发挥专业技术优势,为地下空间规划建设提供决策支撑。

4.1.3 突出青岛特色,完善地下空间管理职能

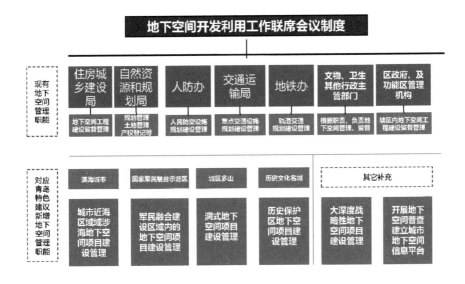

图 2 青岛市地下空间管理机构架构建议

在设置地下空间统筹管理机构的基础上，青岛市各职能部门应在各自职责范围内继续发挥相应的地下空间管理职能，各司其职、分工协作，形成管理合力。

鉴于青岛市独有的城市发展特色，补充完善若干针对特殊区域地下空间管理的管理机构。

一是针对滨海城市海城相融的发展特征，加强涉海地下空间建设的相关管理职责；二是针对国家军民融合创新示范区的战略目标，加强对军民融合建设区域内地下空间建设的相关管理职责；三是针对主城区内山体众多的特征，加强对洞式地下空间建设的相关管理职责；四是针对历史文化城区的保护与复兴，加强历史城区内地下空间建设的相关管理职责。

其他补充建议：加强城市大数据管理，设立地下空间管理信息中心，推动地下空间数据普查及信息平台建设。

4.1.4 强化区（市）政府在具体地下空间项目规划建设管理工作中的作用

建议通过青岛市地下空间管理立法，明确区（市）政府在城市地下空间建设过程中的实施主体责任。城市重大地下空间建设项目及跨区的建设项目，由青岛市建设主管部门负责统筹协调、工程建设和监督管理。一般地下空间建设项目由区（市）政府负责具体建设实施以及监督管理，充分发挥区（市）政府对城市地下空间开发建设的运筹和管理职能，减轻市政府压力。

4.2 夯实基础——强化地下空间开发利用管理信息基础建设

4.2.1 开展青岛市城市地下空间现状普查

全面掌握示范区城市地下空间资源的现状资料，包括地下交通设施、地下市政设施、地下公共服务设施以及地下防空防灾设施、地质地层等。形成一套完整的三维地下空间基础数据。

4.2.2 建立城市地下空间信息化平台

依托地下空间现状普查，基于青岛市城市统一坐标系，与地上空间信息紧密结合，建设地下空间信息基础数据库和信息平台，实现青岛市地下空间设施资源的数字化、信息化以及智慧化管理。

4.3 优化抓手——完善地下空间开发利用规划编制体系

构建总体层面规划—控制性详细规划—修建性详细规划的地下空间法定规划体系，同时结合实际需求补充多样化的非法定规划。

4.3.1 地上地下相结合，编制法定规划

地下空间规划是五级三类国土空间规划编制体系的重要组成部分，应当在国土空间总体规划、详细规划的编制阶段，开展相应的地下空间专项规划编制工作，形成上

下统筹、融合一体的规划成果。

4.3.2　补充多样化的非法定规划

针对不同区域的城市建设特征，结合实际需求补充地下空间分区规划、城市设计、各类专题研究、专项规划等，从不同角度指导城市地下空间开发建设。

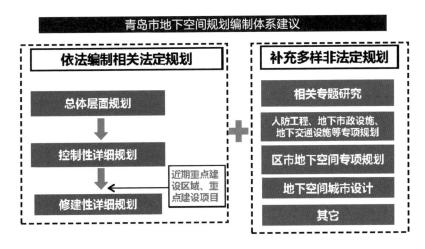

图 3　青岛市地下空间规划编制体系建议

4.4　提升手段——提升地下空间开发利用的规划管理水平

4.4.1　出台地下空间开发利用规划技术导则，规范规划编制工作

浙江省、北京市、上海市、重庆市等省市已出台地下空间规划编制的技术导则，针对总体规划、专项规划、详细规划等地下空间编制具体内容、深度、成果表达进行详细规定，指导各地区规范统一地开展地下空间规划编制工作。

青岛市应学习借鉴其他城市的先进经验，针对自身地下空间发展特征，积极研究相关内容，出台地下空间开发利用规划技术导则，统一规范青岛市区内的地下空间规划编制工作。

4.4.2　刚柔并济优化控制方式，科学引导地下空间项目建设

对地下空间规划许可的控制应强调涉及公共利益的核心指标的刚性要求，例如对地下空间建设范围、适宜深度、建设功能、建筑量、出入口位置、连通方式等。其他非核心内容则应充分发挥市场规划设计的能动性，赋予规划控制适度弹性，建立规划调整的通道，简化调整程序及难度。

4.4.3　多措并举，促进地下空间实现互联互通

规划管理方面，一方面，地下空间规划编制中必须对地下设施之间的互联互通作出明确规定；另一方面，规划部门需将地下连通道的标高、出入口位置、连通方式等

指标纳入土地出让条件。

用地管理方面，通过协议出让、土地出让金优惠等形式，鼓励城市地下空间互联互通。

建设管理方面，应明确规定先建项目须按照规划要求预留连通条件，后建项目须按照规划与先建项目实施连通。

投资收益方面，公益性地下工程连通通道由政府投资实施，或采用其他补贴方式由建设方实施，商业性地下连通通道由获益方投资兴建。

5 结语

地下空间的开发利用涉及众多领域，除了本文研究的规划管理内容，还涉及投资立项、空间确权、建设监管等多方面系统管理问题，须多专业展开协同研究，共同助力我国城市地下空间开发利用管理方式方法的进一步优化，促进我国城市地下空间科学发展。

参考文献

［1］顾新、于文惠：《城市地下空间利用规划编制与管理》，东南大学出版社 2014 年版。

［2］邓少海、陈志龙、王玉北：《城市地下空间法律政策与实践探索》，东南大学出版社 2010 年版。

［3］刘皆谊：《日本地下街的崛起与发展经验探讨》，《国际城市规划》2007 年第 6 期。

［4］束昱、路姗、朱黎明：《我国城市地下空间法制化的进程与展望》，《现代城市研究》2009 年第 8 期。

［5］薛华培：《芬兰土地利用规划中地下空间》，《国际城市规划》2005 年第 1 期。

［6］青岛市人防办、青岛市规划局：《青岛市城市地下空间资源综合利用总体规划（2013~2030）》，2013 年。

青岛西海岸新区产业空间布局规划研究

郑兴文 *

摘　要： 本文基于青岛西海岸新区产业政策、产业现状空间分布结构，应用核密度估计、空间聚类分析等方法获取西海岸产业现状空间结构特性，通过产业发展配套要素（交通、人口、土地）分析研究产业现状存在的问题，根据问题导向和政策依据提出青岛西海岸各功能区产业发展方向，并结合工业用地情况进行产业发展空间布局规划研究。

关键词： 产业集聚；空间布局；产业规划；青岛西海岸新区

产业是城市发展的物质基础和动力源泉，城市因产业而兴，产业因城市而强。产业发展规划编制对于社会经济发展具有前瞻引领作用，对于优化生产力布局、构建现代产业体系、提升经济综合竞争力具有重大意义。产业空间布局规划通过优化城市区域产业功能和空间布局来满足产业规划发展的空间需求，提升产业转型与城市有序生长。产业空间布局研究主要体现在产业集聚产生溢出效应、竞争效应、合作效应，产业集聚对经济发展能够形成规模效应，很多学者对产业聚集进行了探讨，张治栋、王亭亭（2019）认为产业集聚和城市集聚对推动区域经济增长均具有显著作用；张云飞（2014）认为产业集聚初期推动经济增长，达到一定程度后，过度集聚引起负外部性会抑制经济增长；潘文卿、刘庆（2012）通过 GMM 估计得出，中国地区制造业的产业集聚对经济增长具有显著的正向促进作用等。本文将通过西海岸产业现状集聚特性分析，提出产业空间布局研究思路，指导产业空间布局规划实践。

* 郑兴文，工程师，现任职于青岛市城市规划设计研究院西海岸分院。感谢青岛市城市规划设计研究院刘文新、王鹏、李大凯提供论文应用实践支持，感谢青岛蓝海创投管理咨询有限公司崔宝华提供的产业方面的理论指导。

产业空间布局规划要基于产业现状，依据上位规划及政策文件。从山东省到青岛市，再到西海岸新区都明确规划了十四五时期新兴产业的发展方向，这是产业空间布局规划的重要参考依据。《山东省国民经济和社会发展第十四个五年规划和二〇三五年远景目标的建议》中明确坚定不移推动新旧动能转换，塑强现代化产业新优势发展，加快建设青岛世界工业互联网之都。《青岛市国民经济和社会发展第十四个五年规划和二〇三五年远景目标的建议》中明确壮大战略性新兴产业，大力培育发展新一代信息技术、生物医药、智能制造装备、新能源、新材料、现代海洋、航空航天等新产业，建设"东方氢岛"，打造国家重要的战略性新兴产业基地。《青岛西海岸新区（黄岛区）国民经济和社会发展第十四个五年规划和二零三五年远景目标》中提出构建现代化产业体系，坚持把发展经济的着力点放在实体经济上，加快优势产业数字化、网络化、智能化改造，促进跨界融合发展，提高本地配套率。推动家电产业向智能家电产业转型升级，进而向智能家居产业突破。推动电子产业向新一代半导体产业升级，加快发展新型显示产业，打造集成电路全产业链，创建国家"芯火"双创基地，率先打破区域"缺芯少面"的局面。推动汽车产业智能化、网联化、氢能化，配套发展新能源汽车和智能化关联服务产业。实施质量强区、品牌强区战略，全面打响"西海岸制造"品牌。

青岛西海岸新区作为国家级新区，设定了若干功能区，各功能区聚焦产业、统筹推进、差异化发展：

青岛开发区，重点发展人工智能、大数据及云计算、仪器仪表、高清显示、智能家电等行业，打造高端产业集聚地。

董家口经济区，围绕加快港产城一体化发展，推动形成"一区两镇"发展格局，完善集疏运交通体系，重点发展航运贸易、高端化工、新能源新材料等产业，以港促产、以产带城、产城惠港，建设沿黄流域大宗散货集散港，打造现代化绿色新港城。

国际经济合作区，加快做优做强中德、中日等合作园区，重点发展智能制造、集成电路、工业互联网、生命健康及新能源新材料等产业，打造开放发展标杆。

灵山湾文化区，重点发展智慧科技、影视文化、时尚休闲等产业，打造新经济聚集区。

海洋高新区，重点发展总部经济、绿色金融、会展商务、海洋高端装备、海洋生物医药等产业，打造海洋高新技术产业新高地。

海洋活力区，全面融入海洋高新区建设，构筑海洋高新区活力高地，重点发展以数字创新、海洋贸易、蓝色金融、滨海旅游、文化创意为核心的总部经济产业，打造独具海洋文化特色的现代化新型总部经济中心。

现代农业示范区，以高新农业为主导，重点发展现代种业、农产品精深加工、农产品交易、观光旅游等都市型农业，打造乡村振兴样板。

交通商务区，放大拓展青岛西站功能，重点发展商贸物流、商业商务产业，培育新型消费目的地，打造"站城融合"活力宜居高铁新城。

桥头堡国际商务区，全面融入自贸试验区，坚持城市建设与产业培育并举，打造产城融合、生态和谐的现代化国际商务区。

1 产业现状数据梳理

本文主要依据新区 2019 年规上（规模以上）工业企业进行产业结构分析，梳理了青岛西海岸新区 2019 年规上工业企业共计 688 家，根据行业代码进行了产业类型划分。行业代码对应的是行业分类标准中的传统产业分类方法，本文结合传统分类方法对西海岸新区特色新兴产业分类，并进行统计。

根据《行业分类标准（GB/T4754–2017)》中企业的行业代码进行分类，可以分析行业大类的统计结果，如图 1 所示。

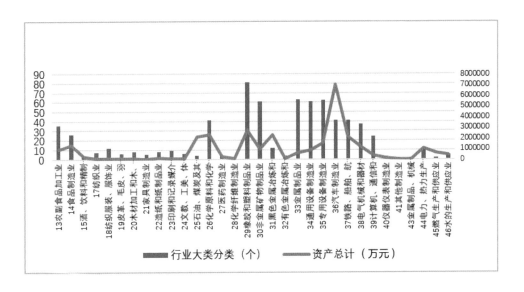

图 1   2019 年规上工业企业行业大类分类统计图

688 家规上企业行业大类中数量比较多的分别是橡胶及塑料制品业、金属制品业、通用设备制造业、专用设备制造业、非金属矿物制品业等，从资产规模上汽车制造业、铁路、船舶、航海、橡胶和塑料制品业、专用设备制造业等规模占比较大。

传统的行业分类标准存在产业规划方向的滞后性，根据西海岸新区发展特色将西海岸产业归纳为船舶海工、高端装备、海洋生物、海洋食品、化工及新材料、新能源、新一代半导体、智能家居、其他9个方向，并进行了数量的统计，结果如图2所示。

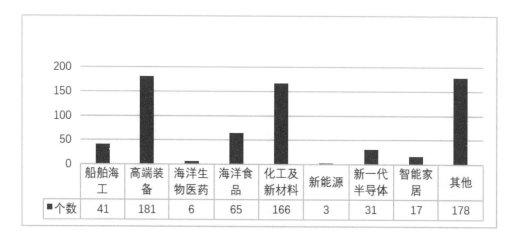

	船舶海工	高端装备	海洋生物医药	海洋食品	化工及新材料	新能源	新一代半导体	智能家居	其他
■个数	41	181	6	65	166	3	31	17	178

图2　2019年规上工业新区特色产业分类统计图

从上述的行业分类数量统计中可以发现，西海岸新区新兴产业集中在高端装备和化工及新材料，海洋生物医药、新能源等产业方向占比较少，产业结构需要进一步优化升级。

2 产业现状空间集聚度分析

2.1 核密度法分析产业空间聚集

利用百度 API 结合 Python 技术，将规上企业文字地址描述进行空间落位，并进行坐标转换，结合核密度分析方法获取规上企业的空间分布情况。

核密度法主要采用核函数计算采样点指定半径范围内数据点对其影响的密度值，数据点与计算采样点距离越近，数据点对计算采样点的密度贡献值越大，核密度法主要分析点位的空间分布密度情况。本文采用该方法来分析规上企业的空间分布结构特征，表达式为：

$$f^x = \frac{1}{nh} \sum_{i=1}^{n} k\left(\frac{x - x_i}{h}\right) \qquad (1)$$

式中，x 表示计算采样点，x_i 表示指定范围内数据点，$(x-x_i)$ 是计算采样点与数据点之间的距离，h 代表指定范围半径，是一个平滑参数，k 代表权重系数，核函数积分为 1。

将规上企业进行核函数方法后形成热力图，可以看出规上企业的空间分布具有非常明显的集聚特性，结合镇街界线、一核三区界线、功能区界线对比位置，规上企业主要集中在两个地方：以辛安街道为核心的一核区域（自贸试验区联动拓展区），涉及的两个功能区为青岛经济技术开发区和青岛国际经济合作区；以隐珠街道和胶南街道为核心的海洋活力区，主要是由青岛海洋高新区和青岛西客站商务区两个功能区组成。目前规上工业企业主要集中在这两个区域。这两个区域在产业规划中要认真考虑现有企业的产业方向，并作为依据指导产业规划。

2.2　Moran's I（莫兰指数）分析产业聚集情况

2.2.1　模型简介

Moran's I 是用来度量空间相关性的一个重要指标，分为全局空间自相关指数和局部空间自相关指数，全局空间自相关用来分析整个系统的空间数据分布特征，表示现象或空间中事务的评价相互联系程度。局部空间自相关则用于分析局部子系统中空间数据的分布特征，对应的理论公式如下：

2.2.1.1　全局空间自相关指数（Global Moran's I）

$$I = \frac{n}{S_0} \frac{\sum_{i=1}^{n} \sum_{j=1}^{n} w_{ij}(z_i z_j)}{\sum_{i=1}^{n} z_i^2} \quad (2)$$

假设一个向量，Global Moran's I 指数用向量形式的表示如下：

公式中 n 表示空间要素的数量，如公式（3），标识要素 i 的属性于其平均值的差值，是要素间空间权重。

$$S_0 = \sum_{i=1}^{n} \sum_{j=1}^{n} w_{i,j} \quad (3)$$

全局自相关取值在 –1 到 1 之间，取值越大表示正相关性越大，当取值小于 0 时表示负相关，越接近 –1 表示负相关性越大。空间集聚特性通过指数表示如下：值接近 1 表示属性值高的与属性值高的空间相邻，越接近 –1 表示属性值高的与属性值低的空间相邻，越接近 0，表示属性分布越随机。获取指数后通过 Z 检验分析全局自相关指数值的可信度。具体公式如下：

$$Z = \frac{I - E(I)}{\sqrt{V(I)}} \quad (4)$$

其中，$E(\mathrm{I})$ 是理论上的均值，$V(\mathrm{I})$ 是理论上的标准差。

$$I_i = \frac{n^2}{\sum_i \sum_j w_{ij}} \times \frac{(x_i - \bar{x}) \sum_j w_{ij}(x_j - \bar{x})}{\sum_j (x_j - \bar{x})} \quad (5)$$

2.2.1.2 局部空间自相关指数

局部空间自相关会生成四种模式：HH 模式，代表空间中聚集程度高的围绕着程度高的区域；LL 模式，指空间中集聚程度低值围绕区域都是低值；HL 模式，指中心区域内是集聚高值周边围绕着低值区域；LH 模式，是指中心区域聚集程度是低值，周边围绕着集聚程度较高值的片区。局部空间自相关也是通过 Z 检验获取可信度。

2.2.2 实验研究

根据规上企业行业代码结合青岛西海岸新区产业特色，将规上企业进行了分类，并根据分类进行了产业空间全局自相关分析，分析结果如下：

表 1　产业全局 Moran's I 指数表

变量名称	Moran's I	E（I）	sd	Z-值	P-值
高端装备	0.2452	−0.0002	0.0001	24.5380	0.0000
化工及新材料	0.2501	−0.0002	0.0001	25.6795	0.0000
船舶海工	0.1253	−0.0002	0.0001	12.6153	0.0000
海洋生物医药	−0.0010	−0.0002	0.0001	−0.0882	0.9298
海洋食品	0.2392	−0.0002	0.0001	24.6541	0.0000
新能源	−0.0006	−0.0002	0.0001	−0.0514	0.9590
新一代半导体	0.0700	−0.0002	0.0001	7.3625	0.0000
智能家居	0.0341	−0.0002	0.0001	3.6144	0.0003

通过全局 Moran's I 指数测试结果可以发现，在新区空间尺度下，各产业呈现出不同的空间相关性。高端装备、化工及新材料、船舶海工、海洋食品的 Moran's I 值都明显大于零，p-值也都全部小于 0.01（取显著性水平 a=0.01），表明具有显著性较强的正向空间相关性。新一代半导体、智能家居 Moran's I 值小于 0.05，p-值也都全部小于 0.01，标明具有弱的正向空间相关性。然而，海洋生物医药、新能源的 Moran's I 值小于 0，并近似于 0，p-值也大于 0.1，基本上可以判定不具有空间自相关效应。

上述结果获取全局范围的平均的空间自相关，各区域间的空间效应差异性不能显示，所以需要对局部的空间效应作出具体分析。下文以高端装备和海洋食品为例分析其空间分布的结构特征。

从局部 Moran's I 上分析，高端装备在隐珠街道、辛安街道、胶南街道、王台街道、长江路街道、红石崖街道的局部地区都有明显的高高（HH）聚集特性，胶南街道、辛安街道局部存在低高（LH）聚集模式，表示周边区域高聚集但该位置相对薄弱，如果整个这个版块作为该产业发展方向可以补齐该区域薄弱环节，红石崖存在高低（HL）聚集区域，既局部产业聚集突出，周边相对较低，基本没有形成用地规模，可以将该区域企业向聚集区域转移。海洋食品产业空间上在隐珠街道和珠海街道处存在明显的高高（HH）聚集，表示目前海洋食品企业在此区域有集聚现象，可以依据现有的海洋食品产业规模在此区域重点发展海洋食品产业。

2.3 产业发展要素剖析

2.3.1 区位交通

青岛西海岸交通总体呈现东北西南走向，产业发展集中在沈海高速东侧。结合现状路网密度，产业分布现状基本与路网密度一致，结合地形产业主要分布在自贸试验区联动拓展区和海洋活力区区域，自贸试验区联动拓展区规划有 6、12、19 三条地铁线路，海洋活力区区域规划有 6、22、13 三条地铁线路，可以有效地支撑产业区域协同。

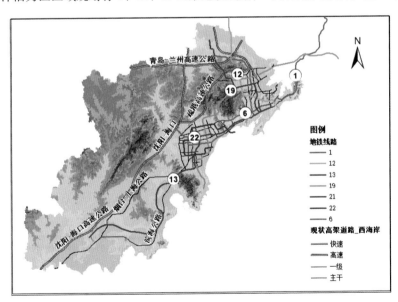

图 3　青岛西海岸新区区位交通图

2.3.2 土地资源

产业用地是指土地利用总体规划中确定的城镇建设用地范围内，相对产业类型划分而言，可分为第一、二、三产业用地。基于"十四五"时期青岛西海岸新区着力打造实体经济考虑，本文只研究工业一类和二类工业用地，一类仓储物流用地，并在此基础上进行产业空间规划。

西海岸工业用地在城市建设用地的占比为 25.3% 左右，基于三调数据和城市总规数据获取建设用地工业用途，根据现状需要并结合工业聚集特性规划工业用地范围，对工业用地进行保护，形成工业用地保护的红蓝线。工业用地保护红线代表截至 2035 年保护范围，蓝线是截至 2025 年保护范围。工业用地保护线作为产业园区规划的空间依据，产业空间布局规划应该依据工业用地范围进行布局规划。

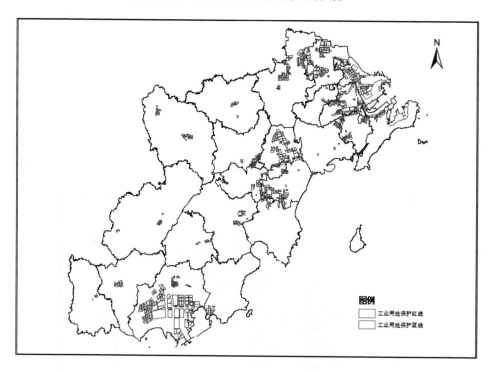

图 4　青岛西海岸新区工业用地保护线

2.3.3　人口

通过百度慧眼获取青岛西海岸新区常住人口分布图和工作人口分布图，结合上述规上企业空间分布格局，可以发现规上企业的空间结构分布与人口分布具有一定的空间一致性：一核区域的规上企业分布，辛安和黄岛东部区域规上企业分布与人口分布一致；红石崖、王台地区企业分布较多，人口较少；长江路、灵山卫街道办事处企业分布较少，人口分布密集。总体上人口分布与企业分布有一定的空间错位，人口密度相比较产业核密度向东偏移。

3 产业发展现状分析

3.1 产业结构层次低，新型产业占比少

新区工业产业结构偏向于传统产业，主要集中在化工、橡胶、制造等领域。新兴产业规模相对较少，产业集中度低，与先进地区对比差距尤其明显，无法满足新经济体制的发展需求。战略性新型产业如新能源汽车、海洋生物医药、环保及新能源、芯片技术等规模较小，有的处于初步阶段，更没有形成产业链和空间的聚集特性。

3.2 产业发展和城镇基础配套没有统筹规划

新区交通地铁仅开通 13 号线，其他地铁正在规划建设之中，高速公路及国省道路南北方向运力不足，一核区域交通东西方向运力不足，交通路网密集在主城区，不利于产业发展协同。其他交通、教育、医疗、文化、娱乐等功能服务水平集中分布在主城区，与工业产业发展用地存在空间错位，这也是后期产业规划中需要注意的问题。

3.3 产业发展与人口分布空间错位

产业发展的工业用地与百度慧眼的常住人口分布存在空间错位，尤其是董家口新港城区域和红石崖街道区域，常住人口相对较少，工业用地较多，存在明显的产业与人口分离，导致居民工作的通勤时间较长，影响工作效率，加重交通负担。

4 产业发展空间布局规划

4.1 产业发展空间布局规划原则

4.1.1 准确性原则

准确梳理现状产业园区及规上企业数据，基于现状分析产业结构和空间布局，科学指导产业发展方向。

4.1.2 "多规合一"原则

统筹产业现状定位和空间布局，"多规合一"进行产业空间规划布局，统筹产业发展要素空间布局和区域产业发展方向，将多种专项规划统筹考虑，制定区域符合的产业方向。

4.1.3 需求导向原则

从促进项目落地的角度，为企业提供产业链的引导，为政府决策提供规划指引，促进产业空间聚集，形成规模效应。

4.1.4 政策引导原则

产业发展方向的制定要参考相关政策要求，要符合国家战略，尤其是现在国家在某些新兴产业上还存在短板，青岛西海岸新区作为国际级新区，要在产业规划中先行

先试，在新兴战略性产业规划上着重考量。

4.2 功能区产业定位

结合新区产业发展政策文件及产业空间布局现状，对各个功能区产业发展方向进行了梳理，内容如下：

青岛经济技术开发区。以新一代信息技术、高端装备制造、现代物流为主导产业，发展人工智能、大数据及云计算、仪器仪表、智能家电、船舶海工、跨境电商、保税物流等细分行业。

董家口经济区。以高端化工、新能源新材料为主导产业，依托港口优势，发展石油化工、海洋化工、特种钢铁、氢能源、化工新材料以及装备制造、大宗商品交易和精深加工等细分行业。

国际经济合作区。以新一代信息技术、高端装备制造为主导产业，依托规划建设的青岛数字科技与智能制造国际招商产业园（净地 4.5 平方公里），面向世界 500 强企业开展招商，集聚发展集成电路、新型显示及超高清视频设备、智能装备、机器人制造等细分行业。

古镇口融合创新区。以航空航天、水下水面无人装备、海洋科教服务为主导产业，发展船舶重工、电子信息技术、新能源新材料、生物医药、综合保障服务等细分行业。

海洋高新区。以海洋高端装备、海洋生物医药为主导产业，重点发展企业总部、绿色金融、商务会展、航运贸易、海洋机械装备、海洋电子装备、海藻精深加工、医用材料等细分行业。

灵山湾影视文化区。以影视文化、科技研发为主导产业，推动影视工业化生产、全链条配套，发展智慧科技、休闲旅游等细分行业。

现代农业示范区。以高新技术农业为主导产业，重点发展农产品精深加工、农产品交易、生态休闲农业等都市型农业。

交通商务区。以商贸物流、商业商务、科技创新为主导产业，重点发展新型消费市场、数字贸易、都市制造、医养健康等综合性服务业。

4.3 结合工业保护线集聚划分产业园区

根据工业用地的保护红线在空间具有连续性适合进行产业园区的规划特点，基于工业用地保护线和产业现状划定区域进行产业方向的规划研究。规划的园区方向如图 5 所示。

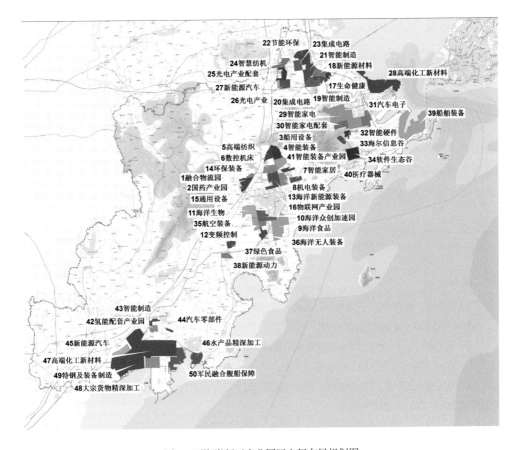

22节能环保　23集成电路
24智慧纺机　21智能制造
25光电产业配套　18新能源材料　28高端化工新材料
27新能源汽车　17生命健康
26光电产业　20集成电路　19智能制造　31汽车电子　39船舶装备
29智能家电
30智能家电配套　3船用设备　32智能硬件
5高端纺织　4智能装备　41智能装备产业园　33海尔信息谷
6数控机床　7智能家居　34软件生态谷
14环保装备　40医疗器械
1融合物流园　8机电装备
2国药产业园　13海洋新能源装备
15通用设备　16物联网产业园
11海洋生物　10海洋众创加速园
35航空装备　9海洋食品
12变频控制　36海洋无人装备
37绿色食品
38新能源动力

43智能制造
42氢能配套产业园　44汽车零部件
45新能源汽车　46水产品精深加工
47高端化工新材料
49特钢及装备制造　50军民融合舰船保障
48大宗货物精深加工

图5　西海岸新区产业园区空间布局规划图

工业用地保护线可以整体上划分为6大区域：红石崖王台区域，该区域结合传统的纺织业规划智慧纺织园，此外发展光电产业、节能环保及新能源方向、智能制造等园区。薛家岛和黄岛区域，工业用地两处比较单一，产业方向明确，分别发展船舶装备和化工及新材料；辛安长江路街道区域，该区域以智能家电产业链为主，包括集成电路、软件、硬件技术等；胶南区域，该区域规上企业已经基本成型，结合目前的企业现状，主要规划智能装备、环保设备等为主，西北部结合目前的国药集团规模规划生物医药产业园；隐珠街道区域，该区域主要在海洋高新区，因此重点发展海洋相关的产业类型，如海洋生物、装备、食品等产业；董家口区域，董家口区域产业现状还没有形成规模，以高端化工、新能源新材料为主导产业，依托港口优势，发展石油化工、海洋化工、特种钢铁、氢能源、化工新材料以及装备制造、大宗商品交易和精深加工等细分行业。

5 总结

本文从青岛西海岸新区产业分布现状着手,分析了目前产业的结构特征、空间分布,发现西海岸新区产业存在新兴产业占比少、新兴产业空间集聚度不高等问题。结合产业配套要素分析了西海岸交通路网结构、人口分布结构和工业用地结构,找到了产业配套要素结构上存在的不一致性和相似性。在充分分析政策文件的背景下,科学地作出了产业布局规划,细化到工业用地聚集的每块区域,并结合功能区定位为每一块工业用地集聚区规划了产业发展方向,指引产业空间集聚和招商引资工作。总之,本文从产业发展政策、现状、配套要素等多个角度,提出了一种指导产业空间布局规划的方法。

参考文献

〔1〕陈剩勇、陈晓玲:《产业规划、政府干预与经济增长——2009 年"十大产业振兴规划"研究》,《公共管理与政策评论》2014 年第 3 期。

〔2〕潘文卿、刘庆:《中国制造业产业集聚与地区经济增长——基于中国工业企业数据的研究》,《清华大学学报》(哲学社会科学版)2012 年第 1 期。

〔3〕张治栋、王亭亭:《产业集群、城市群及其互动对区域经济增长的影响——以长江经济带城市群为例》,《城市问题》2019 年第 1 期。

〔4〕张云飞:《城市群内产业集聚与经济增长关系的实证研究——基于面板数据的分析》,《经济地理》2014 年第 1 期。

〔5〕李洪业:《基于 ESDA 的大石桥市产业空间布局规划研究》,沈阳建筑大学硕士学位论文,2019 年。

〔6〕元鸣:《基于产业集群理论的四平市区产业选择与空间布局研究》,沈阳建筑大学硕士学位论文,2020 年。

〔7〕丁洁芳、汪鑫:《我国城市产业规划研究进展与展望》,中国城市规划年会,2018 年。

"城市双修"语境下城市滨水空间规划策略探讨

——以青岛市李村河为例

宿天彬　王升歌　孟颖斌 *

摘　要："城市双修"理念是新时期治理"城市病"的重要手段。本文首先对双修理念下城市滨水空间设计策略进行探索，然后对青岛市李村河及主要支流张村河滨水空间所面临的问题进行了剖析，最后根据"城市双修"的理念，从"生态修复"和"城市修补"两个层面，从防洪、补水、活力、人文、植物等多个维度提出设计策略，试图打造一条以生态整治为基础，以充分体现生物多样性和传承地域历史文化为目标的城市生态走廊，使李村河及主要支流张村河成为集防洪排涝、水体治理、文化传承、休闲娱乐、教育科普等多功能于一体的生态滨水空间，并对未来城市滨水空间的规划设计提供有益的经验借鉴。

关键词：城市滨水空间；城市双修；李村河

2015 年，中央城市工作会议明确提出了"生态修复、城市修补"的新要求，"城市双修"的概念由此产生，成为转型期我国城市发展和更新的重要手段。2016 年，规划的业内人士在中国城市规划年会上紧紧围绕"城市双修"理念，并以海南三亚的"城市双修"实践为例，展开了一场大讨论，自此"城市双修"作为热点话题被推向全国

* 宿天彬，教授级高级工程师，现任职于青岛市城市规划设计研究院建筑与景观设计研究所，所长，院副总工程师；王升歌，助理工程师，现任职于青岛市城市规划设计研究院建筑与景观设计研究所；孟颖斌，高级工程师，现任职于青岛市城市规划设计研究院建筑与景观设计研究所，所总工程师。感谢由青岛市城市规划设计研究院、青岛市市政工程设计研究院有限责任公司、青岛市水利勘测设计研究院有限公司组成的《青岛市李村河滨河公园规划》联合体项目组提供的实践支持，感谢王天青总规划师对本文的学术指导，感谢朱立傲（青岛理工大学风景园林专业硕士研究生）参与理论研究与文稿排版。

城市发展的各个领域，在全国范围内引起了高度关注。2017 年，住房和城乡建设部发布了《关于加强生态修复城市修补工作的指导意见》，再一次强调了在全国范围内进行"城市双修"工作的指导要求，意见指出在生态修复层面主要包括水体、绿地、山体、棕地等四方面内容，其中城市水体的生态问题逐渐成为社会关注的焦点问题。因此，滨水空间作为城市弥足珍贵的资源逐渐成为"城市双修"理念重要的实践对象。

"夫地之有水，犹身之有血脉"。作为青岛最重要的河流之一，李村河及其重要支流张村河（以下简称李村河）的治理工作作为青岛市重点民生工程，在青岛市和各区政府的不懈努力下，滨水空间景观整治取得了良好的效果，其中"青岛市李沧区李村河上游整治工程"在 2017 年荣获住房和城乡建设部颁发的"中国人居环境范例奖"。但与此同时，由于对自然生境、滨水驳岸、空间功能和空间活力等领域重视不足，李村河在近些年也产生了不少问题，存在较多不尽如人意的地方，制约着城市特色的塑造和景观形象的提升，所以本文通过调查分析李村河滨水空间的现状问题，以"城市双修"理论为指导，探索青岛市李村河滨水空间的规划设计策略。

1 城市滨水空间与"城市双修"

1.1 城市滨水空间

滨水空间主要是由临河陆地、沿河岸线和水体三元素所构成的环境空间，是水域与陆域的交界线，是人造与自然环境相结合的产物，也是构成城市公共开放空间的重要组成部分。

城市滨水空间的打造是实现"碳达峰"向"碳中和"转变的重要手段，是推进我国生态文明建设和"城市双修"实践的重要措施。城市滨水空间的建设在城市的更新与发展、历史文化的保护与传承、河流自然生态的改善、动植物多样性的保护和洪涝灾害防治等众多方面都具有积极的作用。本文所研究的城市滨水空间主要是指城市内沿河流走势形成的自然道路和人工廊道建立的线性开敞空间，其具有生态涵养、文化传承、休闲游憩、教育科普等多种功能，是城市中重要的生态廊道和活动空间。

1.2 城市双修

2017 年，住建部发布了《关于加强生态修复城市修补工作的指导意见》，明确定义了"城市双修"理念，即运用再生的理论，修复城市中被破坏的自然环境和地形地貌，改善生态环境质量（生态修补）；用更新织补的理念，拆除违章建筑，修复城市设施、空间环境、景观风貌、提升城市特色和活力（城市修补）。其中生态修复的核心内容是保护和修复生态系统，保护生物多样性，保证城市的自我修复能力，为城市居民创造优美的生活环境，具体措施包括：山体修复、水体治理与修复、废弃地的修复与利用和绿地系统的完善。

城市修补的核心内容是以系统的、递进式的、有针对性的方式，不断地优化城市基础设施，持续挖掘、传承、弘扬城市传统文化，提升城市公共空间"开门纳客"的能力和质量，发挥和提高老城区的优势和活力，针灸式的"治疗"城市空间，从而打造富有活力、富有魅力和富有特色的城市，具体内容包括修补城市基础设施，提高公共空间的数量和质量、改造老城区的老旧小区、保护和传承历史文化等。

1.3 "城市双修理念下滨水空间"的研究概况

"城市双修"理念是现阶段指导我国城市更新和发展的重要思想，它在城市更新的各个领域、各个专业中都应用广泛。从 2015 年"城市双修"理念提出至今，它的学术研究一般分为三个层面进行研究，分别是宏观的城市双修战略角度、中观的城市街区规划角度、微观的城市各个生态区域角度。从宏观的城市双修战略角度，韩毅、朴香花等学者以"城市双修"为指导思想开展河南省新乡市的城市水系生态规划；倪敏东、陈哲等从城市功能、自然环境和生活方式三个角度，讨论了"城市双修"理念下宁波小侠江片区的城市更新新思路；张晓云、范婷婷等将"城市双修"理念运用到工业遗产保护利用中去，提倡城市文脉的修复和城市功能的织补。从中观的城市街区规划角度，张思瑶、李婷婷等将城市水文化空间格局与"城市双修"理念相结合，打造出具有城市活力和文化价值的水文化景观带。从微观的城市各个生态区域角，王敏、叶沁妍等学者探讨了以生态修复、城市修补为核心思想的新时期滨水空间的更新发展问题；屠旻琛、郑捷以"城市双修"为理念，以七都岛滨水空间的设计为主题，提升七都岛的魅力，增强温州城市的吸引力。国内各行业专家学者在关于"城市双修"领域的分析，对本次研究起到了重要的支撑作用。根据 CNKI 中国知网关于"城市双修"理念应用方向的可视化分析得知，从 2018 年开始"城市双修"理念的运用逐渐从宏观的空间发展战略角度，渗透到城市各类生态区域的规划设计中，而滨水空间作为城市中重要的生态区域，逐步得到规划设计师的重视。

1.4 城市滨水空间的"生态修复"

1.4.1 修复生境，确立生态格局

滨水空间的"生态修复"，环境是基础。根据每个城市的实际情况，整合滨水空间内的生态要素，在前期对滨水环境进行人工干预，使滨水区恢复自身的调节和修复能力，建立生态安全格局，保护城市的生态安全。

1.4.2 多措并举，提升滨河水质

滨水空间的"生态修复"，水质是关键。随着我国城市治理能力的提高，多数城市的人为排污现象正在逐渐消失。根据相关调查研究，现阶段雨水污染成为破坏城市河

道水质的主要因素。因此可以借鉴海绵城市的做法，通过透水铺装、下凹绿地、雨水花园、生态植草沟和生态湿地等方式，多措并举，对流入城市河道的水资源进行自然式的生态化治理，修复生态环境，净化水质。

1.4.3 改善驳岸，加强亲水体验

滨水空间的"生态修复"，驳岸是重点。城市河道的断面和驳岸形式是河道景观重要的组成部分，通过对断面及驳岸形式进行改造，改变现有的垂直式的硬质驳岸类型，可以更好地提高城市河流自我净化的能力和恢复能力，同时改造驳岸和河流断面也有利于城市居民更好地接触河流、体验河流。因此需要采用自然式、生态式的驳岸设计手法，减少人工痕迹，增强亲水体验，保障城市滨河区域的生态环境。

因此，结合李村河的现状及问题，李村河的城市滨水空间的"生态修复"主要从环境复、水质、河道驳岸的生态修复等层面进行考量。

1.5 城市滨水空间的"城市修补"

1.5.1 优化空间，提高城市河道活力

滨水空间的活力是城市活力的基础，增强滨河两岸的公共开放性，将流线型的滨河空间设计为连续的、系统的、变化的公共开放空间，同时要明确各个地域的滨水空间注入的空间功能类型，主要包括休闲娱乐、文化教育、体育运动、艺术文化、科技创新类的功能服务类型。在大型的活动场地上可以设置互动装置艺术、树阵广场、阳光草坪和微地形空间来营造宜人的微气候。在滨水驳岸附近的绿地要打开视线通廊，为游客提供充足的亲水活动空间及设施，结合地形高差打造特色主题类的场所，构建多层次、多类型、多功能、全龄段的复合型滨水空间。此外，可以在节假日举行以康养、文艺和科普教育为主题的节事活动，如自行车骑行赛、亲子互动节、城市摄影节、湿地大讲堂等，在促进滨水空间发展的同时，营造和谐、宜居、文明、健康的城市氛围，从而激发城市周边活力。

1.5.2 挖掘文化，提高公众地域自豪感

河流是城市文化形成的源头。充分保护和传承城市河流的历史发展脉络和文化历史，弘扬各个地域的传统文化，做好新空间与老文化之间的有机结合。充分挖掘当地的特色文化，注重塑造富有识别性的滨水空间，打造城市名片和"网红打卡地"，通过滨水空间的特色营造展示城市魅力，提升城市的整体形象，提高公众地域自豪感。

1.5.3 增植补绿，营造滨水特色空间

滨水空间的特色植物景观的打造，是提高滨水空间特色的重要手段。充分了解本土树种的生长习性和自身特点，通过对乔、灌、草的合理搭配，将滨水空间打造为一处五感沉浸式的室外空间。

因此结合李村河的现状情况及问题，李村河的城市滨水空间的"城市修补"主要从修补空间功能、修补空间活力、修补景观文化、修补植物搭配等层面进行考量。

2　青岛市李村河现状概况

2.1　李村河概况

李村河位于青岛市的北侧，起源于崂山山脉，流经李村至胜利桥口汇入胶州湾，担负着泄洪排涝、调节气候、维持生物多样性等多种功能，同时，李村河滨水空间的整治也是青岛市建设全国生态文明城市的重要组成部分。

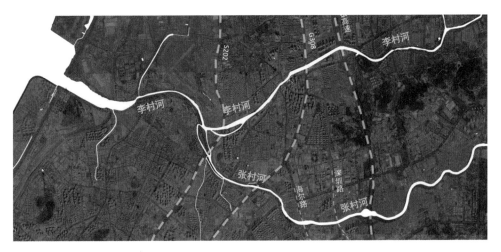

图 1　李村河区位图

图 2　李村河上游景观现状

2.2　李村河滨水空间的现状问题

2.2.1　防洪要求不达标

在功能方面来看，城市河道的首要功能是防洪和排涝，在进行后期河道的治理、修缮、规划过程中河道的行洪需求是需要首先满足的部分。然而随着城市不断发展以及建设、城市人口数量的极速膨胀和其他相应基础设施建设的相对落后，李村河河道出现行洪不畅的情况，再加上河道自身淤泥、河沙等的存积现象，致使河道局部河道变窄。同时，李村河区域内水生植物铺满河道，致使河床抬高，严重降低了河道的自身行洪能力，最终可能会影响到河道两侧居民的生命财产安全。

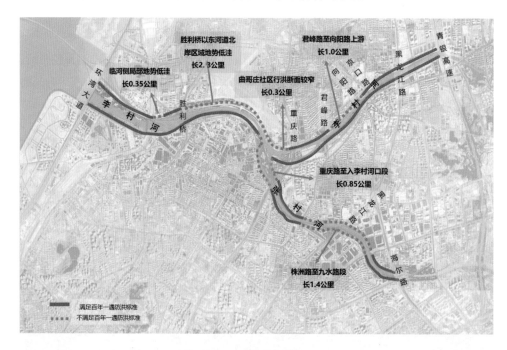

图 3　李村河防洪情况

图 4　水生植物淤塞河道

2.2.2　河道缺乏补水手段

季节性河流指一年内受季节变化影响特别显著的河流。以雨水补给为主的河流，水流量以及河流水位主要是依靠降水量变化而变化。李村河作为季节性河道，河道缺少生态基流，每逢枯水期河道都会出现干涸缺水的情况，高达3~4米的护堤常年裸露在外，而这种违反自然常态的河道建设和环境现状，严重损害了城市的自身形象和原有的生态环境。

2.2.3 滨水空间活力不足

李村河滨水空间的河流稳定性、城市滨水景观体系的连续性和多样性被破坏，河道两侧空间割裂，从而最终导致滨水空间活力不足，这对提升城市整体形象和完善城市河道景观的可持续化发展影响颇重。

图 5　李村河滨水空间现状

2.2.4 空间亲水性不足

李村河两岸岸线设计形式单一，未能形成良好的亲水空间，部分河段垂直陡峭的混凝土驳岸和各种护栏，缺乏人性化的使用考虑及相应的停留场所，不仅造成河道自身缺乏灵性与变化，而且还使得滨水空间失去了应有的功能，使人和自然水体近在咫尺却难以亲近。

图 6　李村河亲水空间现状

2.2.5 自然生境破坏

受人类活动的影响，城市河道的生态特征逐步减弱，原生的自然生态景观也随之发生改变。李村河现状河道柔性边界消失，对河流原有的形态和水文规律造成了破坏，切断了河道生态循环系统中自然基质之间的生物联系，生物栖息地遭到破坏，河道的自净功能丧失，使原有的城市山水系统变得残破不堪，同时打破了城市的自我生态修复链，导致河道周边的生态环境不断恶化。

图7　李村河滨水空间环境现状

3 "城市双修"理念下李村河滨水空间改造策略研究

3.1 "城市双修"理念下李村河滨水空间整体设计思路

首先，城市滨水空间的设计应该将"城市双修"和海绵城市建设的理念作为基础建设指导，再通过模拟原有河道的自然环境，加强其原本河道自我循环的速率，以此来最大限度地修缮不同种类的动植物栖息地，从而建设更完善的生态廊道。其次，应该合理整治规划水体和绿道，使其共同穿过城市内部，构建全新的城市山水生态格局。再次，在开发和修缮过程中充分考虑"海绵城市"的理念，使河流两侧的生态廊道完全地融入城市的整体生态布局之中，以此来提升城市全面的生态承载能力和适应性。最后，可以考虑将滨河生态网络与城市功能网络相结合，使滨河景观环境与城市功能需求相匹配，真正成为城市生态、生活、景观、形象的载体，成为展现城市自然景观与人文景观的生态绿肺。

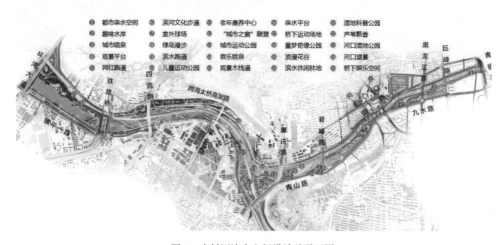

图8　李村河滨水空间设计总平面图

3.2 "城市双修"理念下李村河滨水空间设计策略的运用

3.2.1 生态修复层面

第一，生态补水，为河道"解渴"。结合再生水厂布局，通过再生水补充河道生态基流，增加河道水动力，维持正常的生态和景观功能，实现李村河流域内再生水利用的"生态耦联、梯级利用"。

第二，净化水质，为河道"提神"。遵循生态修复的原则，综合采取排、渗、滞、蓄、净、用等多种措施，完善防洪防涝减灾体系，在提升防洪排涝能力前提条件下并同时净化水质，增强对于城市微气候的调节，优化河道周边的生态情况。充分考虑李村河滨河驳岸的生态与景观建设，通过滨河驳岸的生态化改造，提高水质净化能力，辅以丰富的植物种植景观，保护生物多样性。

第三，重塑驳岸，为河道"赋能"。规划采用复合断面对李村河进行整治，在李村河中设计植物缓冲带，兼顾枯水期、丰水期的景观效果；对驳岸进行改造，硬质变软质，临水变亲水，改造后的驳岸呈现中央河道—浅滩湿地—滨水草甸—生态林地的层次关系。

图9 李村河改造后河道断面示意图

3.2.2 城市修补层面

第一，挖掘人文，为河道"留乡愁"。城市滨水景观作为城市的明信片和精神文化载体，是凸显城市形象的工程，它的建设要以当地独特的地域文化作为基础。地域文化不仅仅只以滨水空间的营造作为起始点，更要体现出其灵魂和精神文化之所在。李村河滨水空间设计应立足青岛滨水空间格局和历史遗存，结合李村传统历史文化特色，在景观塑造和滨水空间营造中凸显历史文化、科技创新、艺术创意、运动健身和都市活力等主题，重视李村河滨水空间的特色凸显和区域价值。

在对河道两侧违章建筑群进行拆除后，融入"李村大集"文化，打造现代开放活力滨水空间，重塑滨河时尚、自然魅力。打开建筑界面，以生态护岸的形式与水相融，通过多样的蓄水构筑物保证区段水面，通过文化构筑及造景喷泉提升场地文化及活力，构筑物内刻"李村大集""李村剪纸"等文字，宣扬李村河特色文化，同时将"一坝一景"的设计理念做到实处，突出蓄水构筑物特色景观效果。

李村河中下游依托李村大集及青岛市老工业片区依次串联李村大集市井文化、近代工业文化。张村河下游结合周边主导产业及上游景观文化定位，依次串联返璞文化（崇尚自然）及现代企业文化（活力新区），通过李村河、张村河承接青岛城市文脉，打通滨河文化绿廊，旨在打造青岛城市新名片。

图 10　李村河历史人文场地方案

第二，优化节点，为河道"提活力"。注重李村河滨水空间的弹性空间结构优化，对滨河入口空间、桥下空间品质进行优化提升，妥善处理人群对于河道两侧滨水空间的可达性，设计具有地域文化特色、开放共享的水文空间，打造服务周边百姓集休憩、生态、活力于一体的休闲生态公园。滨水广场可以设置树池、景墙等景观构筑，辅以灯光秀、水幕秀，丰富滨水游园体验；通过富有设计感的景观桥连接河道两岸，串联各景观节点，增强场地活力；设置滨水平台，为游人提供亲水空间；滨水区种植水生植物，保持滨水生态平衡。此外，充分改造和利用高架桥下的灰空间，设置轮滑、攀岩等极限运动设施和共享荧幕，以此来吸引人群前来游憩，提升城市活力。

图 11　李村河桥下空间利用方案

第三，增植补绿，为河道"梳妆容"。加大对青岛本土植物的使用数量占比，后期进行合理的搭配，帮助李村河恢复场地原有的生物多样性和稳定性，既可以节约成本，也会减少外来生物入侵和外生植物生长状况不良的现象，而且本土植物的广泛使用也是一种当地独特文化的展现方式，以此来营造青岛独特的地域感。在李村河河道进行景观种植时，可以根据河道两侧地势的变化而进行相应的变动，使多种植物种类呈现组群、群丛的搭配差异，并根据植物的不同形态、不同季相及其他特性展现出独特的植物造景效果。

图 12　李村河鹭栖洲岛节点方案

4　结语

城市内河是连接城市内部各区域的经脉与血液，由城市河道两侧水路边际形成的带状滨水空间是市民进行日常游憩、休闲最理想的地带，是一个城市最具灵性的地方。李村河作为青岛市重要的城市滨水生态景观轴线，是青岛市城市形象的重要组成部分。规划方案依据李村河的自身特点，运用"城市双修"理论，从生态修复和城市修补两个层面提升区域防洪抗涝、水质净化、生态环境等方面的品质，使李村河及其主要支流张村河成为集防洪排涝、水体治理、文化传承、休闲娱乐、教育科普等多功能于一体的生态滨水空间。

参考文献

［1］高飞、张斌、吴雯：《"双修"导向下的福州城市景观风貌优化途径》，《城乡规划》2020 年第 2 期。

［2］宫明军、李瑞冬、顾冰清：《城市中小河道滨河绿道景观再塑——以上海静安区彭越浦滨河绿道为例》，《中国园林》2019 年第 S2 期。

［3］姜乖妮、张坦：《基于"城市双修"理念的城市滨水空间设计策略——以张家口市清水河滨水空间为例》，《城市问题》2018 年第 3 期。

〔4〕邱彩琳、孙越、胡而思：《城市双修背景下枝江市董市镇滨河街区再生》，《北京规划建设》2019年第5期。

〔5〕王敏、叶沁妍、汪洁琼：《城市双修导向下滨水空间更新发展与范式转变：苏州河与埃姆歇河的分析与启示》，《中国园林》2019年第11期。

〔6〕张亚玲、安常伟：《基于"城市双修"理念的"品质西安"绿地系统建设研究》，《中国园林》2018年第S2期。

〔7〕陈奕源：《基于"城市双修"理念的古镇更新规划策略研究》，大连理工大学硕士学位论文，2019年。

〔8〕李秋鸿：《"城市双修"背景下的滨河绿道规划设计研究——以海淀区清河绿道（颐和园—奥森段）为例》，北京林业大学硕士学位论文，2020年。

〔9〕林锦浩：《"城市双修"视角下的山地城市绿地系统规划研究》，福建农林大学硕士学位论文，2019年。

〔10〕卢秉新：《伊金霍洛旗城市双修规划策略研究》，哈尔滨工业大学硕士学位论文，2019年。

〔11〕任姿洁：《"城市双修"理念下的济南平阴县城市绿地系统规划研究》，山东建筑大学硕士学位论文，2020年。

〔12〕吴展康：《旧城更新中的"城市双修"策略研究——以苏州吴中区为例》，苏州科技大学硕士学位论文，2019年。

〔13〕叶瑛：《城市双修语境下小城镇空间特色规划研究——以洋县为例》，北方工业大学硕士学位论文，2019年。

乡村规划研究

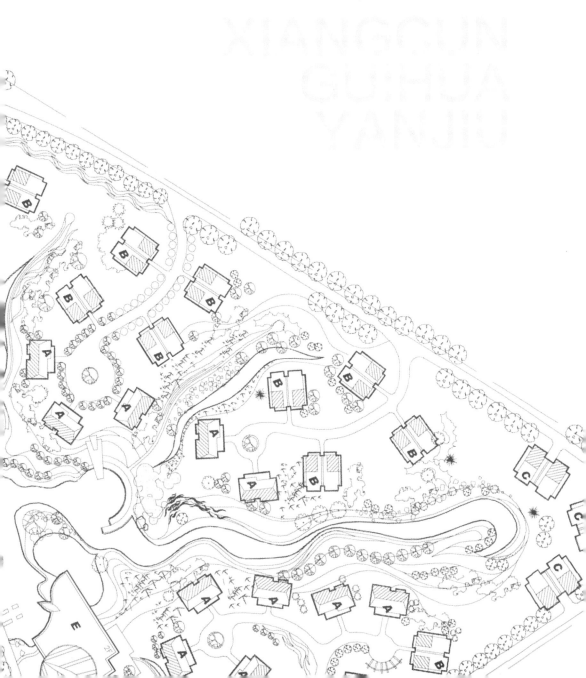

国土空间规划视角下乡村建设用地优化提质路径研究

毕波　张慧婷　张安安 *

摘　要：实施乡村振兴战略，实现乡村产业兴旺、生活富裕，切实保障农民宅基地合法权益与集体经济收益，需要加强乡村建设用地保障与优化布局。同时，在国土空间规划体系下，乡村建设用地面临与生态保护、耕地保有、城镇建设规模统筹，面临空间优化与提质的紧迫要求。本文从乡村振兴与国土空间规划双视角，解读乡村建设用地优化的难点与困惑，突出以"人民为中心"的理念，从人、地、房多维度统筹政策机制影响下的宅基地退出与盘活、集体经营性建设用地转型升级和入市等，研究乡村建设用地空间优化与提质增效的实施路径。

关键词：乡村振兴；国土空间规划；集体经营性建设用地；优化提质

1　引言

党的十九大明确实施乡村振兴战略，实现五大振兴，促进农业农村现代化。2020年年底举行的中央农村工作会议、2021年发布的中央一号文件均对农村工作进行了全面部署，从耕地保护、村庄分类、设施配套等方面提出明确要求。2019年5月，中共中央明确五级三类国土空间规划体系，实现乡村地区多层级规划的上下传导，促进乡村地区的资源保护与建设发展。自然资源部门贯彻落实乡村振兴战略，先后出台文件，从乡村振兴、国土空间规划衔接等角度，对乡村地区耕地与村庄建设、农民宅基地的权益保障、产业用地布局与盘活利用等进行了统筹部署。

* 毕波，高级工程师，现任职于青岛市城市规划设计研究院总师办，院副总规划师；张慧婷，工程师，现任职于青岛市城市规划设计研究院规划三所，副所长；张安安，工程师，现任职于青岛市城市规划设计研究院规划三所。感谢青岛市城市规划设计研究院宋军理事长、王天青总规划师对本文的学术指导。

乡村建设用地是乡村产业兴旺、生活富裕的重要载体空间，需要统筹确定合理规模，优化空间布局，实现乡村地区增量减量统筹、存量优化提质增效。国土空间规划体系下总体规划、专项规划与村庄规划需要统筹确定乡村建设用地空间布局与转型升级，实现各级规划的上下传导，保障乡村建设的有效实施，促进乡村振兴。

2 新背景下乡村建设用地优化提质的难点

2.1 乡村建设用地规模面临与生态保护、耕地保护统筹的压力

落实生态文明理念、严格保护生态资源、划定生态保护红线、明确林地保有量指标需要保障生态空间基底。耕地保护的重要性与紧迫性愈加突出，在前期统筹耕地与永久基本农田保护的基础上，2020 年明确采取长牙齿的硬措施，落实最严格的耕地保护制度。国土空间规划耕地也逐步由初期占补平衡、耕地规模总控的思路，逐步转为稳固稳定耕地、有限类正面清单占用耕地资源的严控举措。

2.2 乡村建设用地与城镇建设用地规模总控、指标统筹的压力

从城乡发展演变历程来看，整体存在"重城镇、轻乡村"的情况，乡村建设用地虽在稳步增长，但城镇建设用地增长速度远高于乡村建设用地增长速度，发展的红利更多应用于城镇地区，部分城市也存在占用乡村建设红利的情况。在国土空间规划体系下，未来一定时期内乡村建设用地仍然面临一定的增长诉求，但在城乡建设规模总控的思路下，乡村建设用地又再次面临与城镇建设的规模统筹压力。

2.3 乡村建设用地与确需保障的农民权益、产业空间及其他增量落实的矛盾

针对三农问题的长期性与复杂性，近年的中央一号文件、中央农村工作会议持续强化综合、动态、延续的乡村政策支撑。乡村地区的规划直接关乎千千万万农民的生存保障、财产保障等一系列根本利益，关乎千年乡村文化聚落体系的根本变化。近年来，部分城市受乡村地区建设审批等原因，存在许多达到分户条件的村民无法落实农村宅基地等情况，乡村地区农村宅基地存在增量的必要性。乡村产业用地是乡村振兴的重要经济载体，需要注重统筹产业空间、多途径保障产业用地，需要对存量产业用地进行整理，同时也需要结合点状供地政策等新增乡村产业用地。以镇域为单位的 5% 的机动指标的落实，也面临定空间、定指标等多种落实形式，也需要统筹考虑乡村建设的增量需求。

2.4 乡村建设用地面临集约节约发展、转型升级的压力

目前乡村地区的建设整体仍显粗放，人均乡村建设用地规模整体较大，按照农村户籍人口计算，部分地区人均乡村建设用地规模达到 300 平方米以上。农村宅基地空置率较高，部分地区绝对空置的宅基地比例在 25% 以上，宅基地面临有偿退出、盘活利用等政策落实。从城市层面看，多数乡村工业的布局形式仍体现出大分散、小集中的

特点，开发强度低、建设标准差，部分地区城区村级工业平均容积率仅为 0.2 左右，产业低端化明显，产业类型以机械设备、纺织业、零售业等传统产业为主，优势特色产业和新型产业占比较低，土地效益不佳，部分区市的村级工业园亩均效益不足 3 万元。

3 乡村建设用地优化提质路径

3.1 科学确定村庄分类，以差异化策略优化乡村建设用地布局

依据国家乡村振兴战略规划以及中央农办等多部委的要求，以县域为单位确定村庄分类，村庄类型包括集聚提升类、城郊融合类、特色保护类、搬迁撤并类等。

科学评价分析、驻村甄别村庄分类。结合乡村振兴的发展目标、五大振兴的要求，建立符合地方实践与特色的村庄评价指标体系，从区位、人口、建设、产业经济、设施配套、特色资源等方面，选取对村庄发展能力、乡村振兴能力有重要影响的指标，科学确定指标权重，同时明确指标的正相关性和逆相关性。在评价指标体系的基础上，对村庄人口变化、区位条件和发展趋势进行研究与甄别，实现定量定性分析相结合，逐村确定村庄分类。

明确不同类型村庄在乡村建设用地优化方面差异化的思路与策略。集聚提升类村庄中的管理与服务中心所在村是镇域乡村地区的中心之一，是农民宅基地增量、公共服务与基础设施重点配套区域，应以存量优化为主，同时引导社区内确需的农村宅基地、集体经营性建设用地、公共服务与基础设施等新增空间集聚，实现规模适度增量。特色保护类村庄以存量优化为主，重点优化配套设施。集聚提升类村庄中其他村庄、城郊融合类村庄宜以减量发展为主，重点引导集体经营性建设用地减量提质。搬迁撤并类村庄是乡村地区减量发展的重点类型，引导这些村庄人口向城区镇区搬迁，谨慎推进村庄集中建设区外的农村社区建设，随着人口与居住空间的搬迁，引导配套的集体经营性建设用地逐步减量。

对于其他类村庄，在目前阶段还无法准确判断这些村庄是保留还是搬迁，但应以前瞻性的视角科学分析部分村庄远期搬迁的潜力与可能性，应结合规划与政策实施动态调整落实。建立村庄搬迁撤并与城镇建设安置的弹性、动态挂钩机制，在城镇开发边界内设定有条件建设区（挂钩安置区域），结合潜力村庄的搬迁撤并，成熟一个推进一个，相应落实动态指标。

3.2 多维度分析、多举措推进农村宅基地退出与盘活利用

3.2.1 基于乡村人口活力的优化路径

运用大数据对乡村日常、重大节假日的人口活力进行分析，作为从城市全域统筹不同地区农村宅基地利用、农村建设用地提质的重要支撑，人口活力以常住人口占户

籍人口比重、乡村人口老龄化率为主要分析口径。

基于大数据的分析，结合农业转移人口市民化、举家迁移等情况，判断各地区的常住人口占比。大多数位于城郊、镇区外围的村庄以及部分产业特色村庄的常住人口占比相对较高，其他一般地区常住人口占比相对较低（部分城市低于50%），这反映出日常的乡村人口活力。综合乡村常住人口占比、老龄化程度及对未来区市的判断，统筹确定城市内不同地区农村宅基地退出的可能性与潜力等，明确宅基地有偿退出的针对性、差异化的策略与模式。将人口活力较低以及老龄化率较高的地区纳入农村宅基地自愿有偿退出重要考虑范畴。

3.2.2 基于宅基地空置率与土地流转率的优化路径

全域统筹分析各乡村宅基地的空置率，结合乡村土地规模化流转的比例，明确差异化的路径策略。以供电部门的乡村供电数据对镇街单元的乡村宅基地空置率进行分析，明确全域层面各地区宅基地空置的相对水平，将其作为全域确定总体策略的重要依据。提取年度每月供电量为0的村庄，纳入绝对空置宅基地的范畴。

从城市全域层面，选取宅基地空置率高、土地规模化流转比例高的村庄进行重点针对分析，衔接村庄规划，剖析空置宅基地的空间分布情况，结合上位宏观环境与政策机制等，明确这些村庄的宅基地保留、复垦等可行性路径。从部分城市村庄宅基地的空置情况可以看出，空置宅基地多以分散式、插花式空置为主（见图1、图2）。

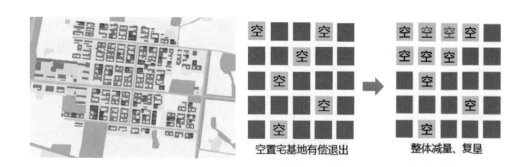

图1　农村宅基地空置示意图　　　　　图2　村庄边缘宅基地腾退复垦示意图

结合村庄建筑年代、建筑质量等分析，衔接落实宅基地有偿退出政策的制定和探索，引导农民自愿有偿退出宅基地。可结合引导村庄内部宅基地的空间置换等方式，统筹布局宅基地空间，对村庄建设区边缘、村庄内部连续成片、达到一定规模以上的空置宅基地采取复垦等方式，增加耕地规模，改善生态环境，统筹村庄建设与生态。

3.2.3 基于宅基地盘活利用的路径

结合宅基地的空置水平、农民意愿以及宅基地自愿有偿退出等政策，宜实行以宅基地盘活利用为主、以宅基地腾退复垦为辅的农村宅基地建设路径。

贯彻落实对于农村宅基地、农村产业的政策等，对于空置宅基地，更具可行性的做法是进行多用途的盘活利用。保留为居住性空间，保留住宅用地用途，为新增宅基地需求置换宅基地预留，实现农村村民在本集体经济组织内部向符合宅基地申请条件的农户转让宅基地；转为生产性空间，转为集体经营性建设用地，发展民宿、文创产业等，为集体产业发展提供场所空间；转为服务性空间，可转为公共服务设施等；转为休闲性空间，转化为景观与绿化用地，打造兼顾休闲的游憩用地。

3.3 强化政策配套统筹，稳步推进集体经营性建设用地减量升级与入市

3.3.1 基于集体经营性建设用地评价的优化路径

对全域集体经营性建设用地建档入库进行综合分析与评价，明确差异化的路径与策略。对于商业、仓储物流等产业用地，以保留、提质为主要思路，增强服务配套能力，为乡村产业振兴提供载体空间。对于工业用地，建立以产业类型、地均税收、地均产值、单位能耗为基础的全市村庄集体经营性建设用地评价指标体系，重点对工业用地进行评价，将污染高、能耗高、效益低的工业用地空间作为乡村建设用地减量的主要潜力空间。再结合定性分析甄别、权属人意愿衔接等，统筹确定减量腾退空间。同步配套这种类型的集体经营性建设用地腾退政策，推进稳步有序实施。对于确定保留的工业用地，应结合区域产业格局体系，加快产业转型升级，实现乡村产业的提质增效。

3.3.2 基于生态保护红线等控制线的用地优化路径

落实划定的生态保护红线，对于生态保护红线内符合生态保护红线管控要求的农村集体经营性建设用地，以存量优化为主，禁止新增建设，逐步引导腾退置换。

落实规划的高压走廊、重大交通基础设施等控制线，对于位于这些控制线内的农村集体经营性建设用地，以腾退搬迁为主要路径，满足市政、交通建设需求，提升韧性与生态环境质量。

3.3.3 基于违规占用耕地建设治理的优化路径

全面梳理违规占用耕地的乡村建设用地，突出尊重历史与严格管控整治统筹，分析建设用地的类型与构成，分类施策、明确差异化的实施路径，实施拆迁复垦、用地转换等路径。

对于确不合法的建设项目，宜以拆迁腾退、复垦复耕为主，增加耕地规模。对于确因特殊原因需要保留的建设项目、位于城镇区集中建设区内的集体经营性建设用地，宜以流量转换为主要思路，落实国土空间规划建设方案进行规划建设；对于乡村建设区内的集体经营性建设用地，以保留为主，加快转型升级；对于乡村建设区以外的集体经营

性建设用地，宜采用腾退搬迁、与国土空间总体规划衔接落实等方式进行针对性处理。

3.3.4 基于集体经营性建设用地入市的优化路径

落实集体经营性建设用地入市政策，探索推进集体经营性建设用地入市。

结合各地特色，可采取就地入市、异地集中入市相结合的方式。在实施初期，宜多采取就地入市为主的路径，提升经济效益，促进乡村振兴。选取部分试点地区探索异地集中入市模式，实现减量提质。

对于远郊地区，综合考虑集体经营性建设用地整体占比偏低、多以农产品加工等产业为主的特点，同时考虑现状调研权益人退出意愿不高，以支撑乡村振兴所需产业空间载体为主，以探索就地入市为主、异地入市为辅的路径，实现用地规模的小规模减量。对于城区内、近郊地区，集体经营性建设用地占比较高，机械制造等产业占比相对较高，按照乡村地区一、二、三产业融合发展的思路，结合本地特点，宜采取异地入市为主、就地入市为辅的路径，考虑减量经济可行性，根据拆除成本和产业升级后的土地收益，合理确定拆建比例，落实政策创新与配套，实现乡村建设用地的规模化减量。

4 结语

当前国土空间规划仍处于探索阶段，乡村建设用地的规模统筹、优化提质等需要国土空间总体规划、村庄布局等专项规划、村庄规划等上下传导统筹，并受到耕地保护、建设用地规模总量控制等多因素的共同影响，亦受到乡村政策、农村土地制度改革等影响。本文是现阶段可预期视角下对于乡村建设用地优化提质路径与策略的思考，需要在实践中发现与解决新问题，统筹政策落实，形成更具针对性与可实施性的路径。

参考文献

［1］陈小卉、闫海：《国土空间规划体系建构下乡村空间规划探索》，《城市规划学刊》2021 年第 1 期。

［2］何芳、胡意翕等：《宅基地人地关系对村庄规划编制与实施影响研究——以上海为例》，《城市规划学刊》2020 年第 4 期。

［3］耿白、鹿宇：《探索研究｜青岛市村级工业园改造升级政策梳理及实施要点》，微信公众号"青岛规划研究"2020 年 8 月 7 日，https://mp.weixin.qq.com/s/2wKNqLAU6ZcKLIZla1X_qq。

［4］中央农办、农业农村部、自然资源部、国家发展改革委、财政部：《关于统筹推进村庄规划工作的意见》，2019 年 1 月 18 日，http://www.moa.gov.cn/ztzl/xczx/zccs_24715/201901/t20190118_6170350.htm。

国土空间规划视角下村庄布局规划探索

——以青岛市即墨区村庄布局规划为例

周兆强　宫震　王珊珊 *

摘　要：村庄布局规划作为国土空间规划体系中的一个专项规划，在各级总规中起到上传下达、承上启下的作用。青岛市即墨区村庄布局规划在编制过程中与即墨区国土空间分区规划动态衔接，对城镇开发边界外的农村地区进行了深入的研究，一方面配合国土空间分区规划做好指标的调配和用地的梳理，另一方面也为各镇国土空间总体规划和村庄规划提供了研究依据。

关键词：国土空间规划；村庄布局规划；村庄规划

2018 年 1 月，中共中央、国务院发布的《关于实施乡村振兴战略的意见》中对乡村振兴战略中提出了五大总要求、三大转变、两大改革和十大具体策略，体现了对村庄工作的重视，布局规划作为村庄规划、村庄建设的一个上位指导，需要进行科学的编制。在国土空间规划的大背景下，2018 年 9 月住房城乡建设部印发的《关于进一步加强村庄建设规划工作的通知》、2019 年 1 月五部委（中央农办、农业农村部、自然资源部、国家发展改革委、财政部）印发的《关于统筹推进村庄规划工作的意见》、2019 年 5 月自然资源部印发的《关于加强村庄规划促进乡村振兴的通知》、2020 年 12 月自然资源部印发的《关于进一步做好村庄规划工作的意见》都对村庄布局和村庄规划提出了明确的要求，比如科学划定村庄类型、2020 年底基本完成村庄布局工作等。在整个国土空间规划体系下，村庄布局规划作为各级总体规划下的一个专项规划，主要任

* 周兆强，工程师，现任职于青岛市城市规划设计研究院第三分院；宫震，高级工程师，现任职于青岛市城市规划设计研究院第三分院，分院院长；王珊珊，高级工程师，现任职于青岛市城市规划设计研究院第三分院。

务在于明确村庄类型和布局，确定用途分区和村庄发展边界，以衔接国土空间规划和指导村庄规划。

1 研究范围与内容

1.1 研究范围

包括青岛市即墨区的 4 个镇、11 个街道、1 个省级高新区、1 个省级经济开发区和 1 个省级旅游度假区，"三调"陆域总面积 1799 平方公里，共有 1028 个行政村，其中国土空间规划初步划定的城镇开发边界内有 374 个村庄，边界外 654 个村庄。即墨区村庄布局规划重点研究的范围即城镇开发边界外的 654 个村庄。

1.2 研究内容

即墨区村庄布局规划研究的主要内容即按照《山东省市县村庄布局规划编制导则（试行）》和《青岛市区市村庄布局规划编制技术要求（征求意见稿）》的相关要求进行编制，主要涉及基础分析、规划目标、村庄分类、村庄布局、产业发展、公共服务和基础设施配套、历史文化、风貌塑造、土地综合整治与生态修复、防灾减灾、乡村振兴、近期建设等方面的内容。

2 研究体系建立

2.1 村庄基础信息数据库建立

在当下的国土空间规划中，基础数据的收集和分析尤为重要。即墨区村庄布局规划在编制之初，首先对 1028 个村庄的人口、经济、产业、用地、基础设施、公共服务设施、宅基地等基础数据进行全面摸底调查，通过点对点的形式，将所有信息转换成 Arcgis 中对应的点要素，形成覆盖整个农村地区的村庄信息数据库。

2.2 村庄发展潜力评价

在村庄基础信息数据库的基础上构建评价体系，从区位、人口、建设、经济、配套、资源等多方面对村庄基础特征进行评价（见图 1），同时辅以资源保护、环境影响、村民意愿、文化习俗、组织建设等多方面的研判，结合即墨区村庄发展的实际情况，进行加权评价（见图 2）。定量评价与定性评估校核相结合，确定各村的发展能力指数。在村庄发展能力评价的基础上，按照评分将村庄分为 5 个等级，将评分等级作为村庄分类和社区生活圈中心村选择的重要依据。

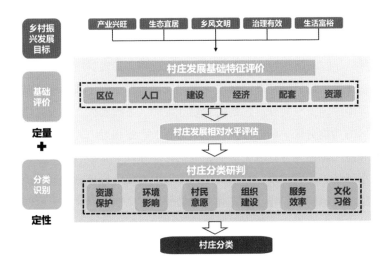

图1　村庄发展潜力评价技术框架

大类	大类权重	小类	小类权重	相关性
区位	0.15	与城区镇区通达性	0.15	正相关
人口	0.25	农村户籍人口	0.1	正相关
		农村常住人口占比	0.06	正相关
		常住青壮年人口占比 (19-40岁)	0.06	正相关
		户籍人口老龄化率	0.03	负相关
建设	0.1	村庄建设用地规模	0.06	正相关
		宅基地空置率	0.04	负相关
经济	0.25	村庄集体经营性收入	0.1	正相关
		农民人均可支配收入	0.06	正相关
		村庄企业数量 (村庄产业用地面积)	0.06	正相关
		乡村旅游接待人次	0.03	正相关
设施配套	0.2	小学	0.04	正相关
		社区服务中心	0.07	正相关
		农村互助养老服务设施	0.03	正相关
		污水集中处理	0.03	正相关
		集中供暖	0.03	正相关
特色资源	0.05	具有特色优势的历史文化、自然风光及其他特色资源	0.05	正相关

图2　村庄发展潜力评价指标权重

2.3　集体经营性建设用地评估

结合三调梳理全区集体经营性建设用地规模，主要包括村庄的工业、商业等功能，并统计企业或者经营者的年产值和税收等指标，同时结合土地利用总体规划，对全区集体经营性建设用地的用地效率、集约节约程度、合法合规性等方面进行评价，最终判断出低效散乱的集体经营性建设用地的位置和规模，作为下一步用地布局的依据。集体经营性建设用地评估的结论可用作国土空间规划的流量指标确定的依据，也可以用于镇级国土空间总体规划的编制基础，还可以作为村庄规划低效用地腾退的上位依据，在村庄布局规划中具有重要的意义。

2.4 规划框架搭建

坚持"目标导向＋问题导向"的方式，摸清现状，发现村庄存在的问题，建立解决问题的方法体系。定目标，确定村庄分类和发展目标，制定乡村地区发展蓝图。定布局，衔接即墨区国土空间分区规划的规划分区和三条控制线，结合村庄的主导功能划分乡村地区的功能分区，同时按照"地域相邻、产业相近、人文相亲"的原则，结合村庄类型和村民意愿划分社区生活圈，确定村庄布局一张图。定政策，根据村庄类型进行分类引导管控。定规模，预测村庄建设用地规模，合理确定宅基地规模，提出集体经营性建设用地管控引导。强支撑，明确全域村庄产业发展、土地综合整治与生态修复、公共服务配套设施、历史文化传承、村庄风貌、道路交通体系、综合防灾等支撑体系。重实施，制定乡村振兴指标体系、乡村振兴攻坚任务、切实可行的近期项目库，助推村庄规划建设（见图3）。

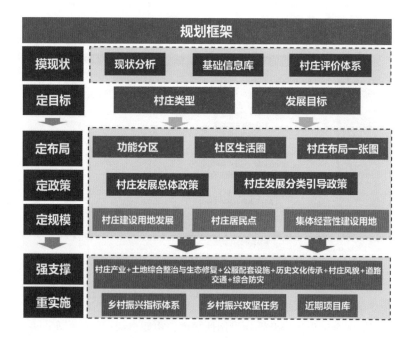

图3 村庄布局规划整体框架

3 重点问题研究

3.1 村庄现状特征和问题

即墨区村庄历史悠久，早在原始社会时期就有聚落活动，后经历多年的战乱和自然灾害，最终在明清期间形成了目前的村庄聚落基底。在村庄聚落自然和人为的因素下发展至今，存在着一些典型的问题。

一是人口老龄化明显，村庄人口流出问题严重。在规划重点研究的 654 个村庄中，村庄的年龄结构均偏向中老年化，多以 40 岁以上的村民为主，65 岁以上的老年人占研究村庄总人口的 16%，相较于国家人口老龄化的标准超出较多。同时，青少年流出情况较为严重，导致村庄缺乏活力。

二是村庄建设用地不集约，宅基地空置比例高。研究村庄人均村庄建设用地 181 平方米，人均规模偏大。同时，村庄人口的大量流出导致村庄内出现大量空置宅基地，据统计，研究村庄宅基地总计约 23.68 万处，其中闲置宅基地约 3.02 万处，平均空置率为 12.75%。

三是村庄产业用地规模小且布局零散。根据"三调"测算，乡村地区的村庄产业用地占建设用地的比例约为 14.34%，且大多数都零散分布在村庄居民点周边，呈现村村有产业、布局不集中的情况。

四是村集体经济薄弱，农村与城市收入差距较大。研究村庄的集体经济收入多为 10 万元以下，农村居民可支配收入虽然逐年增长，但比例指数略有下降，城乡收入差距依然较大。

五是公共服务设施利用不集约，部分市政基础设施配套不足。从公共服务设施分布与城乡居住人口分布特征分析，农村地区公共服务设施分布广、利用效率偏低。公共服务设施分布不均，文化、养老设施较为短缺。供暖、污水、供燃气等市政基础设施建设滞后，村庄宜居性亟须提高。

3.2 村庄分类

村庄布局规划对村庄分类的研究是确定乡村地区镇村体系发展的重要依据，通过村庄分类可以明确研究村庄未来发展的方向。研究村庄分类的方法主要是通过村庄发展潜力评价确定村庄未来发展潜力的大小等级，以此作为初步的依据。同时，提取村庄形成发展过程中的历史文化、历史建筑、革命遗址等具有保护价值的要素，作为村庄的特色和保护的依据。最终，将村庄分类的初步结果下发到镇街征求意见，由镇街邀请规划专家、区自然资源局村镇负责人、镇街领导等组成专家小组，对村庄分类进行逐一甄别，并最终确定。

根据村庄发展潜力评价的结果，结合《山东省村庄分类指南（试行）》（2020.9）以及镇街发展意愿，将城镇开发边界外的 654 个村庄划分为：集聚提升类 579 个、搬迁撤并类 5 个、城郊融合类 39 个、特色保护类 31 个。

3.3　社区生活圈划分

村庄布局规划中对社区生活圈的划分也是一项重要的内容。社区生活圈的划分主要采取了以下措施：首先，按照"地域相邻、产业相近、人文相亲"的原则，结合村庄类型和村民意愿，在青岛市村庄结构优化调整文件的支撑下，全即墨区划分新村，并以此作为村庄组织融合、经济融合、服务融合、"三治"融合等的依据。其次，以具有辐射带动作用的集聚提升类（或城郊融合类、特色保护类等）村庄为中心村，构建半径2公里左右、人口规模3000~8000的社区生活圈服务范围，以保证所有的村庄均可以得到中心村公共服务设施的服务覆盖。最后，局部地区结合田园综合体、特色小镇、现代农业园等特色功能区域，因地制宜地调整社区生活圈的服务半径和人口规模。研究村庄涉及100个社区生活圈，确定了106个中心村，以保证2~3公里范围内公共服务设施可以覆盖所有村庄。

3.4　村庄宅基地保障

在充分尊重民意的基础上，保障农民合法宅基地的权利，保障农村村民实现户有所居。同时，基于宅基地有偿退出等政策预期，结合"一户一宅"政策落实、闲置宅基地整理入市等，探索闲置宅基地转为集体经营性建设用地入市路径，实现闲置宅基地的有偿退出。或者农旅融合，发掘创造闲置宅基地和住宅的"新价值"。

3.5　集体经营性建设用地腾挪

通过对用地的产业类型、用地效益等综合分析，同时考虑农村集体经营性建设用地入市的预期等，合理预测规模，作为城镇开发边界外乡村地区用地腾退减量的主要途径。结合即墨区的实际情况、发展趋势，集体经营性建设用地入市（见图4）应以集中入市为主、就地入市为辅。

集中（异地）入市：引导村庄需要入市的产业用地向城区、镇区的产业园区集聚。

就地入市：（1）城区、镇区近郊的村庄，产业多以保留为主；或本地适度集中布局。（2）本村宜农宜绿的产业，主要指临近现代乡村产业园的配套产业。

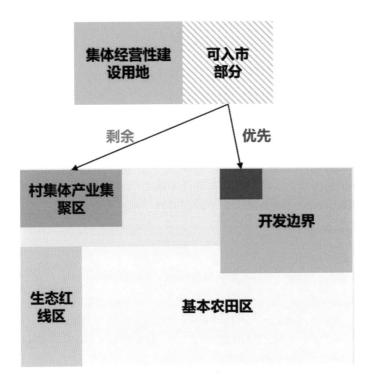

图 4　集体经营性建设用地入市方式示意图

3.6　预留规模

镇级层面预留不超过 5% 的村庄建设用地规模，镇级统筹安排，主要用于村民住宅、农村公共公益设施、零星分散的乡村文旅设施及农村新产业新业态等用地。结合农村地区项目建设意向，结合规划统筹核算有明确项目需求的指标，采取"定空间不定用途"的方式预留，剩余指标采取"定指标不定空间"的方式预留。

4　工作展望

4.1　规划与政策同步制定

在编制即墨区村庄布局规划的同时，考虑好村庄宅基地退出、集体经营性建设用地入市、土地综合整治、生态修复等各方面的政策的同步制定，以便规划得到更好的落实和实施。

4.2　国土空间规划的同步衔接

同步衔接即墨区国土空间分区规划，由于分区规划还在编制过程中，"三条线"划定还未最终确定，因此村庄布局规划还需衔接分区规划，动态调整，最后做到成果落实到分区规划"一张图"中。

4.3 承上启下的规划传承

村庄布局规划首先要落实国土空间分区规划的内容和要求，同时也对村庄规划提出要求，在村庄规模、用地布局、宅基地、集体经营性建设用地、新建项目落实、乡村振兴项目布局等方面给出相应的引导。

5 结语

村庄布局规划是关系到国土空间规划城乡空间统筹、用地统一的重要环节，也是指导村庄规划的重要依据，是总体规划和详细规划中间不可或缺的一个专项规划。因此，需要更详尽的现状数据分析、重要问题研究、相关政策制定等，完善村庄布局规划的成果内容。

参考文献

［1］李鹏飞、白志远：《基于多源时空数据的沈阳市域村庄布局规划方法研究》，中国城市规划学会城市规划新技术应用学术委员会：《智慧规划·生态人居·品质空间——2019 年中国城市规划信息化年会论文集》，广西科学技术出版社 2019 年版。

［2］张达雄：《基于国土空间体系下村庄发展布局规划研究——以莆田市湄洲湾北岸经济开发区为例》，《江西建材》2020 年第 10 期。

［3］张勇：《乡村振兴背景下县域村庄布局规划的若干思考》，《中国标准化》2019 年第 18 期。

［4］周鑫鑫、王培震等：《生活圈理论视角下的村庄布局规划思路与实践》，《规划师》2016 年第 4 期。

［5］中共中央、国务院：《关于实施乡村振兴战略的意见》(2018 年 1 月 2 日)。

［6］中央农办、农业农村部、自然资源部、国家发展改革委、财政部：《关于统筹推进村庄规划工作的意见》(农规发〔2019〕1 号)。

［7］住房城乡建设部：《关于进一步加强村庄建设规划工作的通知》(建村〔2018〕89 号)。

［8］自然资源部：《关于加强村庄规划促进乡村振兴的通知》(自然资办发〔2019〕35 号)。

［9］自然资源部：《关于进一步做好村庄规划工作的意见》(自然资办发〔2020〕57 号)。

［10］山东省自然资源厅：《山东省市县村庄布局规划编制导则（试行）》(鲁自然资字〔2020〕110 号)。

国土空间视角下"多规合一"的实用性村庄规划编制探索

王婷　刘丹丹　王鹏 *

摘　要： 作为国土空间规划五级三类体系中的详细规划，村庄规划旨在传导上位规划确定的总体定位目标，落实村庄内农用地、生态用地和村庄建设用地，指导村庄建设。本文以青岛西海岸新区杨家山里村庄群为例，对国土空间规划改革背景下村庄规划的编制方法进行研究探索。通过对杨家山里村庄群发展存在问题的梳理，有针对性地提出解决方案和路径。通过全域土地梳理及整治，加强乡村地区土地的有效调整和供给，优化土地资源配置，促进乡村振兴项目的落地。

关键词： 多规合一；实用性；村庄规划

1　引言

中共十九大报告中首次将乡村振兴提升到国家战略层面，计划分"三步走"到21世纪中叶实现乡村的全面振兴。国土空间规划的变革亦对村庄规划提出了新要求。2019年，自然资源部《关于加强村庄规划促进乡村振兴的通知》指出："要整合土地利用规划、村庄建设规划等乡村规划，实现土地利用规划、城乡规划等有机融合，编制'多规合一'的实用性村庄规划，同时鼓励探索建设用地'留白'机制。"在"多规合一"、应编尽编的要求下，各地积极开展相关理论研究和编制探索。目前，村庄管理主体多元，多规并行，传统规划内容重视居民点建设而忽视农用地治理，规划编制照搬城市建设模式、实用性较差等问题亟待解决。

---

* 王婷，工程师，现任职于青岛市城市规划设计研究院西海岸分院；刘丹丹，助理工程师，现任职于青岛市城市规划设计研究院西海岸分院；王鹏，高级工程师，现任职于青岛市城市规划设计研究院，理事长助理。

综观国内外研究，张京祥提出多规合一的实用性村庄规划须因地制宜、精准规划，多视角激活村民的主体积极性，段德罡认为实用性村庄规划需以群众为主体，规划师需下沉到村，真正理解农村，理解百姓需求。李保华指出实用性规划要明确村庄国土空间用途管制规划和建设管控要求，为乡村补短板、办实事。在实践方面，各省市地区积极探索，河南省沁阳市开展全域土地综合整治并完成 13 个村庄的实用性规划。宁夏出台"多规合一"实用性村庄规划编制技术标准。各地学者也积极建言献策，王宝强以湖北省蕲春县飞跃村为例，徐宁以苏南水乡地区为例，张运以汨罗市大里塘村为例展开探讨。在研究视角方面，菅泓博基于非正规土地流转现象探讨如何做好实用性乡村规划，李宏轩关注实用性村庄规划中基础数据库构建问题，郭亮探索实用性乡村交通发展策略。在国土空间规划"多规合一"视角研究方面，季正嵘认为实用性乡村规划需建构多元共生的空间系统并提升再生产能力，袁源探索了村庄规划编制的分级谋划与纵向传导体系。新发展背景、规划的实效性、村庄的差异性均成为当前村庄规划编制的困境与难点。本文以青岛西海岸新区杨家山里村庄群规划为例，探讨"多规合一"的实用性村庄规划编制方法、实施问题与策略，以期为更多乡村地区展开实用性的村庄规划编制提供经验借鉴。

2 发展特征与问题分析

2.1 发展特征

2.1.1 地理区位优越，自然环境良好

杨家山里村庄群地处青岛西海岸新区中部腹地，隶属铁山街道，处于市区半个小时交通圈辐射范围内，区位优势突出，毗邻西海岸新区主城区之一的胶南组团，相距仅 17 公里，同时距离青岛西站仅 8.5 公里。村庄群主要依托东西向的 341 国道和东侧新 204 国道实现对外联系，交通便利（见图 1）。

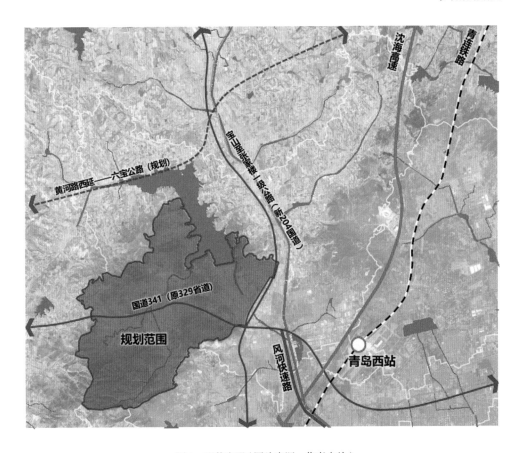

图 1　现状交通（图片来源：作者自绘）

　　杨家山里村庄群共包含 8 个村庄，2020 年现状户籍约 1035 户，3100 人。此外，还包含土地梳理区域的 4 个村庄。村庄群自然条件优越，生态资源丰富，形成"山、水、谷、村、田、泉、果"的空间格局，旅游资源丰富。空气负离子浓度高，有"西海岸天然氧吧"之称。村庄群三面环山，中部为谷地，景观独具特色。北侧为新区重要的饮用水水源地——铁山水库，境内还有若干小型水库散布，九龙溪、山里河流经村落群，居民点主要集中于中部地势较平坦区域，形成"小桥流水人家"的别致农家景观。

2.1.2 历史文化悠久，弘扬红色传统

抗日战争时期，上沟、墩上、黄泥巷、大下庄、东南崖、西北庄合称"杨家山里"，是远近闻名的红色堡垒，建立了以杨家山里为枢纽的战略交通线，开辟了以杨家山里为中心的诸城胶边抗日根据地，为两大战略区作出了重大贡献。目前，杨家山里红色教育基地是新区首个以"使命担当"为主题、以党员干部教育为主、覆盖社会各界的综合性红色教育基地（见图2）。

此外，上沟村目前留有周代文化遗址，并有陶器等多种文物出土。上沟村、大下庄仍存有齐长城遗址，是国家级重点文物保护单位。

图2 杨家山里红色教育基地（图片来源：网络）

2.1.3 特色产业远近闻名，"绿色旅游"蓬勃发展

依托得天独厚的区位优势和资源禀赋，杨家山里大力发展生态旅游及农产品深加工产业，目前已形成22个生态园、休闲园。其中最具代表性的为樱桃、蓝莓采摘，休闲农家乐，冰雪大世界等项目。杨家山里的樱桃种植有着100多年的历史，年产量可达410吨，是远近闻名的"樱桃之乡"，已连续举办16届樱桃采摘节，"杨家山里樱桃"已申请国家地理标志认证。此外，后石沟村也依托其自然风貌，成功引入乡村影视剧拍摄，也将极大地带动杨家山里片区的旅游业发展。

2.1.4 村庄风貌良好，基础设施相对完善

自2017年以来，伴随着美丽乡村政策的开展，杨家山里的6个村庄先后被评为"省市级美丽乡村"，村庄整体风貌与基础设施得到了极大的改善（见表1、图3）。

表 1　现状建设情况统计表

设施	建设情况
道路	主干道硬化已经完成，并配建有停车场
供水	已实现入户自来水
排水	配建排污管道，并建有模块化污水处理厂
电力	实现网络及有线电视联通，已改造电网
环卫	由街道统一安排垃圾收集设施
场地	设置村民活动广场多处、宣传栏若干，满足日常健身、锻炼等需求
片区公服配套	黄泥巷、后石沟已建社区服务中心，服务整个片区
太阳能板	大下庄安装了太阳能板，成为新区第一批免费安装光伏太阳能板的村庄

a. 村庄入口；b. 九龙溪；c. 停车场；d. 主干道；e. 自来水；f. 污水处理模块；g. 太阳能板；h. 九龙溪。

图 3　美丽乡村改造成效（图片来源：作者拍摄）

　　2019 年，经青岛市农业农村局同意，杨家山里立项为"青岛市 2019 年市级田园综合体"。杨家山里片区生态休闲游已成为新区旅游的"新名片"。

2.2　发展存在的问题

　　尽管杨家山里村庄群在村庄的产业发展和村庄建设等方面都已取得一定成效，但从实地调研来看，该片区的发展仍然存在一些困境和问题。通过村庄踏勘、街道座谈、发放问卷等形式的调研活动的开展，将目前存在的主要问题归纳如下：

一是村庄发展不均衡。目前，产业发展较好的村庄主要集中在片区中部地区，村庄居民点集中，地势较为平坦，优势较突出。而位于山地地区的墨城庵村，由于距离市区较远、交通不够通达、村庄规模较小等因素，发展迟缓，目前还未进行村庄的特色化改造。在新区的诸多村庄中，除了特色鲜明、有亮点的村庄外，还存在大量诸如此类特色不够突出、本身发展存在一定短板的村庄。如何助力该类村庄的发展，识别村庄发展的内生动力，也是村庄规划中需要首先解决的关键所在。

二是农房闲置问题突出。随着城镇化的发展，村庄人口在逐年减少，有一部分人口属于"城乡双栖"人口，还有一部分已经进城居住，但是仍然保留原有宅基地，导致乡村土地退出慢于人口减少，人地关系不匹配，农房闲置现象突出。在调研中我们发现，杨家山里村庄群内闲置、破损房屋和空置宅基地共 370 宗，占总宅基地的27.1%。数量较多的为东南崖村、后石沟村；比例较高的为墨城庵村、后石沟村，均超过总宅基地数量的 50%。根据《中华人民共和国土地管理法》（2019 年 8 月修订版）的要求，宅基地的有偿退出路径和补偿机制将被重点关注。

三是乡村振兴产业用地需求矛盾。长期以来，农村地区的土地利用较为粗放，用地效益较低。但新兴产业业态却面临用地指标紧缺的局面。由于原有的土地利用规划中建设用地规模有限，部分建设用地缺乏有效管控，导致许多真正有利于乡村振兴的产业项目无法落地。一方面，大多数一般乡村"收缩"和衰退的整体趋势不可避免；另一方面，尽管农村人口在减少，但农村建设用地规模仍居高不下。在国土空间规划改革的背景下，如何管控乡村地区合理的新增产业用地需求，成为当下面临的主要问题。

此外，通过对全区 1000 多个村庄的调研，以杨家山里村庄群为代表的地区呈现出的问题与矛盾，也折射出大部分村庄在发展中普遍存在的问题。例如，资源优势分布不均衡，大部分村庄面临自身并无优质资源的发展格局，缺乏发展动力。还有乡村振兴项目用地无法落实等问题，都值得我们进一步关注和研究。

3　总体发展思路

乡村振兴是一个循序渐进的过程，不可能一蹴而就，短期内解决所有问题。这里结合现阶段的相关政策和要求，重点从以下几个方面展开讨论。

3.1　衔接上位规划，分类推进村庄地区发展

村庄规划作为国土空间规划五级三类规划体系中的详细规划，主要作用为落实总

体规划和专项规划的总体定位，指导村庄建设。根据村庄区位条件、发展基础、资源禀赋等的不同，充分尊重农民意愿，合理划分村庄类型，因地制宜地优化乡村空间布局。因此，规划充分衔接上位西海岸新区村庄布局规划的相关成果，落实了全区层面对杨家山里村庄群各个村庄的分类定位：大下庄为集聚发展类，后石沟、西北庄、东南崖、墩上村、上沟村、黄泥巷为特色保护类，墨城庵村为其他类。借助村庄分类分层级、分类型推进村庄地区发展。

在新的发展形势下，有必要基于村庄实际发展现状对村庄展开类型划分工作，依据村庄分类成果，遵循乡村发展的客观规律，制定针对性策略，对村庄在片区统筹发展的基础上进行差异化管控引导，并重点培育那些具有内生发展要素支撑的村庄。

3.2 统筹片区发展，立足特色资源，整体谋划未来建设

青岛西海岸新区西部的乡村地区面积约占新区总面积的一半左右，依据《西海岸新区国土空间分区规划（2019~2035 年）》过程稿中划定的城镇开发边界，边界外行政村数量为 600 多个。新区的乡村地区基本以农业生产为主，集体经济较为薄弱，且几乎一半以上的村庄并没有较为突出的资源优势，也没有浙江省近郊村庄那样的接受城市产业、功能等外溢的条件，产业发展乏力。在杨家山里的规划中，通过整体统筹，明确了各村功能定位，在上沟、墩上、黄泥巷为代表的九上沟片区主打"原山原水原生活"，规划和建设九上春风田园综合体；在东南崖村建设杨家山里红色教育基地，主推红色教育；在大下庄、西北庄村大力发展优势休闲旅游产业；在后石沟村着力打造乡村影视基地。整体形成"红色东南崖、品樱九上沟、山水涧墩上、美宿黄泥巷、花开大下庄、影视后石沟、田园西北庄、原山墨城庵"八大特色乡村旅游产品（见图4）。

在乡村振兴的背景下，应以区域视角看待村庄，实现片区或者村庄群的整体统筹谋划，利用片区优势资源，将村庄群各个村庄作为有机整体串联要素资源，以强带弱，分工协作。在国土空间规划的背景下，对村庄群的整体研究也有利于统筹区域生态格局、产业发展布局、三区三线及用地管控、区域基础设施和公服设施等，更有利于全局一盘棋，打造品牌效应，形成地域名片。

图 4   杨家山里村庄群规划结构（图片来源：网络）

3.3   关注村庄规划实用性，引导村民参与规划

家山里村庄群重点发展以山水田园、民宿、采摘、红色文化、影视文化等为主打内容的乡村旅游产业，根据每个村庄的不同特色，完善相关的旅游产品，重点保障旅游设施的配套，提升旅游接纳容量。在大下庄、东南崖、黄泥巷三村规划集中式公共停车场与观光车停泊点，实现片区内无缝换乘，解决交通问题。利用闲置住宅改造乡村民宿，利用闲置存量的集体经营性建设用地建设游客服务接待中心，提升片区内餐饮住宿水平。对于广大乡村地区来说，村民是村庄的主人。在杨家山里村庄群规划编制过程中，工作人员多次走访，发放调查问卷，开展入户调查，收集村民诉求进行归纳整理，加强规划成果的宣传，保障村民的知情权，进而对规划实施进行监督。

国土空间规划背景下的实用性村庄规划必须从村庄实际出发，根据不同村庄的发展特点制定相关的发展策略，注重规划的可实施性，编制有针对性的村庄规划。引导村民参与规划，村民是村庄规划的使用主体，村庄规划编制需优先考虑村民的发展诉求，增强其对规划成果的认同感。由于村庄事务的复杂性，注定了村庄规划实施是一个循序推进的过程。制定分期实施计划、近期重点整治工程和项目实施清单，确定规划实施时序是十分必要的内容。

4　土地资源梳理

2019年，自然资源部发布的《开展全域土地综合整治试点工作的通知》提出"推动农用地整理、建设用地整理和乡村生态保护修复"的目标任务。科学实施全域土地综合整治已成为各地解决国土空间问题、推进乡村振兴的重要工具和抓手，成为自然资源部门落实耕地保护制度和节约集约利用土地制度的有效途径。2021年，自然资源部发布的《2021年耕地保护新打算》提出，耕地保护工作要毫不动摇地坚持最严格的耕地保护制度，实现耕地数量、质量、生态"三位一体"保护目标。以第三次国土调查成果为支撑，扎实有效地推进耕地保护监督工作，坚决守住耕地保护红线。基于以上政策要求，如何通过开展土地资源梳理、合理管控和引导土地资源配置优化用地结构，避免乡村建设用地无序蔓延，是规划编制需重点把控的方向。

4.1　农用地整理

农用地是与乡村居民生产劳作最紧密相关的土地资源。本次杨家山里村庄群规划立足村庄群的发展，关注片区实际情况，参考上一轮土地利用规划中确定的耕地目标以及永久基本农田保护区划定成果，初步探索片区内耕地补划方案。片区内现状"三调"耕地面积距离保有量目标缺口较大，耕地的"非粮化"情况较为严重，耕地补划工作是片区内农用地整治重点任务。本次土地梳理以第三次国土调查作为工作底图，以现有耕地作为基础，参考已划定的永久基本农田保护图斑范围，补划"三调"中含有工程恢复、即可恢复属性的林地、园地等农用地，同时核减拟选址的规划建设用地，比如规划的乡村旅游接待设施用地、村庄发展留白用地等以及片区内坡度25度以上等不稳定区域，得到耕地划定初步方案。结合青岛市"双评价"中的农业适宜性评价和生态适宜性评价结果，修正耕地划定成果，避让生态敏感区，保证耕地划定方案切实可行，实现耕地布局稳定（见图5、图6）。对纳入耕地规划方案中的现状非耕地区域，分期实施农用地整治工程，以期调整农业种植结构，稳定粮食生产。

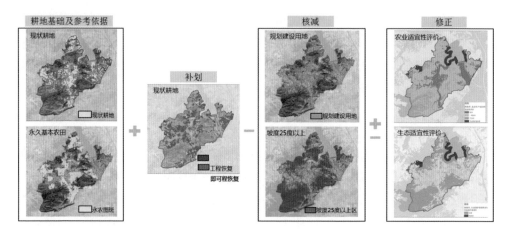

图 5　耕地补划方案分析

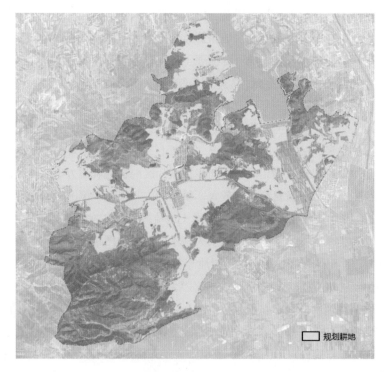

图 6　耕地补划方案

通过耕地补划调整，能够满足耕地保有量目标。对于需工程恢复的耕地采取相关耕地整治的工程措施，改善土壤环境，加强农田基础设施建设，提高耕地质量。本次耕地调整方案也存在补划耕地规模较大、多为工程恢复属性、实施恢复的经济成本较高等问题，因此本次耕地划定方案为研究方案，最终须待上位规划明确相关目标任务后衔接相关成果。

4.2 生态修复

生态修复工程以生态系统的品质提升为导向，重点突出系统性，围绕生态系统的完整性、功能性和结构性等特征，补足生态短板，提升国土空间品质。

生态修复内容包括水源涵养、水土保持、防风固沙、生物多样性维护等内容，本次规划重点研究杨家山里村庄群的水系修复、建设用地退出、生态退耕等方面。

在水系修复方面，本次规划重点关注片区内的流域治理。片区内部山里河、九龙溪两条主要河流汇聚，流入饮用水水源地——铁山水库内，将该片区水系作为一个有生命力的生态系统进行整体治理，统筹水环境、水资源、水生态各方面的需求，保障周边山体泄洪安全，以生态功能为重点，保护生物多样性，涵养水源，全面提升河流生态系统服务功能，同时为周边墩上、黄泥巷、上沟等村庄提供景观功能，满足人们的亲水需求。

在建设用地退出、生态退耕方面，本次规划对搬迁后的农村宅基地、关停的工矿用地、迁出后的殡葬设施用地等进行生态修复，部分用地复垦复绿，因地制宜地发展林业、种植业等，对于地形坡度25度以上易造成水土流失的现状耕地，采取逐步退耕的方式，按照适地种树的原则进行坡耕地退耕还林，恢复森林植被，防止山体滑坡等生态环境问题的发生。片区内涉及复绿面积27公顷，复耕面积47公顷，生态退耕面积2.7公顷。

4.3 建设用地整理

乡村建设用地是乡村居民日常生活的空间载体，有必要梳理土地现状，优化用地结构，满足村民不断提升的美好生活需求。本次规划关注现状建设用地与土地利用规划图斑比对工作，存在有现状已建符合土规、现状已建不符合土规和未建土规建设用地三种土地使用情况（见图7）。现状已建符合土规的用地中，对于零星偏远的村庄居住用地、生态红线等控制线范围内的城乡建设用地、零散经营性建设用地、殡葬设施用地等城乡建设用地实施减量。现状已建且不符合土规的用地中，对殡葬设施用地、零散低效的建设用地、其他不满足建设手续的违法建设用地以及控制线影响区域的城乡建设用地实施减量，对于不符合土规的村庄居民点用地，本次规划尊重村庄实际发展现状，恢复其用地的相关规模。在未建的土规建设用地中，对控制线影响区域的城乡建设用地、零散红斑地进行减量，保留已批准且符合相关管控要求的建设项目。通过对符合土规的建设用地减量来提供节余建设用地规模，而对于不符合土规的建设用地，对须保留的现状建设用地、乡村振兴产业规划用地、基础设施用地等进行增量，确保片区内部规模平衡。此外，对于上位规划需建设的重大基础设施，本次规划予以衔接落实,并从其他途径补充规模,进行区域统筹。本次规划主要基于现状三种土地使用情况,有针对性地制定每种情况的审查重点,厘清对应的减量、存量、增量用地的位置、规模和性质等内容。

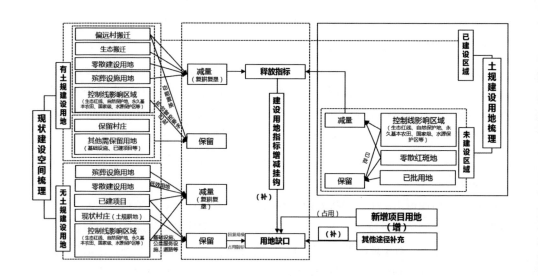

图 7　建设用地整理技术路线图

4.3.1　理清减量用地

探索腾退生态保护区范围内不满足保护要求建设用地的方法。重点衔接生态保护红线划定、自然保护地规划、永久基本农田、林地保护规划、饮用水水源保护区等涉及的管控范围,梳理现状建设冲突图斑,杨家山里村庄群涉及的用地主要为农村宅基地、水工建筑用地和殡葬设施用地。依照相关保护管理条例,通过分析冲突地块发展方向,保留了少量当地村民的生产生活用地、适度参观旅游和相关必要的公共服务设施用地、基础设施用地,原则上不再新增建设用地,并在本次规划期内对殡葬设施用地与其他破坏生态环境的用地逐步实施退出。

4.3.2　盘活存量用地

在符合国土空间规划、用途管制、依法取得和尊重农民意愿的前提下,逐步依法有偿收回闲置宅基地、废弃的集体公益性建设用地等,探索通过企业租赁、集体经营性建设用地入市等方式,使零星分散的存量建设用地得到有效利用。目前,杨家山里片区已经通过租赁的方式盘活空闲宅基地20余处,由企业统一进行整治、修葺或重新建设,发展乡村民宿、旅游接待等功能。引导村庄外围零散的宅基地逐步腾退,用地布局向村庄内部集聚。此外,本次规划范围中的墨城庵村由于村庄规模较小、位置偏远，因此建议其暂时保持现状，远期整体搬迁，进行功能置换，村庄原址发展精品民宿（见图 8）。

探究利用现有村庄空间进行肌理织补的策略，对村庄内部零散空间进行新功能植入，提升村庄环境和生活品质。例如，本次规划范围中的后石沟村因饮用水水源地保护区限制，新增空间受限，可利用村庄内部空地建设健身广场、绿地公园等公共活动空间。又如大下庄、西北庄两村，利用村庄内部空地植入老年服务中心、便民超市等生活服务功能。再如上沟、墩上和黄泥巷，利用山里河两侧空闲地，植入餐饮、滨水商业、民俗文化体验、活动广场等功能，打造山里河两侧连续的公共活动界面。新建功能性建筑在空间风貌上整体形成新旧共生、协调统一的风貌总体格局。

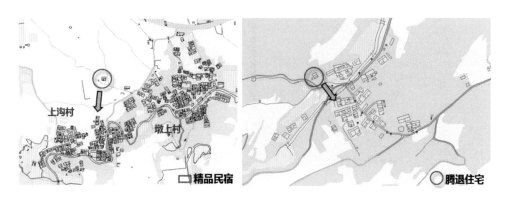

a.闲置宅基地再利用   b.外围宅基地腾退

图 8 闲置宅基地功能置换

4.3.3 严控增量用地

注重严控土地增量的原则。对于新增建设用地的选址问题，要求选址避让生态控制区，同时禁止占用耕地、永久基本农田等农用地，尽量靠近村庄原址，集约利用土地，同时片区内建设用地总量保持不增加。结合杨家山里片区产业振兴发展需求，重点完善乡村旅游配套设施，新增建设用地布局主要集中在上沟、墩上、黄泥巷三村，围绕田园综合体的建设，打造一体化的乡村旅游承载地。同时，预留一定规模的留白用地，为村庄未来发展预留弹性空间（见图 9）。

通过对杨家山里村庄群建设用地的梳理与整理，推动杨家山里村庄群建设用地高效使用，借助细化、实化、在地化规则，促进村庄建设用地管理工作科学、合理、可持续发展，维护村庄整体和谐风貌。

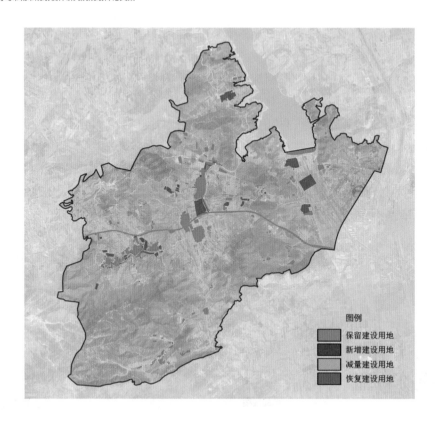

图9　建设用地调整

5　结语

乡村地区空间广阔，问题复杂多样。本文对青岛西海岸新区杨家山里村庄群规划的编制问题展开研究。在国土空间规划改革的背景下，实用性村庄规划需重视区域统筹，全盘谋划，重点梳理生态空间、耕地保护、农业发展和村庄建设用地，全域全要素管控，从而优化城乡土地资源配置，提高土地利用率。

参考文献

［1］郭亮、程梦、潘洁：《基于实用性原则的鄂东乡村交通发展策略研究——以湖北省黄梅县为例》，《城市交通》2018年第2期。

［2］菅泓博、段德罡、张兵：《如何做好实用性村庄规划——基于非正规流转现象的观察与启示》，《城市规划》2019年第11期。

［3］季正嵘、李京生：《论多规合一村庄规划的实用性与有效性》，《同济大学学报》（自然科学

版)2021 年第 3 期。

［4］李保华：《实用性村庄规划编制的困境与对策刍议》,《规划师》2020 年第 8 期。

［5］李宏轩、王湘潇、王晓颖等：《实用性村庄规划背景下沈阳村庄基础数据库构建研究》,《〈规划师〉论丛》2020 年第 1 期。

［6］王宝强、陈娴、谢来荣：《基于多规合一的实用性村庄规划内涵及实践——以湖北省蕲春县飞跃村为例》,《城市建筑》2020 年第 34 期。

［7］徐宁、梅耀林：《苏南水乡实用性村庄规划方法——以 2014 年住房和城乡建设部试点苏州市天池村为例》,《规划师》2016 年第 1 期。

［8］袁源、赵小风、赵雲泰等：《国土空间规划体系下村庄规划编制的分级谋划与纵向传导研究》,《城市规划学刊》2020 年第 6 期。

［9］张京祥、张尚武、段德罡等：《多规合一的实用性村庄规划》,《城市规划》2020 年第 3 期。

［10］张运、翁进：《汨罗市大里塘村多规合一与实用性强的村庄规划编制初探》,《国土资源导刊》2020 年第 4 期。

［11］赵佩佩、胡庆钢、吕冬敏等：《东部先发地区乡村振兴的规划研究探索——以杭州市为例》,《城市规划学刊》2019 年第 5 期。

［12］钟钰：《实施乡村振兴战略的科学内涵与实现路径》,《新疆师范大学学报》(哲学社会科学版)2018 年第 5 期。

［13］《沁阳市 13 个实用性村庄规划"交卷"》,《小城镇建设》2020 年第 5 期。

［14］《宁夏出台"多规合一"实用性村庄规划编制技术标准》,《小城镇建设》2020 年第 4 期。

乡村振兴战略下青岛乡村规划路径探析

杨靖　　徐文君 *

摘　要： 十九大报告提出的"乡村振兴"战略是根据国家发展阶段作出的重大战略部署，在新的战略指导下，乡村规划需要转变工作思路来适应时代发展的需求。本文以党的十九大报告及国务院实施乡村振兴战略的意见为依据，明确总体及战略实施各项工作内容要求，并以乡村规划工作助力乡村振兴战略实施为抓手，从全要素任务中梳理汇总应承担的乡村规划相关工作内容。以乡村振兴战略要求为目标，准确研判青岛市农村发展及规划编制存在的现状问题，以问题为导向对拟定开展的具体工作内容进行优化补充，形成"基础性工作—规划编制类工作—信息化工作"三项工作板块，构建完整的乡村规划工作框架，探索新战略下乡村规划的工作路径，以期为青岛市未来乡村编制工作提供思路。

关键词： 乡村振兴战略；规划工作；乡村规划体系

1　前言

党的十九大报告明确提出"实施乡村振兴战略"，进一步指明了新时代乡村发展方向，确立了全新的城乡关系。习近平总书记指出："城市规划在城市发展中起着重要引领作用。"中央政治局会议强调："抓紧编制乡村振兴地方规划和专项规划或方案，做到乡村振兴事事有规可循、层层有人负责。"乡村振兴，规划先行。在新的战略背景下，乡村需要新的规划工作思路以适应新时代发展的要求。本文通过对国家乡村振兴战略的解读，梳理其对乡村规划工作的要求，结合青岛市乡村建设、规划编制现状，

＊杨靖，高级工程师，现任职于青岛市城市规划设计研究院规划三所；徐文君，高级工程师，现任职于青岛市城市规划设计研究院规划一所。

寻求新的战略下乡村规划工作路径，以期为青岛市未来乡村编制工作提供思路。

2　乡村振兴战略背景下规划工作思路构建

本文以党的十九大报告和《国务院关于实施乡村振兴战略的意见》为解读对象，从"目标分解—问题导向—重点落实"三个方面层层深入，探析青岛市乡村规划工作路径。

全面领会中央要求——以党的十九大报告及国务院实施乡村振兴战略的意见为依据，明确总体要求及战略实施各项工作内容要求，梳理青岛市应落实开展的各项工作任务。

问题导向认清现状——以乡村振兴战略要求为目标，准确研判青岛市农村发展及规划编制存在的现状问题，以问题为导向对拟定开展的具体工作内容进行优化补充，使工作找准症结，做到对症下药。

立足职责重点落实——以城乡规划工作助力乡村振兴战略实施，从全要素任务中梳理汇总应承担的城乡规划相关工作内容，拟定重点。

3　全面领会中央要求：国家政策解析

党的十九大报告提出"乡村振兴"战略，按照"产业兴旺、生态宜居、乡风文明、治理有效、生活宽裕"的总要求，建立健全城乡融合发展体制机制，加快推进农业、农村同步现代化。《国务院关于实施乡村振兴战略的意见》（以下简称《意见》）对乡村振兴战略的实施提出十大工作方向。

本文通过对《意见》要求层层分析，总结出青岛市实施乡村振兴的工作约70余项。从城乡规划方面助力实施乡村振兴，城乡规划有关部门可参与的任务涉及四个方面，包括产业兴旺、生态宜居、乡风文明和生活宽裕，共计17个规划工作任务。应对这些任务，可重点开展产业规划、空间规划、基础设施建设规划、公共服务设施规划、生态环境保护规划、村庄整治规划等六个方面的规划工作，弥补现状乡村规划的不足，将规划工作作为实现乡村振兴战略的抓手（见表2）。

表1 乡村振兴战略下的工作任务梳理表

目标	实现路径	建议开展工作	目标	实现路径	建议开展工作
产业兴旺	夯实农业生产能力基础	耕地红线划定	乡风文明	加强农村思想道德建设	大力发展农村教育，提高农民文化素养
		划定和建设粮食生产功能区、重要农产品生产保护区			实施公民道德建设工程，加强农村思想文化阵地建设
		推进农村土地整治和高标准农田建设		传承发展提升农村优秀传统文化	优秀农耕文化遗产保护及利用规划
		加强农田水利建设，实施国家农业节水行动			优秀农耕文化遗产保护及利用实施
		加快建设农业科技创新体系，发展高端农机装备制造			划定乡村建设的历史文化保护线
		大力发展数字农业			保护文物古迹、传统村落、传统建筑、农业遗产、灌溉工程遗产
	实施质量兴农战略	制定和实施国家质量兴农战略规划		加强农村公共文化建设	乡村公共文化服务体系规划
		农产品优势区布局规划，现代农业产业园、农业科技园规划			活跃繁荣农村文化市场，开展农村文化建设
		实施产业兴村强县行动		开展移风易俗行动	开展文明村镇、星级文明户、文明家庭等群众性精神文明创建活动
		实施森林生态标志产品建设工程、大力发展绿色生态健康养殖、建设现代化海洋牧场等措施			遏制陈规陋习
		实施食品安全战略，健全农产品质量和食品安全监管体制			加强农村科普工作
	构建农村一、二、三产业业融合发展体系	开发农业多功能化，提升农民收益	治理有效	加强农村基层党组织建设	加强农村基层党组织建设
		加快推进农村流通现代化，打造农村电商综合示范			健全农村基层党组织领导选拔等制度及政策
		休闲观光园区、康养基地、乡村民宿、特色小镇规划			加大农村基层党组织人员发展、问题整治力度
	构建农业对外开放新格局	实施特色优势农产品出口提升行动		深化村民自治实践	加强群众自治组织建设
		培育具有国际竞争力的大粮商和农业企业集团			整合优化公共服务和行政审批职责
		加大农产品反走私综合治理力度		建设法治乡村	推进综合行政执法改革向基层延伸
	促进小农户现代农业发展有机衔接	发展多样化的联合与合作，提升小农户组织化程度			健全乡村司法机制和公共法律服务体系
		改善小农户生产设施条件，提升小农户抗风险能力			加大农村普法力度
		研究制定扶持小农生产的政策意见		提升乡村德治水平	强化道德教化作用，建立道德激励约束机制

目标	实现路径	建议开展工作	目标	实现路径	建议开展工作
生态宜居	统筹山水林田湖草系统治理	实施生态系统保护和修复工程，并健全制度	治理有效	提升乡村德治水平	开展道德模范评选表彰活动
		强化湿地保护、天然林保护等措施			深入宣传弘扬模范事迹，传播正能量
		实施生物多样性保护工程		建设平安乡村	推进农村社会治安防控体系建设
	加强农村突出环境问题综合治理	加强农业污染防治，开展农业绿色发展行动			完善乡村三级综治机制，健全农村公共体系
		加强农村水环境、土壤等治理保护			推进农村"雪亮工程"建设
		实施流域环境和近岸海域综合治理	生活富裕	优先发展农村教育事业	编制乡村教育设施规划，统筹教育资源，推动城乡义务教育一体化发展
		严禁工业和城镇污染向农业农村转移			统筹配置城乡师资，向乡村倾斜，建好建强乡村教师队伍
	建立市场化多元化生态补偿机制	落实农业功能区制度			统筹加强乡村小规模学校和乡镇寄宿制学校建设；普及农村高中阶段教育，加强职业教育
		健全及建立横向生态宝华补偿、市场化补偿、禁捕补偿等制度		促进农村劳动力转移就业和农民增收	文化、科技、旅游、生态等特色乡村产业规划
		推进生态建设和以工代赈做法			开展职业技能培训、深化户籍制度改革
	增加农业生态产品和服务供给	通过产业手段促进生态和经济良性循环			实施乡村就业创业促进行动、实现乡村经济多元化
		创建特色乡村生态旅游产品及产业链		推动农村基础设施提档升级	编制乡村基础设施统筹规划及专项规划，推动城乡基础设施互联互通
	持续改善农村人居环境	加强农村垃圾、污水等治理措施，提升村容村貌			提出深化农村公共基础设施管护体制改革指导意见
		建立农村安全住房保障机制			进一步完善提升村庄道路、供水、供气、环保、电网、物流、信息、广播电视等基础设施建设
		保护保留乡村风貌，实施乡村绿化行动，开展田园建筑示范		加强农村社会保障体系建设	完善统一的城乡居民基本医疗保险制度、大病保险制度、基本养老保险制度，完善最低生活保障制度，构建多层次农村养老保障体系
生活富裕	推进健康乡村建设	编制乡村基层医疗卫生服务体系规划			健全农村留守儿童妇女、老年人以及困境儿童关爱服务体系
		强化农村公共卫生服务、完善基本卫生服务项目补助政策		持续改善农村人居环境	编制人居环境整治规划、乡村风貌保护规划、美丽乡村建设规划
					实施农村人居环境整治三年行动计划，继续推进厕所革命、农村环境综合整治等，持续推进宜居宜业的美丽乡村建设

表2 乡村振兴战略下的规划任务梳理表

乡村振兴战略下的规划任务梳理	对应规划工作
农产品优势区布局规划，现代农业产业园、农业科技园规划	产业规划
文化、科技、旅游、生态等特色乡村产业规划	
创建特色乡村生态旅游产品及产业链	
休闲观光园区、康养基地、乡村民宿、特色小镇规划	
耕地红线划定	空间规划
编制乡村基础设施统筹规划及专项规划，推动城乡基础设施互联互通	基础设施建设规划
乡村基层医疗卫生服务体系规划	公共服务设施规划
乡村公共文化服务体系规划	
编制乡村教育设施规划，统筹教育资源，推动城乡义务教育一体化发展	
强化湿地保护、天然林保护等措施	生态环境保护规划
实施生态系统保护和修复工程并健全制度	
实施流域环境和近岸海域综合治理	
人居环境整治规划、乡村风貌保护规划、美丽乡村建设规划	村庄整治规划
保护保留乡村风貌，实施乡村绿化行动，开展田园建筑示范	
优秀农耕文化遗产保护及利用规划	
划定乡村建设的历史文化保护线	
保护文物古迹、传统村落、传统建筑、农业遗迹、灌溉工程遗产	

4 问题导向认清现状：青岛市镇村现状评价

青岛市四区三市范围内共有43个小城镇，近6000个村庄。其中青岛市中心、各县市、镇总体规划确定的规划建设用地范围内的村庄2022个，其他村庄3725个。全市乡村人口约500万，占常住人口的54%。

4.1 实施"乡村振兴"战略的主要优势

生态本底优势——自然特色明显，生态环境保护完善。山、水、农、林等自然条件与特色突出，具有良好的生态本底，生态保护与发展协调融合，生态环境与生态空间较好。

文化资源优势——历史文化底蕴突出，特色文化塑造潜力明显。具有丰富的文化特色，齐鲁文化、琅琊文化等地域特色较为明显，物质文化与非物质文化丰富，特色塑造基础优越。

特色品牌优势——产业竞争优势凸显，知名产业品牌众多。部分小城镇主导产业特色突出、定位准确；部分村庄实现一、二、三产业融合发展，初步构建了现代农业体系。特色品牌众多，"崂山茶""胶州白菜"等特色品牌为实现产业兴旺提供了支撑。

设施承载优势——公共设施与基础设施有较为良好的基础，升级改造潜力突出。镇村公共设施与基础设施整体配套较为完善，教育、医疗、文化等设施基本实现均等化配置，部分镇村污水处理体系、供热管网、燃气管网等已经实现统筹配置。

规划与政策支撑优势——体系化的规划支撑较为充分，可利用的政策红利前景可期。已编制完成的城市及镇村多层次规划体系为镇村发展提供了法制化、规范化的支撑，有效地指导了镇村的科学规划与建设，实现了镇村的健康、良性发展。

4.2 现状乡村规划编制体系

现状青岛市乡村编制体系涵盖了区市、镇域及村庄三个层面（见图1）。区市层面侧重于村庄体系结构、产业发展方向、村庄布局规划等区域统筹规划内容，其中村镇专项规划包括教育、风貌、消防、防震减灾、采暖方面。镇域层面规划发挥承上启下的作用，深化上位规划内容，对下位镇控规编制提出具体要求。村庄层面主要为单个村庄建设规划的情况居多。

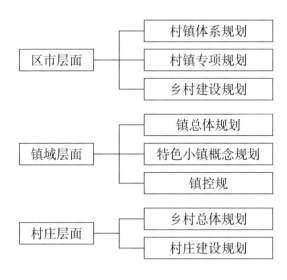

图1　青岛现状乡村编制体系图

4.3 目前存在的乡村规划编制短板

4.3.1 乡村编制体系不完善，缺失总体空间管控和中观层面的衔接引导

构建完整的乡村规划体系对指导乡村规划编制、实施具有非常重要的作用。在国

家空间规划的大趋势下，"三生空间"管控有待加强，全域"三区三线"的落实仍显不足，生产生活生态空间的统筹衔接不足。乡村区域生态资源保护利用不系统、产业空间未形成集聚合力、生活空间环境有待改善。

现状镇域层面缺少村庄体系及专项规划等内容，使村庄层面在落实区市层面规划要求方面出现了断层，缺失中间层面的具化要求，不利于村庄规划的有序编制。

4.3.2　规划编制缺乏系统性，专项规划涵盖内容不全面

现状乡村规划呈现出一种自下而上的原生状态，大多是针对村庄目前面临的问题进行规划，缺乏科学有序的编制体系。针对普遍存在的千镇一面、千村一面的现象以及学生上学方面的问题等开展了乡村风貌、乡村教育方面的专项规划，而民生公共服务、基础设施等方面的规划未得到完全普及，应合理开展乡村文化、体育、医疗、社会福利、交通等全方面的乡村专项规划，进一步优化提升村民生活环境。

4.3.3　传统村庄发展模式导致地区资源利用率低，村庄发展竞争力弱

传统村庄规划大多以单个村庄为单位进行规划编制，单个村庄难以高效整合地区资源，无论是资源还是品牌都很难形成强有力的市场竞争力，导致形成"一村一品"的发展模式，且村庄特色不突出。为改变这种现象，从资源关联、地域关联、文化同脉、行政管理、经济联系等要素考虑划定村庄群，从而实现乡村资源的整合利用并发挥最大化效益。

4.3.4　整体处于"家底"不清、现状不明的状态

青岛市村庄"规模小、数量多、密度大"，对于现状各村庄的用地、人口、产业等具体情况，尚未进行过系统全面的普查研究，缺少完整可靠的基础资料、空间数据库与科学先进的信息管理平台，难以对青岛市村庄规划提供准确有力的现状支撑。

5　立足职责重点落实：青岛市乡村振兴规划工作思路

针对乡村振兴战略下的规划任务要求，形成"基础性工作—规划编制类工作—信息化工作"三项工作板块，构建完整乡村规划工作框架（见图 2）。

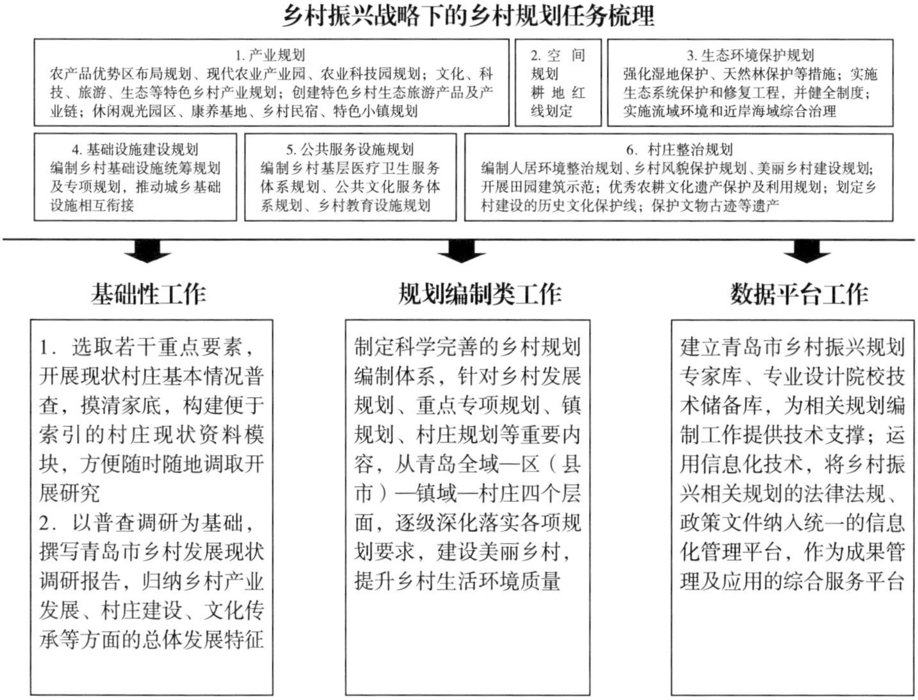

乡村振兴战略下的乡村规划任务梳理

1.产业规划 农产品优势区布局规划、现代农业产业园、农业科技园规划；文化、科技、旅游、生态等特色乡村产业规划；创建特色乡村生态旅游产品及产业链；休闲观光园区、康养基地、乡村民宿、特色小镇规划	2.空间规划 耕地红线划定	3.生态环境保护规划 强化湿地保护、天然林保护等措施；实施生态系统保护和修复工程，并健全制度；实施流域环境和近岸海域综合治理
4.基础设施建设规划 编制乡村基础设施统筹规划及专项规划，推动城乡基础设施相互衔接	5.公共服务设施规划 编制乡村基层医疗卫生服务体系规划、公共文化服务体系规划、乡村教育设施规划	6.村庄整治规划 编制人居环境整治规划、乡村风貌保护规划、美丽乡村建设规划；开展田园建筑示范；优秀农耕文化遗产保护与利用规划；划定乡村建设的历史文化保护线；保护文物古迹等遗产

基础性工作	规划编制类工作	数据平台工作
1．选取若干重点要素，开展现状村庄基本情况普查，摸清家底，构建便于索引的村庄现状资料模块，方便随时随地调取开展研究 2．以普查调研为基础，撰写青岛市乡村发展现状调研报告，归纳乡村产业发展、村庄建设、文化传承等方面的总体发展特征	制定科学完善的乡村规划编制体系，针对乡村发展规划、重点专项规划、镇规划、村庄规划等重要内容，从青岛全域—区（县市）—镇域—村庄四个层面，逐级深化落实各项规划要求，建设美丽乡村，提升乡村生活环境质量	建立青岛市乡村振兴规划专家库、专业设计院校技术储备库，为相关规划编制工作提供技术支撑；运用信息化技术，将乡村振兴相关规划的法律法规、政策文件纳入统一的信息化管理平台，作为成果管理及应用的综合服务平台

图 2 青岛市乡村规划工作框架图

5.1 基础类工作建议

对青岛市现状村庄进行全面普查，摸清乡村家底。选取若干重点要素，包括村庄基本情况（区位、自然资源、历史文化、特色经济、规模等）和村庄建设情况（道路设施、基础设施、整体格局、住房与住宅基地）等，构建便于索引的村庄现状资料模块。

以普查调研为基础，撰写青岛市乡村发展调研报告，总结乡村产业发展、村庄建设、文化传承等方面的总体发展特征。

5.2 规划编制类工作建议

构建网络式乡村规划编制体系，"纵向"确保乡村各类规划紧密融合，形成乡村空间、基础设施建设、生态及景观环境、新型乡村产业集群以及美丽乡村五个方面内容，"横向"搭建"青岛全域—区（县、市）—镇域—村庄"层层落实的完整规划梯段，全面建设美丽乡村，提升乡村生活质量（见表3）。

表3　青岛市乡村规划编制体系

规划类型	全域层面	区（县市）层面	镇域层面	村庄层面	
空间规划	国土空间规划	落实			
	乡村发展规划	统筹	深化	落实	落实
基础建设规划	公共服务、基础设施、生态环境等重点专项规划	统筹	深化	深化	落实
空间规划	乡村建设规划	—	统筹	落实	落实
生态及景观环境保护与规划	大地景观规划	—	—	编制	落实
新型乡村产业集群规划	特色小镇概念规划	—	—	编制	落实
	村庄群总体规划			编制	落实
美丽乡村规划	村庄建设规划	—	—	—	编制
	特色村规划	—	—	—	编制
	村庄整治规划	—	—	—	编制

5.2.1 全域层面：全域统筹，产业兴旺，资源保护，乡情传承

一是乡村发展规划。落实国土空间规划要求，控制引导乡村在适宜的范围内科学发展，促进生态资源与经济社会协调、可控、可持续发展；从青岛全市统筹考虑，优化城乡空间分布和联系网络，形成重点突出、镇村一体的发展振兴新格局。

二是重点专项规划。为提升村民生活质量、美化乡村生态环境，在全域层面进行重点研究，统筹布局，促进城乡融合。

5.2.2 区（县、市）层面：保护与发展并重，产业统筹，内外环境兼修

在乡村建设规划方面，落实细化全域层面各项规划要求，从区（县、市）层面，针对范围内村庄发展特色产业。从区（县、市）层面统筹布局各项设施，利用乡村空

间资源，规范村庄规划编制，引导生态宜居美丽乡村建设。

5.2.3 镇域层面：保护与发展并重，产业统筹，内外环境兼修

一是大地景观规划。以城镇为主体，开展以恢复、优化绿水青山为目标的生态环境保护，注重山水资源及农业田园的景观塑造，推进乡村绿色发展及风貌优化，提升生态空间品质，打造人与自然和谐共生发展新格局。

二是特色小镇规划。以产业、文化、旅游、智慧等优势资源为主体，呈现产业的特色化、环境的生态化、功能的集成化、机制的灵活化，实现区域人口和产业的集聚，为新型城镇化的建设提供了新的发展空间。

三是村庄群规划。以实现乡村群整体发展为目标，围绕有发展条件、相互关联密切的乡村和产业，凸显本土特色，发挥联动效应，形成发展合力，实现集群振兴。以规划编制引领乡村发展形成集群合力，促进乡村地区资源的高效利用。

5.2.4 村庄层面：开展村庄建设规划及人居环境综合整治规划

一是村庄建设规划。针对乡村群落中村庄规模较大、人口相对集中、设施相对完善的村庄发挥规划引领作用，推动具有地域特色、文化特色的乡村实现重点突破，形成宜居、宜业、宜游的美丽乡村。

二是特色村庄规划。挖掘村庄独特的自然景观、人文环境、民俗风情、经济产业等具有鲜明特质和保护传承价值的资源，保护并利用村庄特色资源，制定突出当地特色、可操作性强的村庄规划，摆脱"千村一面"的现象。

三是村庄整治规划。主要针对发展条件一般、无明显特色、劳动力逐渐流失的村庄，使村容村貌更加整洁、生态环境更加优良、乡村特色更加鲜明。保障农民群众基本生活需求，有效改善村庄环境。

表4　各类规划编制内容一览表

层级	项目	编制内容建议
市域	乡村空间发展规划	统筹考虑乡村人口分布、生产力布局、国土空间利用和生态环境保护；研究制定各区域乡村产业发展的振兴模式，形成各具特色的乡村发展集群；统筹道路交通市政基础设施和公共服务设施，实现城乡公共服务等值化。根据青岛市乡村特点，结合乡村振兴战略要求，可进一步深入研究包括优势农业区域布局规划、休闲农业和乡村旅游精品工程布局规划、传统村落及农耕文化遗产保护规划等几个专题对乡村总体发展进行支撑完善
	重点专项规划	针对教育、文体、医疗和社会福利设施、交通市政设施、公共开放空间等基础设施与风貌环境等方面从全域层面进行重点研究，统筹布局，提出下位规划需落实的控制引导要求

续表

层级	项目	编制内容建议
区（县、市）	乡村建设规划	落实市级乡村空间规划要求、整个区（县、市）级及各乡镇总体规划，适应区域城镇化进程，梳理市域现状乡村特色资源，挖掘传统文化，建立区（县、市）多层次美丽乡村建设布局，指导美丽乡村示范带、示范点有序建设
镇域	大地景观规划	主要内容为针对生态空间进行保护，修复专项规划，制定具体可操作的实施措施；在保护与修复的基础上进行生态环境利用，制定景观化塑造策略，将山、水、林、田等生态要素进行特色性景观提升；确定重点生态景观塑造与提升工程，进行专项深入规划设计，打造示范试点项目
镇域	特色小镇规划	根据区位、生态、文化等资源要素进行综合分析，找出自身特色，精准定位；注重产业规划，做精做强，在空间上落地；注重营造美丽而有特色的空间环境；规划复合高质量的设施服务并辐射周边；注重传承和发展文化，使小镇富有内涵和魅力
镇域	村庄群规划	针对产业体系、功能空间、支撑体系、规划实施机制等重点方面制定乡村群等整体发展的战略指引，专项研究乡村群的功能提升与品牌塑造规划，具化建设用地与非建设用地引导控制要求，编制指导近期建设的详细规划
村庄	村庄建设规划	分析村庄现状条件及资源特色，制定合理的发展目标及定位。依托资源特色对产业功能、空间结构、土地利用、道路交通进行总体布局；提出重点建设措施，切实引领村庄产业、风貌及配套设施提升，实现美丽发展
村庄	特色村庄规划	分析村庄现状自然景观、人文环境、民俗风情、经济产业等资源，确定村庄特色资源类型，针对性地开展以特色资源为主题的村庄规划
村庄	村庄整治规划	开展村庄建筑立面、街巷环境、绿化小品、道路交通、污水垃圾粪便等系列规划整治内容

5.3 信息化工作建议

建立青岛市乡村振兴规划专家库，为乡村振兴规划建设提供智库支持。建立青岛市乡村振兴专业设计院校技术储备库，为相关的规划设计编制工作提供技术支撑。运用信息化技术，将已经开展的乡村振兴相关规划与未来将要编制的系列规划、乡村规划相关的法律法规、政策文件纳入统一的信息化管理平台，作为成果管理及应用的综合服务平台。

6 结语

乡村振兴是一项庞大的多部门联合的系统工程，除了本文研究的规划工作，还涉及金融、土地、人口、政策等多方面问题，须多专业开展协同研究，共同助力我国乡村振兴。

参考文献

［1］葛丹东：《中国村庄规划的体系与模式》，东南大学出版社 2009 年版。

〔2〕陆志江：《关于乡村振兴背景下乡村规划体系的思考》，《智能城市》2018 年第 1 期。

〔3〕汤海孺、柳上晓：《面向操作的乡村规划管理研究——以杭州市为例》，《城市规划》2013 年第 3 期。

〔4〕王立、刘明华、王义民：《城乡空间互动：整合演进中的新型农村社区规划体系设计》，《人文地理》2011 年第 4 期。

〔5〕周游、魏开、周剑云、戚冬瑾：《我国乡村规划编制体系研究综述》，《乡镇规划与建设》2014 年第 2 期。

〔6〕张川：《从全域到村庄：南京市江宁区美丽乡村规划建设路径探索》，《小城镇建设》2018 年第 10 期。

以乡村振兴为导向的村庄类型划定方法探析
——以青岛蓝谷村庄为例

隋鑫毅　吴晓雷　苏诚 *

摘　要： 从规划层级来看，国土空间规划分为"五级三类四体系"，而村庄规划是详细规划的重要组成部分。要编制村庄规划，可通过村庄布局专项规划确定村庄类型，分类指导村庄规划。本文首先对国土空间规划体系中村庄布局规划的编制背景及意义进行了阐述；而后详细说明了乡村振兴背景下的村庄类型内涵和蓝谷村庄现状；最后以青岛蓝谷村庄为例，建立了一套村庄类型划定的逻辑框架。本文创新点：一是从村庄实际出发，设定影响村庄类型划定的四大主要因素，即人口、经济、用地及交通。二是对村庄进行赋值加权计算后，通过土地机会成本法和次要影响因素的分析对赋值结果进行修正，完善了村庄类型划定的量化机制，保证了村庄类型划定的科学性和适用性。

关键词： 乡村振兴；村庄布局规划；村庄规划；村庄类型；青岛蓝谷

党和国家历来重视农村工作，中央一号文件始终与农村问题息息相关。从 1982 年至 1986 年，中共中央连续 5 年发布以农业、农村和农民为主题的一号文件，对农村改革和农业发展作出具体部署和安排。2004~2021 年又连续 18 年发布以"三农"为主题的中央一号文件，体现了"三农"问题在中国社会主义现代化建设时期"重中之重"的地位。2017 年 10 月，党的十九大提出实施乡村振兴战略，振兴乡村在国家层面被提

＊隋鑫毅，高级工程师，现任职于青岛市城市规划设计研究院规划三所；吴晓雷，高级工程师，现任职于青岛市城市规划设计研究院，理事长助理；苏诚，高级工程师，现任职于青岛市城市规划设计研究院规划三所，所长。感谢青岛市城市规划设计研究院规划三所杨林童、王丽婉对本文提供的技术支持。

升至前所未有的高度。2019 年 5 月，中共中央、国务院印发的《建立国土空间规划体系并监督实施的若干意见》明确了国土空间规划的总体框架，指出在城镇开发边界外的乡村地区，以一个或几个行政村为单元，由乡镇政府组织编制"多规合一"的实用性村庄规划作为详细规划报上一级政府审批。为落实乡村振兴战略提供了空间支撑和政策指导。

1　国土空间规划体系下的村庄布局规划

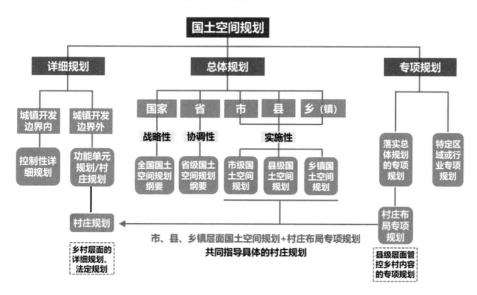

图 1　国土空间规划体系示意图

国土空间规划是在大部制改革下应运而生的新型规划，对于解决目前陆海统筹、城乡统筹、三线划定等各方面矛盾具有提纲挈领式的指导意义。在国土空间规划体系中（见图 1），村庄规划同控制性详细规划一样，需要落实上一层级国土空间规划的要求。村庄布局专项规划作为一个专项规划，是国土空间规划的补充和完善，是一定区域内村庄的总体部署和安排，类似城镇体系规划，也是指导下一层级村庄规划的重要依据。

在乡村振兴的大背景下，2019 年 6 月，中共青岛市委农业农村委员会发布《关于做好合村并居村庄规划工作的通知》，文中明确了工作任务与时间节点，提出村庄布局规划的编制要求。2019 年 8 月，青岛市自然资源和规划局发布的《青岛市合村并居规划编制导则（试行）》中指出，村庄布局规划是国土空间规划的重要工作内容，是农村居民点统筹发展、乡村重要交通市政等基础设施和公共服务设施布局的蓝图，是编制村庄规划的依据。

村庄布局专项规划是对市域或其下辖的行政区、特定功能区的村庄布局作出的总体安排和整体部署。村庄布局规划在全面分析村庄资源禀赋、经济状况、传统历史、人文底蕴及群众意愿的基础上，结合城镇化发展要求，确定区（市）乡村地区发展目标、空间发展策略，调整村庄规模，统筹推进合村并居；落实区（市）国土空间总体规划生态保护红线、永久基本农田保护红线等保护控制线，明确管控要求；明确村庄分类、新型社区布点，确定各新型社区建设用地规模；确定重要公共服务设施和市政基础设施布局，完善区域道路交通系统，明确配置要求。目前，蓝谷国土空间规划正在编制，而蓝谷村庄布局专项规划作为其中的一个专题也在同步编制中，同时它也是指导蓝谷村庄规划的上位规划。

2 乡村振兴背景下的村庄类型内涵

2.1 关于村庄类型内涵的说明

2018 年 9 月，中共中央、国务院印发了《乡村振兴战略规划（2018~2022 年）》，提出完善城乡布局结构、优化乡村发展布局，按集聚发展类村庄、城郊融合类村庄、特色保护类村庄、搬迁撤并类村庄分类推进乡村发展。为贯彻中共中央、国务院关于乡村振兴和村庄规划工作有关精神，山东省自然资源厅出台的《山东省市县村庄布局规划编制导则（试行）》（以下简称《导则》），将村庄类型分为 5 类：集聚提升类、城郊融合类、特色保护类、搬迁撤并类和其他类。

《导则》指出，"历史文化名村、传统村落、少数民族特色村、特色景观旅游名村等特色资源丰富的村庄，作为特色保护类村庄。近期看的清的因湖库滩区移民、压煤压矿、化工园区邻避、重大项目建设、产业园区建设、自然灾害频发、生存条件恶劣、生态环境脆弱等原因搬迁的村庄，作为搬迁撤并类村庄。城市及县城近郊区内，搬迁撤并类和特色保护类以外的村庄，作为城郊融合类村庄。以上分类之外的村庄，综合评价较好的村庄作为集聚提升类村庄，其他看不准的暂不分类。"为了进一步细化蓝谷村庄类型划分。本次研究将集聚提升类村庄分为集聚发展类和存续提升类。集聚发展类村庄是指区位条件相对较好、人口相对集中、公共服务及基础设施配套相对齐全的村庄。或是农业、工贸、休闲服务等产业突出，资源条件相对优越，已有一定发展基础的村庄；或是对周边一定区域的经济、社会发展起辐射作用、具有一定发展潜力的村庄。集聚发展类村庄未来可结合社区生活圈划定，作为中心村构建半径 2 公里左右、人口规模在 3000~8000 的社区生活圈。存续提升类村庄指有一定社会经济发展基础，人口规模变化不大，村庄建设规模增长需求不高，仍将长期存续的村庄。城郊融合类村庄在空间上接近城镇开发边界，但其公共设施与边界内城镇区共享。

《导则》还要求村庄分类要基于村庄评价结果，统筹考虑村庄显著特色和重大影响因素。对村庄分类实施动态调整，特色保护类村庄原则上不予以调整，确需调整时需要充分论证。总体来说，《导则》对村庄布局规划起到了引领作用，但并未指出对村庄如何进行评价，评价后如何进行分类等问题，而本文的研究重点将集中在村庄类型的划定方法上。

2.2 蓝谷村庄基本情况

青岛蓝谷位于崂山北麓、黄海之滨、鳌山湾畔，交通条件优越，距青岛胶东国际机场直线距离 40 公里，距青岛市区 25 公里，内有 13 号地铁线和滨海公路等多条对外通道。蓝谷自然资源丰富，空间多样，生态本底保持较好，有鹤山、豹山、天柱山、四舍山、凤凰山、红石山等群山，最高峰四舍山海拔高度 326.8 米。蓝谷拥有 42.2 公里海岸线和温泉河、南泊河、大任河、皋虞河多条通山达海的河流。

蓝谷下辖鳌山卫和温泉两个街道办事处，共 116 个行政村，陆域面积 218 平方公里，海域面积 225 平方公里。据 2018 年统计数据，蓝谷 50% 的村庄户籍人口规模高于青岛市村庄户籍人口规模平均值（816），村庄人口规模相对适中，老龄化较严重。2010~2018 年，户籍人口增加 4322 人，年均增长 0.47%，人口变化较稳定。

蓝谷村庄集体经济南北差异较大，总体来说，鳌山卫街道的村民人均年收入高于温泉街道。依据全国第三次土地调查结果，蓝谷 51 个村庄人均建设用地超过山东省标准（166 平方米 / 户），40 个村庄人均建设用地超过 200 平方米 / 户。总体来说，蓝谷东部地区比西部地区人均建设用地多，鳌山卫街道多于温泉街道。

3 村庄类型划定的逻辑框架

村庄类型划定的逻辑框架可概括为六个步骤（见图 2）：框定评估村庄、筛选主要影响因素、设定评估项分值及权重、村庄加权赋值评估、土地机会成本核算、次要影响因素修正。本文以蓝谷村庄类型划定为例，阐述村庄类型划定的逻辑框架。

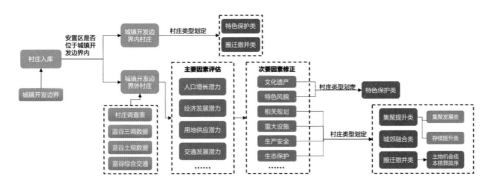

图 2　村庄类型划定的逻辑框架

3.1 框定评估村庄

为简化计算，需对已经确定类型的村庄进行排查。《青岛蓝谷城市总体规划（2013~2035 年）》（以下简称《总规》）曾对蓝谷村庄安置区进行统一规划，但针对的是城镇开发边界内的村庄。蓝谷国土空间规划中城镇开发边界又对《总规》确定的开发边界进行了修正。项目组以《总规》确定的村庄安置区是否在修正后的城镇开发边界内为标准，将 116 个村庄分为边界内村庄和边界外村庄。经分析，边界内村庄共 76 个，除向阳村为特色保护类村庄外，其余 75 个村庄均为搬迁撤并类村庄。边界外村庄共 40 个，除大管岛村、小管岛村为特色保护类村庄外，其他 38 个村庄则需要通过评估进行类型划定（见图 3）。

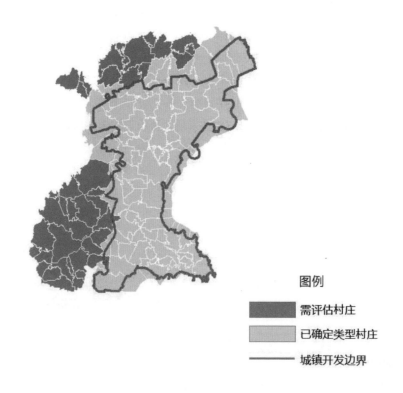

图例

▪ 需评估村庄
▫ 已确定类型村庄
— 城镇开发边界

图 3　本次重点评估村庄示意图

3.2 筛选主要影响因素

影响蓝谷村庄类型划定的因素有很多，通过相关资料查阅、实地调研、头脑风暴法、德尔菲法，最终确定四大主要影响因素：人口增长潜力、经济发展潜力、用地支撑潜力和交通发展潜力。

若村庄现状人口较多，近年来的流入人口基数庞大，则代表村庄未来发展潜力较大，那村庄类型划定为集聚发展类和存续提升类较为合适；反之，现状人口较少、人口萎缩的村庄，则应被划定为搬迁撤并类，这些村庄应该搬迁到城镇或者集聚提升类村庄。

若村庄经济状况较好，村集体收入和村民人均收入较高，这样的村庄很可能存在相关产业支撑，已经实现了"产村融合"平衡态。所以应优先以集聚发展和存续提升为主；反之，经济状况较差的村庄则可能存在人口流失、资源枯竭、环境恶化的发展境况，应搬迁至经济状况较好的城镇或村庄集聚发展。

若村庄的现状建设用地较多，会对人口和产业产生较强的支撑作用，将有利于村庄的人口回流和项目建设。同时，建设用地较多也意味着村庄工程地质条件较好，具有改扩建的先天条件。

"要致富，先修路"的口号已经喊了多年，但仍不过时。交通条件也是掣制村庄发展的重要因素。村驻地周边如果有重要对外联系通道，则会与周边城镇、村庄形成物流网，村庄的农副产品、加工品能够及时流转，甚至成为区域产业链重要一环。

在评估之前，需要对相关资料进行入库。村庄人口状况主要涉及现状人口规模和人口流动性两大评估项，村庄经济状况主要涉及村集体年收入和村民人均年收入两大评估项，这些数据主要通过调研表反馈获得。获得的数据若有缺失，可通过统计年鉴等相关文献资料进行补充完善。建设用地主要涉及现状建设用地潜力及近期供地潜力两大评估项，这些数据主要在第三次全国土地调查和《青岛蓝谷土地利用总体规划（2006~2020年）》的基础上分析获得。交通发展主要涉及村庄内规划道路网长度和距轨道交通站点距离两大评估项，这些数据主要在《青岛蓝谷综合交通体系规划（2015~2035年）》的基础上分析获得。

3.3 设定评估项分值及权重

相关资料入库后，结合村庄实际情况，根据八大评估项的评估量（规模或距离）设定相应分值和权重值（见图4）。本次评估采用5分值形式，每个评估项最高分为5分，最低分为1分。考虑到用地的基本支撑作用，给予用地评估项较高的权重值，其次是人口及经济，考虑到交通因素是线性要素，本次赋予其的权重值最低。

评估量中的人口数据和经济数据均为村庄2018年统计数据。现状建设用地潜力数据为第三次全国土地调查中每个村域范围内的城乡建设用地与村域面积的比值。近期供地潜力数据为《青岛蓝谷土地利用总体规划（2006~2020年）》中每个村域范围内的城乡建设用地与村域面积的比值。规划道路网数据为村域内规划的各级道路，包括各级公路及城镇道路的总长度。

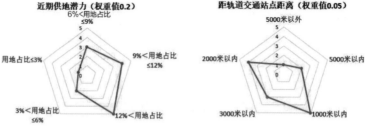

图4　主要因素评估项分值及权重示意图

3.4　村庄赋值加权评估

利用 GIS 软件将相关数据与需评估村庄建立空间联结（见图 5），然后通过评估项分值对村庄进行打分，最后通过加权计算得出村庄得分（见图6）。通过加权计算可得，评分最高的为鳌角石村，评分最低的为东王圈村。依据每个村庄得分，对村庄类型进行初次划定，考虑到相关政策要求及蓝谷村庄的实际情况，各类村庄在数量上应呈"纺锤式"分布，即集聚发展类和拆迁撤并类较少，存续提升类和城郊融合类较多。故本次划分的原则为：将得分在3分及3分以上的村庄划定为集聚发展类；得分在1.7分到3分之间的，划定为存续提升类；得分在1.7分以下的，划定为搬迁撤并类。经划定，38个村庄里有6个村庄被划定为搬迁撤并类村庄，20个村庄被划定为存续提升类村庄，12个村庄被划定为集聚发展类村庄。至此，完成了村庄的主要影响因素评估工作。

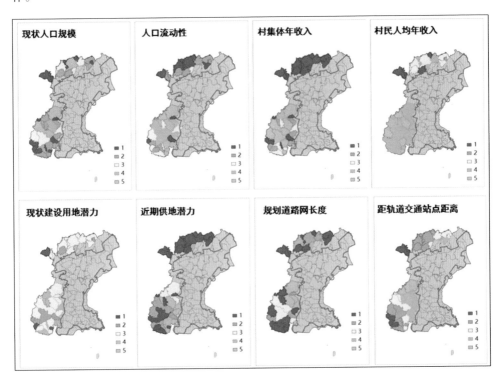

图5　需评估村庄赋值情况示意图

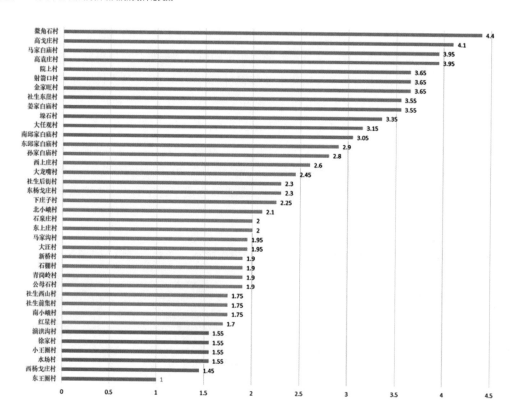

图6　村庄赋值加权计算得分表图

3.5　土地机会成本核算

通过量化机制，我们确定了演洪沟村、徐家村、小王圈村、水场村、西杨戈庄村、东王圈村六个村庄为搬迁撤并村庄。对于哪个村庄未来更宜搬迁，可采用土地机会成本核算来确定。即假设这六个村庄不进行搬迁撤并而保留原状，核算每年产生的净收益大小。收益大的土地机会成本较高，不宜搬迁撤并。

土地机会成本计算公式：

$$OC=NBO×(1+g)r+1×[1-(1+g)n×（1+i）-n]/(i-g)$$

公式中 OC 表示土地机会成本，n 表示土地复垦后进行农业生产年限，NBO 表示基年土地的最佳可替代用途的净收益，r 表示计算基年距离土地复垦年的年数，g 表示最佳可替代用途的年平均收益率，i 表示社会折现率。

根据行业经验值，假设 r 取 2 年，n 取 10 年，i 取 8%。其主要区别在于 NBO 和 g 的取值。依据 2014 年到 2016 年的即墨区统计年鉴，水场村、演洪沟村、西杨戈庄村、小王圈村、东王圈村、徐家村 2013 年村民人均纯收入分别为 14524 元、15378 元、

15396 元、11341 元、11667 元、11357 元，这六村 2014~2016 年的人均纯收入平均增长率分别为 10.9%、13.1%、12.2%、31.0%、28.9%、30.9%。以 2013 年村民人均纯收入作为 NB0 取值，以 2014~2016 年人均纯收入平均增长率作为 g 取值。

通过计算可得，水场村、演洪沟村、西杨戈庄村、小王圈村、东王圈村、徐家村在未来 12 年的人均土地机会成本分别为 207252 元、255768 元、240507 元、653360 元、581678 元、649801 元。由此可见，小王圈村土地机会成本最高，水场村土地机会成本最低，在搬迁撤并的时序安排上，土地机会成本较高的村庄应排序靠后。贺雪峰等人认为，目前闲置的宅基地不是浪费，是农民进城的保险，是农民的基本保障和合理的资源冗余，对于应对中国经济周期、保障中国现代化进程都极为重要。所以，对于搬迁撤并类村庄，在实施过程中一定要慎重，在充分分析和征询民意的基础上作出决断。

3.6 次要影响因素修正

除主要影响因素外，一些次要影响因素也会对村庄类型划定产生影响。相对具有"普遍性"影响的主因外，次因多是对单个村庄类型起作用。本文认定的次要影响因素主要包括文化遗产、特色风貌、相关规划、重大设施、生产安全和生态保护六大因素。

文化遗产和特色风貌对于特色保护类村庄的划定具有重要意义，村庄内保存较好的古建筑、古遗址和古墓葬以及传统风貌和特色空间布局是中华民族的宝贵财富，对于传承优秀文化传统、弘扬民族精神具有重要意义。相对于主要影响因素而言，该因素往往具有"一锤定音"的作用。即使有些村看起来破旧不堪、人烟稀少，但若被认定为传统村落，或者在村庄建设格局、民俗文化、经济产业、自然环境、新型农村社区建设等方面有鲜明的历史和地域特色，那么这类村庄也应被划为特色保护类村庄。而且这种划定可以前置于主要影响因素评估之前，不受评估分的影响。蓝谷村庄中目前被划定为特色保护类的村庄有三个，分别是向阳村、大管岛村和小管岛村。

相关规划也会对村庄类型划定有重要影响。已经编制过村庄规划且获批的村庄，在综合分析编制成果合理性的基础上，可根据成果要求直接划定村庄类型。例如，鳌角石村由于编制过村庄规划且已获批，项目组根据其编制成果，划定该村庄为集聚发展类。

重大设施如"铁公机"等设施具有明显的政策导向，若与现有村庄冲突，村庄应进行搬迁。比如依据《青岛蓝谷综合交通体系规划（2015~2035 年）》，规划的蓝王路沿途穿越了多处村庄驻地，项目组在综合评估的基础上，认为社生西山村和社生东崖村受蓝王路影响较大（见图 7），应该划为搬迁撤并类村庄。即使社生东崖村在主要影响因素评估中评分较高，属于集聚发展类，但经过修正后还是划定为搬迁撤并类。

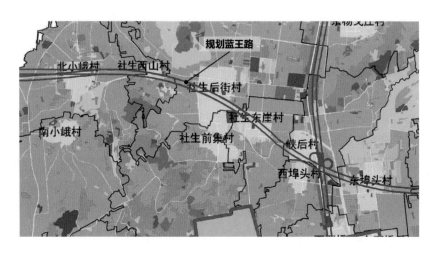

图 7　规划蓝王路与现状村庄驻地冲突示意图

　　随着产业转型升级、人民生活水平的提高，粮食安全和环境保护也在不断被提及。生产安全和生态保护涉及的要素包括永久基本农田、生态保护红线、水源地保护等，如果现状村驻地落入以上区域，则需要进行减量控制，并逐步退出。

4　结语

　　村庄布局规划的编制应尊重农村基层组织和农民意愿，尊重农民生产、生活习惯以及乡风民俗，广纳民意、集中民智、凝聚民心、维护农民合法权益。所以，经量化分析后的村庄类型并不是最终成果，还需进一步征询鳌山卫街道和温泉街道的办事处及下辖各村村委、村民意见。同时，蓝谷的国土空间规划和综合交通体系规划目前也在编制，村庄布局专项规划需要与其动态对接，才能形成最终方案。

　　如何用定量研究方法认清村庄发展潜力，合理划定村庄类型，为乡村制定一条合理的发展之路，是目前乡村振兴需要解决的重要问题。该划定方法具有一定的创新性，但在指标选择和权重方面还有待深入研究，村庄类型划定只是乡村振兴的前期工作，更重要的是制定切实可行的规划方案和落地政策，通过盘活村庄土地、人口、技术和资本等要素，才能最终实现乡村振兴。

参考文献

　　[1] 贺雪峰：《大国之基：中国乡村振兴诸问题》，东方出版社 2019 年版。

　　[2] 杨秀、余龄敏、赵秀峰、王兰：《乡村振兴背景下的乡村发展潜力评估、分类和规划引导》，《规划师》2019 年第 19 期。

［3］赵立元、王兴平、徐嘉勃、谢亚：《辩证乌托邦视角下的村庄布点规划方法创新》,《规划师》2019年第4期。

［4］中共中央　国务院：《乡村振兴战略规划（2018~2022年）》。

［5］中共中央　国务院：《中共中央　国务院关于建立国土空间规划体系并监督实施的若干意见》（中发〔2019〕18号）。

［6］山东省自然资源厅：《山东省市县村庄布局规划编制导则（试行）》（鲁自然资字〔2020〕110号）。

［7］青岛市自然资源和规划局：《青岛市自然资源和规划局关于印发〈青岛市合村并居规划编制导则（试行）〉的通知》（青自然资规字〔2019〕149号）。

［8］青岛市城市规划设计研究院：《青岛蓝谷城市总体规划（2013~2035年）》。

［9］青岛市即墨区统计局：《2014~2016年即墨统计年鉴》。

［10］中共青岛市青岛市委农业村委员会：《中共青岛市青岛市委农业村委员会关于做好合村并居规划工作的通知》（青农委发〔2019〕1号）。

基础设施规划研究

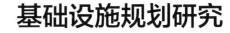

人口新形势下的城市基础教育设施布局规划策略

王宁　左琦　吴晓雷 *

摘　要：在新时期的人口形势下，城市基础教育设施布局规划既要解决现有设施数量不足、分布不均、规模不够等问题，也要考虑出生率下行的趋势，还要面对新的人口政策带来的适龄人口预测的不确定性。基础教育设施的规划布局面临需求预测难、标准体系复杂等难点。本文基于需求预测、标准比较和问题剖析，提出采用低、高指标应对不确定性，衔接国土空间规划，保障教育设施空间资源，制定合理的配置标准，分区引导促进优质均衡发展等规划应对策略。

关键词：基础教育设施；规划策略；人口；配置

1　引言

基础教育是科教兴国的奠基工程，对于提高人民素质、培养各级各类人才、促进社会主义现代化建设具有全局性、基础性和先导性的作用。2019 年，国家出台了《中国教育现代化 2035》，旨在通过实现教育现代化目标匹配我国现代化经济体系构建，满足人民美好生活的需要。近年来，青岛市各级各类教育办学条件不断改善，资源配置水平不断提高，但对照教育现代化的目标要求，还存在着总量不足，结构布局不合理，相当比例的基础教育设施达不到省定标准，城乡之间、区域之间、校级之间教育设施水平仍存在较大差距等问题。

* 王宁，高级工程师，现任职于青岛市城市规划设计研究院规划三所，总工程师；左琦，高级工程师，现任职于青岛市城市规划设计研究院规划三所；吴晓雷，高级工程师，现任职于青岛市城市规划设计研究院，理事长助理。感谢青岛市城市规划设计研究院大数据与城市空间研究中心工程师禚保玲提供数据分析支持。

根据 2021 年 5 月发布的第七次全国人口普查主要数据结果，同 2010 年第六次全国人口普查数据相比，我国人口 10 年来继续保持低速增长态势，少儿人口比重回升，生育政策调整取得积极成效。与 2010 年相比，人口老龄化程度进一步加深，随着"二孩"生育政策效应释放完毕，未来一段时期将持续面临人口长期均衡发展的压力。为积极应对老龄化，促进人口长期均衡发展，国家正在逐步调整完善生育政策。同时各大城市为实现社会经济高质量发展，积极应对人口老龄化，吸引高质量人才，纷纷制定不同的户籍和入学政策，人口流动趋势更加明显，流动人口规模进一步扩大。在这样的人口形势下，生育政策、户籍政策带来的人口结构变化对基础教育的资源配置和承载能力都构成了新的挑战。城市基础教育设施布局规划既要解决现有设施数量不足、分布不均、规模不够等问题，也要考虑出生率下行的趋势，还要面对新的人口政策带来的适龄人口预测的不确定性。

国内的教育设施规划相关研究主要基于快速城镇化和生育政策背景，重点对设施供给、均衡布局、可达性等问题进行研究。周晓敏通过梳理我国基础教育供给与需求影响因素、可达性分析及学社共享研究，探讨不同区域、不同层次教育设施空间配置模式，提出教育设施的研究应注重学科间的交流融合。林小如对新生育政策背景下适应社区生活圈配建要求的教育设施进行配建优化。随着城镇化进程和国家对土地建设指标的管控，大量城市（城区）进入存量发展阶段，教育设施的空间配置同时受到社会经济、土地制度、人口政策等因素的影响，部分学者针对存量地区的教育设施配置问题开展研究。马妍结合深圳市城市更新实践，探讨"统筹更新"理念下教育设施空间布局优化策略，并利用 GIS 技术对其规划成果进行量化验证，从定性、定量、定位、定址四个层面提出教育设施在片区统筹更新中的规划导控框架。李德高将城市修补理论融入教育设施规划当中，从供需关系、设施体系、用地缺口和规划管控方面探索教育设施规划修补策略。总体来看，国内对于教育设施规划布局标准及策略的研究以问题导向和实证研究为主。

本文以基础教育设施布局规划的相关理论作为基本依据，从青岛市基础教育的实际发展现状出发，进行深入分析，了解其发展现状、存在问题及原因，并提出相应建议。

2 基础教育设施规划的难点

2.1 教育适龄人口需求预测难，人口出生率趋势和后续政策干预具有不确定性

近些年推出的一系列"二孩"政策对不同地区城市的人口出生率影响不同，但总体而言，2018 年后出生率有所下降。李沁等通过分析认为全国人口出生率仍维持在稳定水平，"全面二孩"政策施行以来，人口出生率没有出现明显波动，并且在 2018

有所下降。周敏等认为，生育新政实施以来，苏州市新生儿数量增长明显。山东省是"二孩"政策效应比较明显的地区，2011 年"双独二孩"、2013 年"单独二孩"、2015 年"全面二孩"政策的实施促进了出生人口和生育率的增长。2017 年，青岛市出生人口明显增加，出现了多年来的一个生育高峰，但随后"二胎"政策效应基本释放完毕，2018 年出生人口与 2017 出生人口相比减少 29481 人，开始呈现下行趋势（见图 1）。按照这种趋势推测，因出生人数指标增长而带来的教育需求，在近期面临较大的压力和挑战，之后会逐步放缓。然而，面对人口老龄化、出生率降低及其产生的一系列问题，国家生育政策很可能进一步调整，比如"全面放开生育"等更加积极的生育政策。这些干预政策什么时间出台、干预到什么程度，将会对出生率产生不同的影响，也为基础教育设施规划的需求预测带来了不确定性。

图 1　2015~2018 年青岛市出生人数和出生率分析图

此外，外来人口年轻化催生较大的教育需求。从 2019 年初开始，青岛在"招才引智"方面不断加大力度，推出一系列有针对性的措施，通过落户放宽、住房补贴、人才公寓、共有产权、创新奖励等一系列办法，进一步增强对人才的吸引力。年轻人口（18~35 岁）保持持续增长的态势，将会推动青岛市出生人数增长，也会带来更多教育服务需求，对市区的基础教育带来压力。

2.2　标准体系复杂

基础教育设施规划应遵循国家、省、市关于教育设施布局建设标准，逻辑上市标应遵循省标制定、省标应遵循国标制定，规划只需要遵循市标即可。然而各级标准都在不断修订更新，实际上山东新省标在青岛市标之后颁布，出现了级别与时间上的冲突。而且各级标准规定的方式也有差别，例如新省标采用了标准Ⅰ、Ⅱ、Ⅲ三档的方式，需要结合实际进行选择。此外，各级标准在"宜"和"不宜"这些非强制性指标方面的表述也有所不同，例如国标幼儿园服务半径"不宜大于 300 米"，青岛市标"宜为 300~500 米"。因此，需要对涉及的标准进行梳理和比较，将标准的级别、时间、方式统筹考虑，并结合地区实际选取不同方面的指标。

3 基础教育设施现状问题剖析

通过对青岛市幼儿园和中小学进行摸底调研，汇总分析现状基础数据，将服务人口、服务半径、千人座位数（千人指标）、班额、用地面积和建筑面积等现状数据与青岛市现行标准（导则）相比较，分析现状基础教育设施布局存在的问题。

3.1 基础教育设施供需差距依然较大，存在班数不足、班额超标问题

在过去一段时期快速城镇化的发展进程中，基础教育设施增加速度难以和人口增加速度相匹配。根据《2019 年青岛市统计年鉴》数据，2018 年全市常住人口为 939 万人，比 2013 年末增加约 42 万。2013~2018 年，城市小学在校生数量从 35.8 万人增长到 42.2 万人，增加 17.93%，学校数量从 350 所增加到 379 所，仅增加了 8.28%。城区基础教育设施总量的增加速度明显低于学龄儿童的增长速度。另外，随着青岛国际城市战略的实施，城市开放度和国际影响力显著提升，对人口的吸纳能力不断增强。特别是"户籍二元制"被打破后，流动人口子女就学人数呈不断增长趋势，突出表现在小学阶段的非户籍人口学生数所占比例提高。2018 年，全市小学在校学生中进城务工人员随迁子女占学生总数的 24%。

教育设施建设与城市发展建设不同步，教育设施供给难以缓解学位不足的困境。老城区土地紧张、可供开发建设的用地非常稀少，新建教育设施难度大，学校建设受用地权属和建设周期等因素的影响所需时间长，无法及时缓解学位不足的困境。

3.2 教育资源空间分布不均衡，城乡各类教育设施空间布局需进一步优化

优质教育资源集中在中心城区，外围区市、功能组团相对缺乏。随着胶东国际机场、蓝色硅谷等城市新功能组团建设的不断推进，"大青岛"城市框架逐步展现，城市空间格局有了新的变化，教育设施布局需要与城市未来空间格局进一步协调，需结合青岛市空间发展战略，在外围区市（功能组团）合理预留各类教育设施用地。

基础教育设施服务便利性、可达性有待完善。分析现状基础教育设施与现状居住用地分布关系可以看出，按照省标要求中的小学 500 米、初中 800 米的服务半径要求计算中心城区基础教育设施对居住用地的覆盖率，发现市南区、市北区覆盖率较高，其他区覆盖度较低（见图 2）。

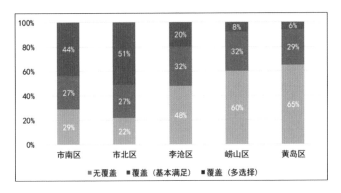

图2 部分区市现状小学服务范围分析图

注：无覆盖指居住用地没有在教育设施服务范围内，有覆盖指居住用地在教育设施服务范围内，基本满足指居住用地仅在一个设施服务范围内，多选择指居住用地在两个或两个以上设施服务范围内。

　　农村教育设施布局需进一步优化调整。伴随着城镇化进程的加快和美丽乡村建设的推进，农村人口向城镇和社区集聚，农村教育设施呈现数量多，在园幼儿、在校学生少的特点。以平度市为例，大多数村办幼儿园办园规模在1~2个班，平均班额不足10人。农村幼儿园、小学、初中服务半径普遍较大，基本都超过山东省、青岛市文件要求。部分地区难以保证农村孩子就近入学，学生上学路途远、成本增加问题日益凸显。大量的校车运营造成了巨大的财政压力，一些学生家长为了孩子上学方便，还会采取到学校驻地附近租房等无奈之举。

3.3　相当比例的基础教育设施用地面积、建筑面积达不到省定标准

　　随着《山东省中小学校办学基本条件标准》（鲁教基〔2017〕1号）、《青岛市市区公共服务设施配套标准及规划导则》《山东省幼儿园办园条件标准》（2018年）的颁布，新标准对教育设施配置的各项指标提出了新要求，部分片区在旧标准下勉强达标的教育设施在新标准下难以达标（见图3）。

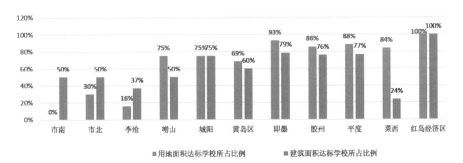

图3 各区市小学用地面积和建筑面积达标学校所占比例分析图

根据现状调研统计数据，用地面积达到青岛市导则要求的小学数量占统计小学学校总数的 56.80%，建筑面积达到导则要求的小学数量占统计小学学校总数的 24.54%。农村幼儿园指标整体低于青岛市标准要求，普遍存在场地狭小、园舍陈旧、用房不足、设施不齐等问题。调研的 2209 所幼儿园中，位于农村的幼儿园用地面积达到《青岛市市区公共服务设施配套标准及规划导则》中幼儿园用地面积下限要求的有 250 所，占农村幼儿园的 25%；建筑面积达到导则要求的农村幼儿园为 191 所，仅占农村幼儿园的 16%。

4 规划应对策略与思路

4.1 衔接国土空间规划，保障教育设施空间资源

2019 年《中共中央国务院关于建立国土空间规划体系并监督实施的若干意见》要求，分级分类建立国土空间规划，强化对专项规划的指导约束作用。下级国土空间规划要服从上级国土空间规划，专项规划要服从总体规划。坚持先规划、后实施，不得违反国土空间规划进行各类开发建设活动。专项规划的有关技术标准应与国土空间规划衔接。目前，青岛市正在组织编制《青岛市国土空间总体规划（2020~2035 年）》，胶州、平度、城阳、黄岛、崂山等区市也在同步编制区市层面的国土空间分区。教育设施布局专项规划的编制要与正在编制的国土空间规划充分衔接，响应国土空间规划的总体要求，反馈教育事业发展诉求，对接人口数量、城镇开发边界等内容，为教育设施的合理空间布局奠定基础。

4.2 把握人口发展趋势，积极扩增教育设施资源

根据城市总体发展定位、产业布局调整和新型城镇化建设需要，综合考虑计生政策和外来人口大量迁入带来的人口增量，对青岛市受教育人口规模、分布特征进行研究。科学预测教育设施增量需求，统筹规划教育设施布局，合理预留教育设施发展空间资源。

根据各级各类教育设施的现状和特点，结合教育现代化发展需求，做好前瞻性预测。学前教育设施布局充分考虑流动人口子女接受学前教育的需求，以及现有办园条件较差的个体托儿班、幼儿班逐步消失后，适龄幼儿对幼儿园学位的需求。普通中小学充分考虑流动人口子女的数量、分布和流动趋势，进行合理布局。普通高中考虑多样化特色发展的需求。

4.3 弹性预测指标应对需求不确定性

需求预测通过构建"多数据、多方法、多情景"的预测模型实现教育适龄人口预测与城市发展人口规模的综合匹配，在叠加学龄人口自然增长、生育政策影响、外来人口增长趋势等多因子研究的基础上，建立总量预留与分期指导相结合的教育适龄人

口需求预测。

根据相关规划确定的人口规模，按照人口出生率和千人指标测算学龄人口，预测采用低、高两个指标。低指标以《青岛市国土空间总体规划（2019~2035 年）》相关专题研究中初步确定的常住人口规模为依据，按照千人指标测算学龄人口，明确教育设施需求量，确保各区市教育设施规划建设能够从总量上满足规划常住人口入学需求是规划期内实施建设的指标。高指标是以城市建设空间居住人口容量为依据，按照千人指标测算学龄人口，测算规划各级各类教育设施的需求量，体现基础教育全面共享的普惠特性，为城市长远发展预留教育空间，作为城市建设中预留的教育设施发展空间资源指标。

基础教育设施规划布局以需求预测高指标作为规划总体布局的主要依据，为城市长远发展预留教育设施发展空间，结合各区市人口分布和居住社区建设计划，参考低指标制定近期建设实施计划，并与教育适龄人口预测研究数据相校核，实现教育设施合理预留、有序建设。

4.4 制定合理的标准，促进教育资源的合理配置

基础教育设施规划以规范和标准为准则，规划指标体系必须符合实际情况，指标体系过高过低都不利于规划的实施。规划根据青岛市城市经济发展和教育改革发展的需要，系统研究国家、省市各级各类教育设施建设标准，把握教育设施布局标准的变化趋势，提出适合实际的各级各类设施的布局指标。

标准研究重点从空间布局标准和学校建设标准两个维度进行比较分析，主要包括服务半径、服务人口、千人座位数（千人指标）、学校规模、班额、用地面积和建筑面积等指标，力求从各类指标分析中把握教育设施布局标准的变化趋势。比较分析的标准包括《城市居住区规划设计标准（GB50180-2018）》《山东省普通中小学校办学条件标准（鲁教基发〔2017〕1 号）》《山东省幼儿园办园条件标准（鲁教基发〔2018〕4号）》《山东省建设用地控制标准（鲁政办发〔2018〕39 号）》《青岛市市区公共服务设施配套标准及规划导则（青规字〔2018〕57 号）》等。

在中小学、幼儿园千人指标的研究中，改变以统一的同质的千人指标来测算学位数的方法，通过对不同区域人口年龄结构、历年适龄教育人口数量、生育政策、人口政策等因素的分析，提出了不同区域千人指标控制的差异化要求。

学校设置规模方面，综合对比国家和省、市标准的要求，分析学区内人口数量和年龄构成、计划生育政策等因素，合理确定办学规模，既要避免"麻雀学校"，也不能建设"航母学校"（见表 1、表 2）。

表1　国家、山东省、青岛市标准服务半径的对比

设施类型	服务半径		
	国家	山东省	青岛市
幼儿园	不宜大于 300 米	1. 城镇：- 2. 农村：服务半径原则不超过 1.5 公里	宜为 300~500 米
小学	不宜大于 500 米	1. 学校服务范围应以保障学生就近接受义务教育为原则 2. 农村：不宜超过 2 公里	宜为 500~800 米
初中	不宜大于 1000 米	学校服务范围应以保障学生就近接受义务教育为原则	宜为 800~1000 米

表2　国家、山东省、青岛市办学规模标准对比一览表

设施分类	国家	山东省	青岛市
幼儿园	不宜超过 12 个班	不宜超过 12 个班	原则上应设 9 个班以上幼儿园，居住人口不足时，班数不应少于 6 个班
小学	不宜超过 36 个班	宜为 12 ~ 36 个班	新设小学班数应在 24 个班以上
初中	不宜超过 36 个班	宜为 12 ~ 36 个班	原则上应设 24 个班以上初中，既有城区用地紧张时，班数不应少于 18 个班
九年一贯制	-	宜为 18 ~ 45 个班	-
高中	-	宜为 24 ~ 60 个班	-

在学校用地面积和建筑面积方面，省标和市标均提出区间弹性控制要求。青岛市不同区域的人口分布、用地紧张程度、拆迁建设的难易和地价水平有明显的差别，对教育设施配套的需求不同，在配置指标上提出弹性标准更利于设施建设实施，利于合理集约利用土地。

4.5　优化完善教育设施布局，分区引导促进城乡教育设施优质均衡发展

结合城市空间发展格局和服务人口分布情况，形成与都市生活圈、城镇生活圈、社区生活圈相匹配的教育设施总体布局结构。学前教育设施与义务教育设施建立"5–10–15 分钟社区生活圈"全覆盖的均衡网络布局；高中阶段教育设施市县统筹，以优质资源为引领均衡布局。按照服务半径合理、资源配置有效的原则规划布局教育设施，差异化预留教育设施空间。

城区中老城区整体城镇化水平较高，用地相对稳定，未来建设主要以小地块的城

市更新为主。该区域教育设施布局策略为通过精细化梳理用地，确保各类教育设施用地落实，采取妥善措施推进教育设施空间的整合和置换，逐步解决部分学校超规模办学和办学条件不达标问题。新城区既要承载老城区外迁人口，又要截留和集聚大量外来人口，教育资源需求压力较大，教育设施规划建设应适度提高建设标准，充分预留各类教育设施发展空间，统筹规划，有序推进实施，以高标准建设教育设施促进新区发展，兼顾向城市边缘区、近郊区提供教育服务的要求。

镇区是承接农业人口转移的主要区域，该区域教育设施发展策略为发挥土地资源相对充足优势，适当提高标准预留教育设施空间，为远期教育设施配建打好基础，发挥教育设施促进社会经济发展的功能。

农村地区的幼儿园、中小学规划，根据村庄地区人口现状、服务需求等，结合农村美丽宜居乡村建设，与村庄布局规划相衔接，既保证设施服务半径，又要避免资源浪费，逐步改善乡村地区教育设施条件，提高设施达标率。

4.6 按照统一规划、逐步实施原则，提出分期实施计划

近期建设项目重点解决近五年城镇化进程中部分区域人口急剧增加带来的学位紧张、现有学校超负荷招生问题；解决旧城改造和新区开发建设中的新增学位需求；解决城乡中小学建设滞后、建设标准不达标等问题。2026~2035 年及远期预留建设项目主要根据未来城市规划建设规模和教育适龄人口预测，结合具体城镇居住项目和村庄建设情况适时启动。

5 结语

在人口新形势背景下，基础教育设施布局规划的主要难点在于人口趋势判断和需求预测，特别是如何面对后续生育政策及其影响的不确定性。青岛市在基础教育设施布局规划实践中采用了需求预测低指标和高指标来弹性应对不确定性，分别依托总规的常住人口数量和控规的居住用地、住宅建筑面积测算，将"人—地—房—校"匹配结合。规划基于需求预测、标准比较、现实研判、问题剖析，以高指标作为总体布局的主要依据，为城市长远发展预留基础教育设施空间，制定近期实施计划，适时启动学校建设，提出衔接国土空间规划保障空间资源、合理配置、优化布局、分区引导、均衡发展等规划应对策略。引导基础教育设施逐步新建扩建、补足短板、达到标准，从而实现近远期结合的设施有序建设、均衡布局、空间预留。

参考文献

［1］上海教育现代化研究项目组：《上海教育现代化 2035 战略图景研究》，上海人民出版社 2019 年版。

［2］杨清溪：《基础教育合理发展新路径探究》，中国社会科学出版社 2018 年版。

［3］《中共中央 国务院关于建立国土空间规划体系并监督实施的若干意见》，人民出版社 2019 年版。

［4］陈武、张静：《城市教育设施规划探索——以温州市城市教育设施规划为例》，《规划师》2015 年第 7 期。

［5］邝艳娟、白红飞、王刚：《国外及港台地区中小学校建设标准比较研究》，《中国工程咨询》2017 年第 1 期。

［6］林小如、吕一平、刘凌云：《"二孩"政策背景下厦门市社区生活圈单元中基础教育设施规划优化策略》，《规划师》2019 年第 24 期。

［7］罗翔、陈洁：《城市新区应对生育新政的基础教育设施规划策略——以上海市浦东新区为例》，《规划师》2019 年第 24 期。

［8］李德高：《城市修补理念下的南昌市中心城区教育设施规划策略》，《规划师》2019 年第 11 期。

［9］刘宁：《国外城镇化进程中基础教育资源配置典型案例及启示》，《基础教育论坛》2019 年第 11 期。

［10］罗小龙、田冬、韦璐：《学前教育设施规划建设的问题与建议——以江苏省为例》，《城市学刊》2020 年第 11 期。

［11］李沁、罗洁斯：《生育新政下武汉基础教育设施规划策略》，《规划师》2019 年第 23 期。

［12］马妍、潘媛：《片区统筹更新中教育设施配置的规划方法研究——〈深圳市盐田区沙头角片区教育资源配套专项研究〉的规划实践》，《城市建筑》2020 年第 13 期。

［13］孙艺、戴冬晖、宋聚生：《直辖市基础公共服务设施规划技术地方标准与国家标准的比较与启示》，《规划师》2017 年第 6 期。

［14］孙雯雯：《淄博市中心城区基础教育设施空间失配及其规划对策》，《规划师》2016 年第 S2 期。

［15］周晓敏、李志民、曹梦莹：《我国基础教育设施空间配置研究概述》，《建筑空间理论》2021 年第 2 期。

［16］周敏、林凯旋、张振龙：《"全面二孩"政策背景下苏州市区基础教育设施配置策略》，《规划师》2019 年第 23 期。

［17］张翠凤：《新型城镇化视域下农村教育资源配置面临的挑战与策略——以青岛市为例》，《教育探索》2015 年第 7 期。

［18］于立平：《青岛市教育设施布局建设标准研究报告》，上海，第二届全国教育实证研究专题论坛，2016 年 10 月 29 日。

［19］国家统计局：《第七次全国人口普查主要数据情况》，2021 年 5 月 11 日。

多重数据叠加分析下的农贸市场布局优化方法研究

——以青岛西海岸新区为例

杨东辉　刘达　王鹏 *

摘　要：针对当前居民生活需求与基层公共服务设施配套失衡的问题。本文以青岛西海岸新区为例，基于手机信令、GIS可达性等多重数据叠加分析，对农贸市场实际服务范围、供需匹配及空间布局进行优化研究。以期在国土空间规划背景下，为优化城乡空间布局、协调公共服务设施配置、提高公共服务水平提供支撑。

关键词：数据叠加分析；公共服务设施；农贸市场；布局优化；国家级新区

"十四五"规划开启全面建设社会主义现代化国家新征程，将"民生福祉达到新水平"作为新时期经济社会发展六大新目标之一，确保基本公共服务均等化水平明显提高。在此背景下与居民日常生活密切相关的公共服务设施规划建设成为保障民生的重点工作，其空间布局及可达性水平直接关系到公共服务的效率和质量。

中小学、医院等公共服务设施的社会重视程度较高，国内学者运用GIS等方法对其规划布局优化等方面的研究较为广泛。农贸市场兼具商业性与公益性，常常会被购物超市、沿街摊点等设施替代，受重视程度较低，国内学者对农贸市场的空间布局优化研究较少，且主要集中在农贸市场的整体布局、建设标准以及单体建筑建设、交通组织等方面。陈德绩等人对珠海农贸市场进行布局优化的研究用到了可达性分析，但尚未进行多重数据的叠加分析。

综上，目前国内针对农贸市场空间布局优化方式的探索较少且既有的研究主要是

　*杨东辉，工程师，现任职于青岛市城市规划设计研究院西海岸分院；刘达，工程师，现任职于青岛市城市规划设计研究院西海岸分院，副院长；王鹏，高级工程师，现任职于青岛市城市规划设计研究院，理事长助理。感谢青岛市城市规划设计研究院周志勇、相茂英提供大数据应用支持。

基于单一的数据分析进行优化，并未涉及多重数据叠加分析的服务半径优化、点位优化等研究。

农贸市场是一种具有竞争性的商业业态，具有公益性、区域性、非垄断性。相较于其他服务设施，居民在日常生活中对农贸市场、菜市场的需求更加强烈。对其规划布局、布点优化等方面进行研究，将有利于加快推进公共服务设施均等化，打造供需匹配的社区"生活圈"。

青岛西海岸新区位于胶州湾西岸，于2014年由原开发区、胶南市合并设立，是国务院批复的第9个国家级新区，经济总量稳居国家级新区前三强。2019年获批为中国（山东）自贸试验区青岛片区，多种国家政策优势的叠加将进一步加快西海岸新区发展。自批复以来，新区城市化加速推进，居住空间不断拓展，农贸市场的配套建设出现了滞后、无序等实际问题。本文以此为研究对象，力求对新时期城市公共服务设施均等化布局提出指导建议。

1 农贸市场概念及等级体系

1.1 农贸市场概念

农贸市场是指经行政主管部门批准建设或开办的，以经营蔬菜、粮油、果品、肉、禽蛋、水产品等农副产品为主，由若干经营者组成，实施集中、公开交易的场所。

1.2 农贸市场等级体系

结合新区发展实际以及各地建设经验，确定农贸市场的分级与规模体系。构建大型农产品批发市场（产地型生鲜配送中心、农副产品集散中心）、中心农贸市场、社区农贸市场三级农贸市场等级体系（见图1）。同时，针对新区存在部分零散居住组团和部分发展成熟片区用地紧张等情况，结合社区商业发展模式将农村大集、生鲜超市、直营点作为补充。其中，城区内大集服务水平按中心农贸市场标准予以认定，生鲜超市的服务水平按社区农贸市场标准予以认定。

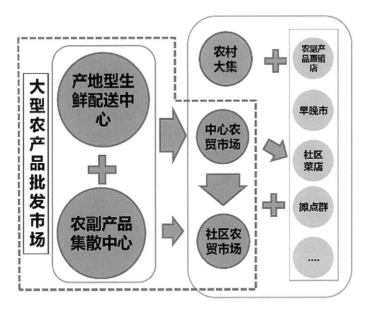

图 1 农贸市场等级体系图

2 传统农贸市场规划中的不足及技术探索

2.1 传统规划中的不足

目前，农贸市场空间布局的思路较为一致。首先，根据区域人口现状规模、千人指标来校核服务设施缺口，从而确定规划新增的设施数量。其次，以现状市场布点为圆心，按照各设施相应等级的服务半径画圆，形成各自的服务范围，随后识别出服务盲区，新增配建服务设施。同时，针对多个服务范围重叠区域，可适当调整设施点位，避免资源浪费。新城区的设施布局可直接根据居住用地布局、规划人口总量、设施服务半径来进行布置。

以服务半径画圆的方法在图纸上可以实现理想化的全覆盖，但在实际生活中，农贸市场的可达性受到建筑阻隔、地形坡度、现状路网等因素影响，其服务范围并非规整的圆形，因此存在一定的误差。

此外，农贸市场布局与人口年龄构成、居民时空出行特征有着密切联系。老年人作为农贸市场的主要使用人群，其适宜步行距离、出行方式、体力耐力、购物习惯等都应成为农贸市场布局的考虑因素。老年人居多的区域，应相应增加农贸市场数量并缩短服务半径，但传统规划往往忽略人口年龄构成分析，导致市场服务半径均按上限值取值。都市人群上下班顺路购置瓜果蔬菜是普遍现象，农贸市场的布局应重点考虑城市居民主要通勤路径。传统规划经常忽略该要素，导致有的市场实际建成后使用率低，有的市场服务能力濒临上限。

因此，在可达性分析的基础上应基于老年人使用行为特征及居民时空出行特征对农贸市场进行配置优化研究。

2.2　技术探索

近几年，在公共服务设施空间布局及其优化方面出现了较多的探索。但通常是基于单一的数据分析，主要是利用 GIS 技术手段进行可达性分析。针对人口年龄结构、居民空间行为特征、老年人行为特征、可达性等多个要素叠加分析的布局优化研究较少，本文旨在通过手机信令、GIS 等技术方法对多重数据进行叠加分析。

2.2.1　手机信令数据分析

手机信令可通过数据处理对城市人口的时空分布、岗位分布、特定人群的分布及活动特征、交通出行 OD 等进行分析。

镇街、相关部门提供的现状人口规模、分布等数据可能存在一定误差，通过手机信令可以获取新区居民实际的分布现状及分布密度，进一步校准人口现状数据，根据实际的人口规模及需求，更加准确地配套公共服务设施。

根据不同年龄段人群使用手机的频率及习惯特征，可以识别出低频人口分布情况，在样本基数足够多的前提下，可认为低频人口分布与老年人口分布正相关。基于老年人使用行为特征对农贸市场进行配置优化研究，得出在老年人居多的社区中市场服务半径应取下限并相应增加市场数量。

传统规划手段对居民的工作地与居住地的关系仅能进行大概判断，无法定量化分析，手机信令数据可以通过追踪定位，得到职住关系及人群的定向流动情况。根据居民时空出行特征对农贸市场进行优化配置研究，在规划用地、建设，环境管理等条件允许的情况下将市场布局在主要通勤方向上。

2.2.2　可达性分析

随着 GIS 在城市规划领域的广泛应用，它在空间分析和数据管理上的优势被很好地运用到一系列城市专项研究中，旨在对空间布局方案进行模拟、选择和评估，从而优化设计，弥补原来纯图形、纯文字表达的缺陷（见图 2），使得空间数据的图形表达和属性数据的空间分析能力有很大的提高。

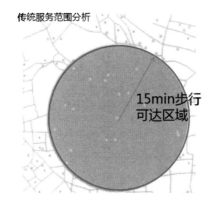
传统服务范围分析

15min步行
可达区域

GIS可达性范围分析

15min步行
可达区域

图 2　传统服务半径与 GIS 可达性范围对比

　　基于 GIS 平台的时间成本消耗模型分析法，以农贸市场设施为源，以居民的步行速度为参考行进方式，综合考虑建设用地、现状道路通达性、地形地貌特征等（见表 1），建立时间成本消耗模型，在此基础上计算出农贸设施的服务范围，进而对各个农贸市场设施服务域进行划分，再与居住用地的空间分布进行比较分析。

表 1　农贸市场等级体系图

用地类型	通行类别	步行速度（m/min）	阻力值
特殊用地 H4、水域 E、市政用地 U、铁路用地 H21、采矿用地 H5	不通行	0.001	1000
农林用地 E2、其他非建设用地 E9、其他建设用地 H9、防护绿地 G2	难通行	20	0.05
居住用地 R、公共管理与服务用地 A(A4 除外)、商业服务设施用地 B、工业用地 M、物流仓储用地 W、道路与交通设施用地 (S1 除外)、城乡居民点建设用地 H1、区域交通设施用地 H2 (H21 /H22 除外)、区域公用设施用地 H3	内部通行	50	0.02
体育用地 A4、道路广场 S1、广场用地 G3、公园用地 G1、公路用地 H22	可通行	80	0.0125

　　本文根据黄岛区土地利用（控规现状 2016 年）数据，研究不同用地类型的通达性，以步行速度为参考设施阻力值，构建以道路用地为主的通道的阻力面。同时结合研究区域内的地形起伏情况，对通行速度进行阻力修正（如起伏度较大的区域步行速度应适当降低）。可较为真实地反映出城市居民到临近服务设施的便捷程度，进而得到农贸市场实际的服务范围。基于此可较为准确地获取市场服务盲区。

3 青岛西海岸新区农贸市场布局优化

在西海岸新区农贸市场空间布局优化研究中，按照相关规范及传统布点规划思路制定初步方案。根据现状农贸市场的分布情况以及居住用地的空间布局，叠加分析市场的布局盲区，并通过 GIS、手机信令等多重数据分析，结合实际的供需匹配关系，优化农贸市场的实际服务范围、市场点位等，最后衔接新区现况，提出切实可行的方案（见图 3）。

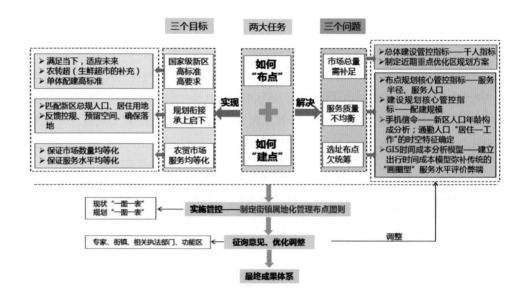

图3 技术路线

3.1 新区现状农贸市场空间分布存在的问题

根据市工商局、市商务局等相关部门提供的农贸市场（农产品批发市场）资料，对全区农贸市场进行实地调研。分析总结新区目前农贸市场空间分布主要存在以下特征：

3.1.1 部分区域供需失衡，市场服务效率较低

市场发展空间受限，周边竞争激烈。在实地调研中发现，一些市场发展空间不足，面向的销售群体过小，影响市场的健康有序发展。例如，黄岛街道现状晨光园市场周边大部分居民已迁居，仅留下少数居民和一些外来务工人员，导致菜市场附近人气不旺，市场经营面临困境。此外，有的农贸市场附近有净菜超市销售蔬菜、生鲜等农副产品，构成竞争威胁，大大影响了农贸市场的发展乃至生存。

3.1.2 现状各类市场分布疏密不均，服务范围存在盲区

现状农贸市场布局总体上呈现城区密、周边乡镇疏的态势，一些城市化程度较高的地区由于发展较快，农贸市场等配套设施没有及时跟上，导致出现服务盲区，如城区边缘地带等。同时，规划原本设定的一些社区菜市场由于各种原因改作他用，也是农贸市场在服务上出现盲区的原因之一。此外，新区流动人口较多，其流动性较强，这也是导致农贸市场布局有时无法跟人口分布密度相匹配的原因之一。

3.2 控制指标

传统农贸市场规划的核心内容为农贸市场布点规划和农贸市场建设管控指引，主要控制指标为服务半径、服务人口、总体建设管控指标、单体建设管控指标。本文主要研究空间布局的优化，故筛选服务半径，服务人口为管控指标。

延续青岛市农贸市场的标准，同时结合其他城市的经验值设定管控指标，针对中心农贸市场和社区农贸市场布点控制共设计 4 个服务半径取值区间和 2 个服务人口规模取值区间：

中心农贸市场服务半径：1000~2000m（老城）、≥ 2000m（新城），服务人口 3~5 万。

社区农贸市场服务半径：500~800m（老城）、800~1000m（新城、乡镇），服务人口 1~3 万。

3.3 基于可达性分析的服务范围优化

本次研究利用 ARCGIS 可达性分析方法，采用 GIS 平台的时间成本消耗模型分析法，在延续传统服务半径管控方法的基础上对规划布点的各级农贸市场进行时间成本的可达性分析，将新区农贸市场服务水平由单纯的服务半径衡量转换为用不同出行时间成本服务居民比重的方法衡量。本次研究对各类市场服务水平评价的标准为新区居民到周边农贸市场 15 分钟可达率不低于 70%，20 分钟可达率不低于 80%，30 分钟可达率不低于 95%，以此标准来进行方案合理性的评价。

同时，为保证各级农贸市场布点弹性，将各农贸市场 5 分钟出行圈满足区范围作为本次研究各级市场点位控制区，在保证了规划各级农贸市场服务水平的同时满足了后期市场建设运营的灵活性。

3.3.1 街道出行阻力面分析

通过对阻力面分析后将初步方案与出行成本阻力面叠加分析，得出原黄岛区范围内现状、近期、远期规划各类市场不同时间段覆盖范围。从而在出行时间方面识别出新区农贸市场中现状、近期、远期布点方案的集中服务盲区，实现对初步方案的优化完善。以长江路街道为例，对本次农贸市场布点规划优化路径进行计算分析。

3.3.1.1　出行时间干扰因子统计与叠加计算

基于 GIS 数据平台，对长江路街道的坡度、起伏度等出行时间干扰因子进行分析，得到坡度阻力面、起伏度阻力面等分析成图（见图 4）。

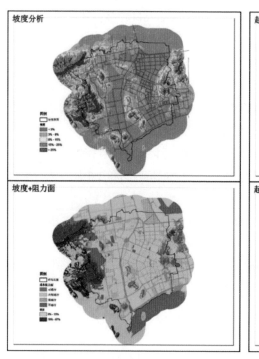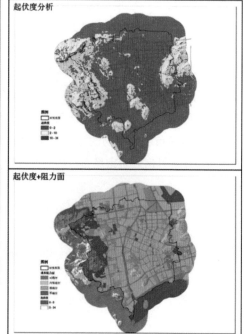

图 4　出行时间干扰因子统计与叠加计算

3.3.1.2　出行时间成本阻力面与新区用地匹配计算

将上述各要素进行叠加分析，得到新区长江路街道居民的出行成本阻力面，随后将其与长江路街道现状用地图进行匹配计算，得到长江路街道各类市场出行时间成本（见图 5）。

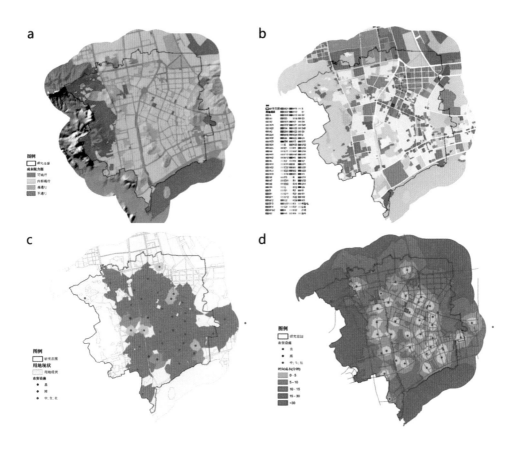

a.长江路街道成本组里面；b.长江路街道土地利用现状图；c.长江路街道现状各类市场服务水平分析；d.
长江路街道多轮校核后确定农贸市场布点方案

图 5　长江路街道各类市场布点出行时间成本分析

基于上述方法对现状各类市场服务水平进行分析，现状农贸市场、生鲜超市按照
30 分钟可达预测，直营点按照 10 分钟可达预测。通过分析识别出现状及规划方案中的
服务盲区，经过多轮规划布点校核调整实现新区农贸市场服务水平的提升。

3.3.2　农贸市场现状布点可达性评价及规划方案优化

3.3.2.1　原黄岛城区布点方案可达性优化

一是现状布点可达性分析。开发区现状农贸市场（含集市）15 分钟可达率为
80.94%，20~30 分钟可达率为 11.42%，30 分钟以上可达率为 7.63%。现状 15 分钟以内
满足居住用地的覆盖中，现状集市贡献份额较大的占 61%，由于新区集市普遍 5 天一开
集，造成城区居民对于农副产品的需求满足水平相对较低。因此，伴随近期城区大部
分集市的撤销，需对新出现的服务盲区进行服务补充（见图 6）。

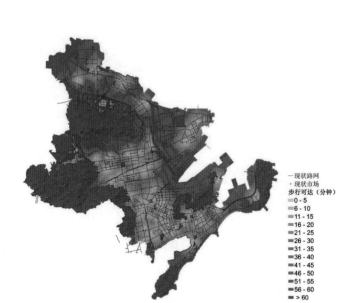

图 6　原黄岛城区现状布点可达性分析

　　二是近远期规划方案可达性分析。通过对初步方案服务盲区识别优化后，得出近期各类市场布点 15 分钟可达率为 92.9%，20 分钟可达率为 97.78%，30 分钟可达率为 98.92%（见图 7），远期各类市场布点 15 分钟可达率为 73.52%，20 分钟可达率为 81.59%，30 分钟可达率为 96.9%（见图 8）。

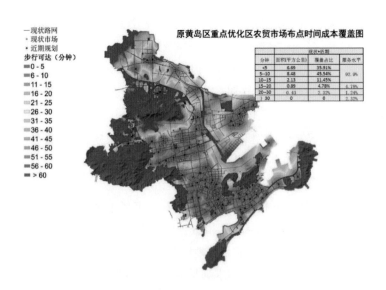

图 7　原黄岛区重点优化区农贸市场布点时间成本覆盖图

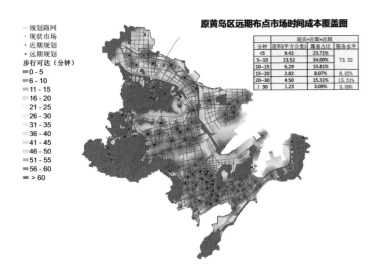

图 8　原黄岛区远期农贸市场布点时间成本覆盖图

3.3.2.2　原胶南城区布点方案可达性优化

一是现状布点可达性分析。原胶南区域现状农贸市场（含集市）15 分钟可达率为 56.79%，20~30 分钟可达率为 83.48%，30 分钟以上可达率为 16.51%。现状 15 分钟以内满足居住用地的覆盖中，现状大集贡献份额较大，占 33.8%（见图 9）。

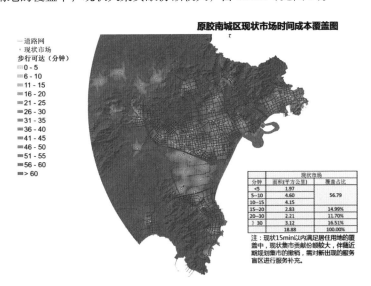

图 9　原胶南区现状农贸市场布点时间成本覆盖图

二是近远期规划方案可达性分析。通过对初步方案服务盲区识别优化，得出近期各类市场布点 15 分钟可达率为 79.52%，20 分钟可达率为 86.84%，30 分钟可达率为 96.44%（见图 10），远期各类市场布点 15 分钟可达率为 74.93%，20 分钟可达率为 85.61%，30 分钟可达率为 95.61%（见图 11）。

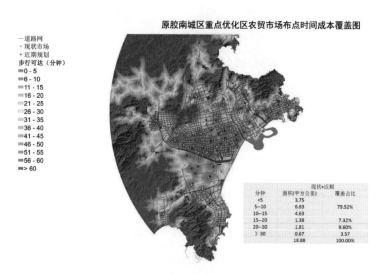

图 10　原胶南区重点优化区农贸市场布点时间成本覆盖图

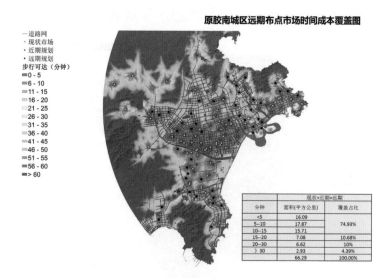

图 11　原胶南区远期农贸市场布点时间成本覆盖图

3.4　基于手机信令数据分析的规划布局优化

3.4.1　服务半径与人口年龄结构特征的匹配分析

由于各街镇提供的人口数据准确度较低，本次研究利用最新手机信令数据，较为准确地得出目前新区现状居住人口及其密度分布情况（见图12）。基于供需匹配原则，结合人群的分布情况，合理布点，进一步减少服务盲区及结构失衡问题。

通过识别手机信令数据中低频人口分布状态，认定大统计口径中低频人口分布与老年人口分布大体一致。因此对于老年人居多的社区，在初步方案中按照服务半径布点时选取服务半径下限。

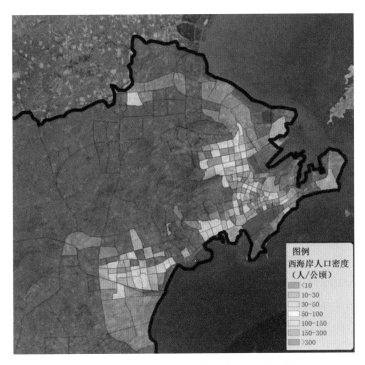

图12 基于手机信令数据分析的人口密度分布图

3.4.2 规划布点与新区人口通勤方向的匹配分析

在利用 GIS 可达性分析优化市场布点的基础上，通过手机信令数据进一步优化市场布点。职住通道平衡比是指街道间每段直线段上全天大流量方向通勤人数与小流量方向人数比值，在研究基数足够大的条件下可大致反映出主要的职住通道（见图13）。本次研究基于手机信令的数据处理，得到居民出行时空分布图，反映通勤人口的"居住—工作"空间联系。为了方便上下班人群，在考虑周边用地、交通等条件的基础上（与土地利用图叠加），将农贸市场布局在主要的通勤方向上。

图 13 基于手机信令数据分析的职住通道平衡比

3.5 总体规划布局

基于多重数据叠加分析并通过多轮校核调整，近期原开发区、胶南区农贸市场 15 分钟可达率较现状均提升 10% 以上。其中，近期新建农贸市场 49 处，用地紧张区域结合社区商业规划生鲜超市 33 处，新区整体农贸市场 15 分钟可达率在 80% 以上，人口密集区在 90% 以上；远期新建农贸市场 111 处，生鲜超市 13 处，新区整体农贸市场 15 分钟可达率为 75% 以上，人口密集区为 80% 以上。

3.6 布点实施保障

在优化空间布局的基础上，如何确保市场点位落地，是农贸市场规划需解决的另一重要任务。基于可达性分析，在对农贸市场空间布局进行优化的基础上划定弹性布点控制区，保证各级农贸市场布点弹性。

第一，新建农贸市场拟采用点位控制（面积和位置可适当调整，但不允许取消），原则上应以农贸市场为起始点的 5 分钟步行范围作为市场点位控制区，在保证了规划各级农贸市场服务水平的同时满足后期市场建设运营的灵活性。

第二，新建农贸市场原则上不鼓励独立用地，可与既有底商或其他项目合并建设，只对其经营面积（弹性区间）进行控制。

4 结语

农贸市场的规划布局关乎民生，是加快推进公共服务设施均等化的重要举措。从实际的供需匹配角度出发，构建完善的市场体系、优化市场空间布局、打造高效便捷的社区服务圈。本文以青岛西海岸新区农贸市场为例，采用多重数据叠加分析方法，较为准确地识别市场服务盲区、老年人集聚区、居民主要通勤方向，在此基础上对农贸市场服务半径、市场点位进行优化。

参考文献

[1] 陈德绩、章征涛、李吉墉：《基于可达性的珠海农贸市场布局技术方法探讨》，《规划师》2018年第5期。

[2] 李涛：《城市农贸市场规划布局探讨》，《科技资讯》2017年第15期。

[3] 马文军、李亮：《上海市15分钟生活圈基础保障类公共服务设施空间布局及可达性研究》，《规划师》2020年第20期。

[4] 欧振敏、张瑜、刘兰君等：《新型城镇化背景下小城镇农贸市场规划研究——以海南兴隆农贸市场为例》，《华中建筑》2016年第34期。

[5] 佟耕、李鹏飞、刘治国等：《GIS技术支持下的沈阳市中小学布局规划研究》，《规划师》2014年第1期。

[6] 晏栎、陈晓明等：《浅谈长沙市农贸市场的规划和改造》，《中外建筑》2012年第10期。

[7] 张京祥、葛志兵、罗震东等：《城乡基本公共服务设施布局均等化研究——以常州市教育设施为例》，《城市规划》2012年第2期。

[8] 钟肖健、龚蔚霞等：《新型城镇化下的农贸市场专项规划编制探索》，《建设科技》2013年第11期。

[9] 钟祺、高艳英等：《乡镇农贸市场的规划建设优化探讨——以临沂义堂镇农贸市场为例》，《中外建筑》2014年第11期。

城市群城际公交规划体系及运营模式探讨

宫晓刚　董凯智　柳昕汝 *

摘　要：城际公交作为新生的客运方式，运行在城际之间，为广大乘客提供便捷的服务，在促进城市群一体化进程中发挥重大作用。但目前我国城际公交还存在很多问题，如发展程度不一、运营模式千差万别、没有统一的规划体系等等。本文从城际公交存在的问题出发，提出了分层级的三级规划体系，针对差异化需求对不同层次功能进行了定位，并探讨了城际公交未来的运营模式。

关键词：城市群；城际公交；规划体系；运营模式

随着城市群一体化发展的不断加深，中心城市对周边城镇的辐射功能不断加强，区域经济合作也逐渐显现。城市之间的人员和物质交流愈加频繁，城市间的出行需求随之增加。而随着城市群边界地区经济合作一体化的发展，相毗邻的城镇居民的出行需求正在发生着改变，需要与一体化发展相匹配的交通方式提供服务，城际公交应运而生。此外，由于城市中心部分产业功能的外迁，导致相关的通勤、商务出行距离和出行时间增加，在一定程度上促进了城际公交服务区域的延展。目前，城际公交已成为服务区域社会、经济一体化、提供城镇均质化交通服务的新途径和趋势。但就城际公交的发展来看，其规划理论的探讨还相对缺乏。

1　国内城市群城际公交发展现状

随着我国城市群的不断发展，城际公交作为一种新的客运方式成为城市群交通一体化的重要发展内容。这种新生的交通方式打破了以往城市间的客运格局，通畅了城

＊宫晓刚，工程师，现任职于青岛市城市规划设计研究院交通分院；董凯智，高级工程师，现任职于青岛西海岸西区交通运输局；柳昕汝，工程师，现任职于青岛西海岸西区交通运输局。

际间毗邻乡镇的联系，以一种公益性交通产品的形式提供城际客运服务，节省了出行者的交通成本，促进了城市群的一体化发展。

1.1 城际公交主要发展历程

长三角是我国最早提出"公交一体化"的城市群，2002 年，上海和无锡两地的公交公司率先推出"一卡两地刷"。2003 年 7 月，"长江三角洲旅游城市'15 + 1'高峰论坛"宣布，长三角 16 市之间的公交卡将实现"一卡通"。随后，京（北京）津（天津）冀（河北）城市群、珠三角城市群、长（长沙）株（株洲）潭（湘潭）城市群等也相继开通了城际公交。珠三角城市群中，广（广州）佛（佛山）城市公交一体化进程最为显著，从 2005 年 9 月开通第一条城际公交至今，广佛城市群已经形成"广佛公交 + 广佛城巴 + 广佛快巴"的道路公交网络，基本实现广佛全区公交一体化。长株潭城市群也在 2007 年开通了三市间 16 条城际公交线路，以满足三市人民的公交化出行需求。此后，城际公交如雨后春笋般地出现在我国城市群中，如中原城市群的郑（郑州）汴（开封）城际公交，辽中南城市群的沈阳到抚顺的城际公交以及京津冀城市群的北京至廊坊的城际公交等。

1.2 城际公交发展障碍分析

城际公交的发展为城市群的发展注入了新的活力，但城际公交作为一种新生事物，目前还没有系统的规划理论。现有城际公交大多为两个城市的交通部门通过协商确定开设线路、起终点，并依托现有的公路客运场站或公交场站作为城际公交场站，缺乏与其他交通方式衔接与沟通的考虑，造成诸如换乘不便、衔接不畅、基础设施薄弱等问题。

1.2.1 城际公交属性及功能定位不清

城际公交是城际间交通客运需求发展到一定阶段的产物，各地的城际公交发展形式也有所不同，如郑汴城际公交是原公路客运公司通过成立城际线路公司的形式进行运营，而北京至廊坊的城际公交则是由城市公交企业进行运营。对于城际公交，国内外研究还没有明确的解释与定义，在实际发展中出现了两种倾向：公路客运"公交化"和城市公交"公路化"。

1.2.2 城际公交政策法规体系不明确、不完善

城际公交是区域一体化发展的产物，兼具公路客运与城市公交的特点。公路客运的主要法律依据是《中华人民共和国公路法》《道路运输管理条例》《道路旅客运输及客运站管理规定》，城市公交营运的主要法律依据是《城市道路管理条例》，上述法律规定存在一定的差异。然而对于城际公交，目前尚未从法规层面明确相关政策，导致现有城际公交营运许可手续的缺失。

1.2.3 城际公交的运管机制尚未建立

城际公交的开通涉及城市间各级多个部门、多家企业的协调。在实际运营中受到行政管理分割、地方利益不一致的影响，目前尚未建立一套完整的城际公交管理、运营机制。以深圳—东莞—惠州城际公交为例，尽管现状三市城际公交均由交通部门行使管理职责，但由于三市行政管理体制不一致，深圳市的相关管理部门为交通委下属公交处，东莞市的交通局下属道路管理局，惠州市的交通局下属陆运科。上述三个部门的职能不同，对于城际公交的管理方式也不同。此外，城际公交开通至今，仍未建立一套完整的监管机制，也在一定程度上制约着城际公交的健康发展。

2 城市群城际公交出行特征与功能定位

城市群是在特定的地域范围内，具有相当数量的、不同性质、类型和等级规模的城市，依托一定的自然环境条件，以一个或数个特大或大城市作为地区经济的核心，借助于综合运输网络的通达性，发生与发展着个体（非完全的个体）之间的内在联系，共同构成了一个相对完整的城市"聚合体"。在城市群交通规划中，城市群基本形态有两种：单核心城市群和多核心城市群。其中多核心城市群又可以分为中心城市集中型和中心城市分散型。

城市群的兴起使城市人口和产业的聚集由原来的各自独立的城市"点式聚集"变为城市群的"面式聚集"。城市群至少有一个或多个规模较大、经济发达、辐射功能较强的中心城市，这些城市是城市群的中心和增长极点，在这些城市的周边分布着大小不等的二级城市和三级城市。这些二级、三级城市与核心城市有着密切的经济、物流、人员联系。因此，城市群城际间居民出行需求特征受城市经济的影响。城市群核心城市的发展水平和速度使得居民出行需求在规模、分布、发展趋势等方面具有不同的特征。

2.1 城市群内城际出行特征

2.1.1 出行目的多元化

与城市内出行目的不同，城市群城际居民出行目的更加多元化，主要以通勤、公务出差和探亲访友为主，占比均在20%以上，其次为旅游和外出务工。节假日居民出行的目的主要以旅游、探亲为主，通勤交通占的比例不大。

2.1.2 出行群体以中低收入、年轻人为主

由于城际公交具有"公共交通"属性，其低票价、公交化的运营对低收入群体吸引力较大，根据文献调查数据，城际公交出行群体个人年收入在10万元以内。同时，出行群体呈现低龄化现象，这与年轻人收入普遍较低有一定关系。

2.1.3 出行分布呈"哑铃形"形态

在城市群一体化初级阶段，城市边缘地区联系相对较弱，居民出行主要集中在两段的繁华地区，线路中间的城市交界地区乘降量较小。因此，城际公交出行呈现出中间小、两头大的"哑铃形"分布形态。但随着城市群一体化程度加深，这种现象将会有所减弱。

2.2 城际公交出行特征

2.2.1 运行速度较快，载客率不高

对深圳—惠州城际公交跟车调查发现，城际公交平均运行在 20~25 公里／小时。一是由于城际公交运行路径多为国省干道，拥堵水平较低；二是城际公交平均站间距一般较大，在 1.5 公里左右，进站延误较低。车辆全程载客率不足 1.0，多在 0.6~0.8 之间，即旅客运送量没有达到车辆额定载客量，表明整体载客率不高。

2.2.2 乘车时间较短

根据调查，约有 60% 的乘客乘车时间集中在 20 分钟到 40 分钟之间，绝大部分乘客的出行时间在 1 个小时之内，仅有 7.6% 的乘客乘车时间在 1 个小时以上。这主要与城际公交较快的运行速度和较少的站点延误有关。

2.2.3 候车时间较长

受城际公交发车频率较低影响，乘客站内候车时间普遍较长，超过 90% 的旅客的候车等待时间在 10 分钟至 20 分钟之间。以候车系数表征候车时间与出行总时间的比值，约有 20% 的乘客的候车时间系数大于 0.5，说明这些乘客的候车时间比乘车时间还要长，这主要是由于线路过长、车辆较少、车辆周转率低造成的。

2.3 城际公交层级划分及功能

在城市发展过程中，大多都是由单核城市群形态向多核城市群形态发展，而多核城市群又以多中心城市集中型形态居多。就目前我国城市群发展来看，多核城市群形态是城市群发展的趋势所向，所以本研究提出的城市群城际公交"三级规划体系"主要针对多核形态的城市群。所谓三级规划体系，即主城间城际公交、邻近镇区到跨市枢纽及主城城际公交、跨市邻近镇区间城际公交。

"三级规划体系"将城际公交纳入城市群大客运体系之中，全面考虑城际公交与其他交通方式之间的关系，形成全方位、立体化的城际公交体系。该体系充分考虑城际居民出行特征，每一层级城际公交都针对不同的出行群体，旨在提供"差异化"公交服务，并且实现城际公交与市内交通系统的无缝衔接。其功能定位如下：

2.3.1 主城间城际公交

主城间城际公交作为城际轨道交通的有效补充，为部分通勤、商务、休闲人群提

供除城际铁路以外的"公交化"服务，满足多层次的客运需求。

在这一层面的城际客运交通系统中，城际轨道作为城市群运输体系的骨架，承担着城市群内部的主要客运交通需求，城际公交则作为城际轨道的补充，承担城际轨道覆盖走廊以外的主城间点对点的公交出行，为乘客提供差异化服务，满足务工、商务、休闲人群的长距离出行需求。主要服务对象为票价敏感性高、时耗敏感性低、服务要求一般的出行人群。

2.3.2 邻近镇区到跨市枢纽及主城城际公交

邻近镇区到跨市枢纽及主城城际公交主要为部分城际通勤客流和购物休闲客流提供"公交化"服务，同时也是跨界毗邻城市道路运输业，直面轨道交通竞争的一种有效手段，为远期城际轨道交通培育客流。

该层面的城际公交是客运运输体系的重要组成部分，主要为边界地区与相邻城市重要枢纽及主城区的中短途通勤、购物休闲客流提供"公交化"服务，实现与城市公交的有效接驳，主要服务于中短距离出行的群体，这类服务对象的特点为对票价较为敏感，时耗敏感性较低，直达性要求高。

2.3.3 跨市邻近镇区间城际公交

跨市邻近镇区间城际公交主要功能为填补现有运输服务的空白区域，为城市群交通运输一体化奠定基础。

该层面城际公交为城市群城际公交运输体系的主体，主要满足城市群边界产业合作区、邻近镇区间的出行需求，填补现有运输服务的空白区域。以城市群内邻近乡镇的低收入通勤人员为主要服务对象，并承担轨道交通和主要场站枢纽的换乘人员的接驳。其主要服务对象为对票价较为敏感，时耗敏感性较低，连通性要求高的出行人群。

3 城际公交发展模式

城际公交作为区域融合发展形成的产物，与传统的城市公交、公路长途有相同亦有不同。一方面，在城市群城际客运体系中，城际公交扮演着填补运输服务空白区、为出行者提供新的出行方式的角色，同时也是实现区域公交一体化发展、推动区域进一步融合、统筹城乡、充分体现基本公共服务均等化的推手；另一方面，城际公交在不同地域也表现出不同的特点，受城际居民出行特征影响，不同的出行特征决定了城际公交发展的模式更为多样。而目前城市群内的城际公交形式较为单一，一个城市群内的城际公交通常只有一种运行模式，如长株潭城市群内，只以长沙、株洲和湘潭三市中心城区为首末站设置了16条城际公交线路；深莞惠城市群现在也只规划建成了三市边界毗邻镇区的城际公交。如此单一的城际公交运营模式并不能满足城市群一体化发展的要求，因此，需要根据乘客需求设置多种模式发展的城际公交，以提供"差异化"的公交式服务。

城际公交规划应充分考虑城市群不同城市间的客运发展水平和管理模式，城际公交一体化发展模式应以"提供差异化服务"为着眼点，根据三级规划体系理论，采用"长线短线结合、快线慢线结合、普线专线结合"的一体化发展模式。

3.1 主城间城际公交发展模式

主城间城际公交主要以提供除城际铁路以外的公交出行方式、覆盖轨道走廊外的出行需求点为目的，以现有长途班线"公交化"改造为主。

第一，由于城际铁路沿线站点布设密集，运行更稳定，因此城际公交主要提供"点对点"的运输服务，采用"城际直达快车"模式进行运营。

第二，城际铁路覆盖区域以外的线路，在通勤时段采用"城际直达快车"模式运营，根据需求，增加"城际大站快车"数量，以扩大城际公交的覆盖面，为公众提供更为便捷的运输服务。

3.2 邻近镇区到跨市枢纽及主城城际公交发展模式

邻近镇区到跨市枢纽及主城城际公交主要为邻近镇区到相邻主城、邻近镇区到相邻城市交通枢纽、商贸中心沿线乘客提供"公交化"服务，同时为远期轨道交通培育客流。

3.2.1 邻近镇区到相邻主城

以中短途班线"公交化改造"为主，原有公交线路对接改造为辅。通勤时段采用"城际直达快车"模式运营。

3.2.2 邻近镇区到跨市（最近）交通枢纽

以邻近镇区间城际公交延伸为主，首末站选择综合客运枢纽、轨道交通枢纽、大型常规公交枢纽等，采用"慢线"模式运营。

受到机场枢纽的特殊安全性影响，邻近镇区到机场枢纽的城际公交线路以城市候机楼为节点，采用"慢线"模式运营。

3.2.3 邻近镇区到跨市（最近）商贸中心

以邻近镇区间城际公交延伸为主，首末站脱离客运站，在商贸中心处开辟场站，采用"慢线"模式运营。

3.3 邻近镇区间城际公交发展模式

邻近镇区间城际公交主要以填补区域运输服务空白区、满足邻近镇区间出行需求为目的，采用"慢线"模式运营。

此外，不同层次的城际公交在不同阶段的运营模式也应根据实际情况进行调整。

对于边界合作区城际公交，考虑增加"专线公交"。邻近镇区间城际公交运行距离不宜超过 50 公里，若邻近镇区间公交运行距离超过 50 公里的，应采用长短班线结合的方式，保证资源的有效利用。

综上，城际公交运营模式总结如下：

3.3.1　城际快线

连接城市群内不同城市的主城区，提供快速便捷的服务。

3.3.2　城际干线

连接邻近镇区与重要枢纽点和商贸中心以及邻近镇区与跨市主城区，实现城际交通的无缝衔接。

3.3.3　城际直达专线

作为城际快线和城际干线的补充，主要连接候机楼、火车站等重要枢纽节点。

3.3.4　城际驳运专线

连接城际轨道与重要镇区客运发生点与吸引点，作为城际轨道的补充，满足乘客通勤需求。

3.3.5　城际普线

连接邻近镇区，采用一般公交运营模式，满足居民通勤需求。

4　城际公交发展展望

城际公交作为一种集约型客运方式，在促进城市群一体化发展进程中有着不可替代的作用，然而现有城际公交缺乏合作、效率低下、管理混乱，还存在很多问题。城际公交未来发展应着重从政策法规、运管机制、发展模式和基础设施等方面全面统筹考虑，为城际公交发展提供良好的环境。

4.1　政策法规

现有相关法规中，公路客运与城市客运分属不同管理部门。而城际公交兼具公路客运与城市客运两种运输方式的特点，现有政策法规对城际公交并不适用。因此，打破公路客运与城市客运"二元化"结构势在必行，并且要将城际公交纳入现有管理体系内，为城际公交的运营提供法律依据。

4.2　运管机制

城际公交的开通，涉及城市间各级多个部门、多家企业的协调，因此，建立统一协调的城际公交管理部门显得尤为重要。该部门专职负责城际公交的运营管理，统一调度城市间的城际公交，监管城际公交运营，建立有效的城际公交服务质量监督体系，为城际公交的发展保驾护航。

4.3 发展模式

现有城际公交运行模式单一，无法满足多样化的出行需求。因此需要根据不同城市交通发展水平及需求特点，以提供"差异化服务"为着眼点，采取多种形式的发展模式，以满足不同人群的出行需求。

4.4 基础设施

完善城际公交场站建设，规范停靠站，提供停车场、保养场等基础设施。将城际公交纳入城市总体规划之中。统筹考虑城际公交与其他交通方式的衔接问题，适当增加换乘设施，实现城市间运输网络的一体化发展。

5 小结

随着城际公交的不断发展，必须有符合其发展特性的规划理论体系指导其发展。本文通过对多核城市群的研究分析，提出了三级规划体系，旨在实现城际公交全面、健康的发展。并就不同层级的城际公交进行功能定位，指出城际公交应提供差异化服务，以满足不同群体的出行需求，并就城际公交自身发展提出了城际公交的五种发展模式，以期对未来城市群城际公交规划有所启示。

参考文献

［1］姚士谋：《中国城市群》，中国科学技术大学出版社 2001 年版。

［2］朱照宏、杨东援、吴兵：《城市群交通规划》，同济大学出版社 2007 年版。

［3］曹佳、齐岩：《城际公交一体化发展模式研究》，《综合运输》2013 年第 10 期。

［4］贺丹、张维、别俊容、周怡安：《城际公交运营管理模式研究》，《公路与汽车》2011 年第 1 期。

［5］黄昌丽：《城市群国内研究综述》，《知识经济》2010 年第 15 期。

［6］刘志凯、薛俊峰、闫云新：《城际公交体系构建及发展模式研究》，《综合运输》2010 年第 3 期。

［7］毛慧玲：《对城际公交发展的一些思考》，《交通科技》2009 年第 S2 期。

［8］宫晓刚：《深莞惠城市群城际公交需求研究》，北京工业大学硕士学位论文，2013 年。

基于站城融合理念的高铁新城交通体系研究

——以青岛西站交通商务区为例

薛玉　滕法利 *

摘　要：随着我国形成"四纵四横"主骨架高铁网络，中国城市发展进入高铁时代，高铁效应正在推动城市功能和地位的变化，高铁站片区综合开发成为城市空间演变的重要助推器。本文通过对"站城融合"理念的解读，分析基于站城融合的高铁枢纽基本特征，以青岛西站交通商务区为例，研究高铁新城交通体系规划和设施布局，将青岛西站枢纽地区打造成为西海岸新区西部发展新引擎、青岛西部对外开放新门户、国家级综合客运枢纽新样板，支撑枢纽经济的建设。

关键词：站城融合；高铁新城；交通体系

开通高铁是一座城市高水平对外开放和经济社会高质量发展的必备条件。高铁一通，百业畅通。综观城市发展史，先有城市后有铁路是基本模式，但多数高铁新城开发"反其道而行"，以高铁设站为契机，先有铁路后有城市。本文研究的对象即是因设立高铁站点而开发的新城，站点通常选址在乡村、郊区或者城市发展薄弱的地区，远离主城区，缺少城市发展的必要基础（人口、产业、基础设施等），而未来规划一般依托高铁站，建设住宅、商务办公、购物、娱乐等配套设施，形成具有一定规模的城市功能片区，发展成为城市空间拓展、居住与产业转移的承接地，并定位为城市的门户地区。

站城融合是我国高铁建设在新的历史时期的发展趋势，高铁枢纽不再仅是人们出行换乘的交通场所，还承担着城市更新、经济转型升级的"城市助推器"的作用。通

---

* 薛玉，高级工程师，现任职于青岛市城市规划设计研究院交通分院；滕法利，工程师，现任职于青岛市城市规划设计研究院交通分院。

过高铁枢纽周边地区开发集聚优质功能，支撑新城的开发与建设，高铁枢纽与城市共生，协同发展。站城融合的关键因素是交通的融合。本文基于站城融合理念，以青岛西站为例，开展高铁新城交通体系规划研究，以发挥高铁枢纽对城市格局的引导作用，让高铁枢纽建设成为城市更新的契机和助推城市经济升级发展的强劲引擎。

1 站城融合理念的内涵

站城融合源于 20 世纪初日本轨道交通站点及站域综合开发。作为一种集约化、协同化的发展方式，站城融合符合当代城市可持续发展需求，通过发展以站点为主体的交通枢纽或城市综合体，将交通、城市、环境等功能有机整合，以满足当代城市发展、民众生活的综合需求。

本文提及的站城融合概念是以高铁枢纽站点为核心，通过合理的土地利用规划、产业空间布局、公共交通接驳设计以及空间优化等，将站的交通枢纽功能与部分城市功能融合，实现站与周边区域的一体化发展。《关于推进高铁站周边区域合理开发建设的指导意见》(发改基础〔2018〕514 号) 指出，促进站城一体融合发展，高铁车站周边开发建设要突出产城融合、站城一体，与城市建成区合理分工。站城融合立足于站城之间的整体关系，从城市、区域、节点等层面引导二者系统融合、有机协调，城市与车站没有截然的界限，更没有割裂的阻碍，铁路客站引入城市其他功能，是以交通为中心的城市综合体。通过站城融合理念指导高铁新城规划建设，引导"站城"双方在交通、社会、环境等方面良好协同，在满足城市运作和民众的需求的同时，提升高铁枢纽自身的功能价值与发展空间。

站城融合的关键词是融合，这里的融合包含了综合交通、城市功能和城市空间融合等多层次的内容。交通功能的融合就是通过枢纽上盖与物业开发相结合，将站房纳入整个枢纽城市综合体中，集铁路客站、轨道交通、公交、出租和社会车辆等多种交通方式，并结合建设地面景观广场、大型集中商业、多功能高层建筑群等于一体。城市是空间的聚集，站城融合打破了传统独立站房的体量，也模糊了车站的界限，车站成为城市、区域的一个重要组成部分，车站空间和城市公共空间、功能共建，和自然空间渗透、交叉。交通融合打造了站城融合的基础骨架。

站城融合可以发挥高铁枢纽和城市发展的联动效应，将我国高铁建设与城市可持续发展结合提升到一个新高度；可以促进城市的更新和转型发展，推动我国城市化由粗放型扩张向集约化、精细化方向转变；可以激发城市的活力，为广大市民提供更新颖、更舒适、更高效的生活和工作模式。

2 站城融合的高铁枢纽地区基本特征

高铁枢纽作为城市内外人流集散的场所，其对城市服务功能的集聚作用不容低估。对于高铁车站与城市的关系，仅满足单一的铁路运输功能是远远不够的，高铁枢纽必须和城市协同发展，站城融合、多元复合已成为共识。以高铁枢纽建设为契机，以轨道交通为支撑，重塑城市结构，构筑面向区域的、多功能、综合性的城市中心或副中心，已经成为国际高铁枢纽周边地区建设的主流趋势。站城融合的高铁枢纽地区基本具有以下特征：

2.1 功能复合化

从单一功能向多功能、综合性方向发展，以高铁枢纽为核心、高度融合城市多重功能形成枢纽综合体，在枢纽综合体周边，打破交通与建筑、建筑与城市的界限，建立城市交通、商业、办公和居住为一体的站城融合新形态，增强枢纽综合体的辐射力。

2.2 土地使用集约化

充分利用地上地下空间，实现紧凑型城市发展，利用地下空间配置交通功能以争取上部开发空间，创造人性化的枢纽场所空间。站城融合带来密集的建筑群聚合，传统的大尺度站前广场消失，丰富的地上及地下空间取而代之，立体化多层次的 TOD 模式有效地实现土地使用的集约化。

2.3 交通一体化

在枢纽内部基本实现多种交通方式的"零换乘"，注重枢纽与周边交通设施的整合，交通衔接紧凑，减少换乘距离过长导致乘客滞留时间过长，充分发挥高铁枢纽的综合效益。

2.4 区域发展协同化

利用高铁枢纽的建设将周边街区联系起来，改善周边交通条件，提高区域的可达性，促进区域共同发展。

3 案例分析

3.1 项目概况

青岛西站位于西海岸新区中部，为国铁特等站，具备始发终到功能，站房面积6万平方米，站场6台14线，存车场500亩，存车线14条，是青岛市四大综合客运枢纽站之一，也是我国南北沿海高速铁路通道的重要枢纽站，含铁路、地铁、公交、长途、社会车辆、出租车等多种交通方式，集交通、城市建筑和商业功能于一体。

依托青岛西站开发建设的西海岸交通商务区是新区"一体两翼"发展的重要"一

翼"，依托青盐铁路和京沪二线等高速铁路，承担着青岛建设"一带一路"海陆双向桥头堡和新区建设国家陆海统筹发展实验区的重大使命，努力建设辐射带动新区发展的新引擎、青岛对外开放新门户、国家贯穿南北联通东西的战略支点。

3.2 交通体系研究

3.2.1 提升青岛西站枢纽地位，打造现代综合交通枢纽

强化区域对外交通辐射能力，打造现代综合交通枢纽。加密青岛西站枢纽地区的城市轨道交通网络，增强区域与其他功能组团快捷联系功能。围绕高铁站构建快速集散系统，解决快速到发问题，便捷服务西海岸中心城区、西部城镇及周边县市。

积极融入国家铁路网，青岛西站向西接京沪高铁二通道，继续向西延伸至郑州，实现青岛西站至京津冀城市群、中原城市群、长三角城市群 3 小时直达，助推青岛西海岸新区迈向"沿海重要的铁路枢纽中心城市"。

3.2.2 引入多元城市功能，促进站城融合发展

依托高铁站点打造综合交通枢纽和高端服务企业集聚区。结合站前中央景观绿轴，形成贯穿整个规划区的生态绿脉，沿绿脉两侧适度均衡式布局各类功能服务板块，主要功能为高端商务、商业、娱乐、创意、居住等城市功能，实现整个枢纽地区的协同发展，打造高品质城市门户区。

构建高效便捷的立体交通换乘系统。借助地下通道和空中廊道等设施，构建高铁枢纽周边区域多层次、便捷的立体交通换乘体系，与周边商业空间无缝衔接，促进车站建筑与交通设施融合。

多种交通要素联动是实现站城融合发展的关键。引入多种制式的交通方式为车站导入大量客流，人性化的换乘及空间引导实现人流、交通流和商业流的转换。

3.2.3 构建内畅外达、高效便捷的道路交通网络

建立"对外高效辐射、内外衔接紧密、等级结构清晰、功能分工明确"的道路网络体系，保证道路容量与建筑开发规模匹配、"窄马路、密路网"、居民安全出行的要求相适应。通过研究枢纽地区的用地结构、地理条件以及周边交通形态，得出适合青岛西站交通商务区的路网为方格网状布局形态。

选择适宜的交通出行模式，在以"轨道交通为主导大力发展公共交通，适当控制小汽车发展"的出行模式下，路网总体运行良好。

塑造城市生活性街道，实现区域城市道路的"三个转变"：转变道路设计理念，实现车行道、人行道、路外生活功能、旅游景观等综合功能的一体化设计；转变道路审控方式，由道路红线的"单控"模式向道路红线与街道复合功能的"双控"模式转变；转变道路服务效率考核方式，由考核机动化服务功能的便捷性向公交、步行、生活服

务、街区活力等综合性指标转变。

3.2.4 统筹交通设施布局，实现立体分层驳接

在总体交通布局上，本次规划结合车站设计，小汽车、地铁、公交、长途车等不同交通方式设置各自相对独立的车行流线和停泊设施，车站接驳城市交通组织为腰部落客，四角进站。设置上下贯通的多层交通配套设施，公交车、长途车、旅游大巴对应高铁站"上进下出"的设计流程，采用"上送下接"的立体分层驳接方式，遵循"人车分流、快慢分离、高效有序"的原则，使枢纽主要旅客流线得以紧密衔接。

交通组织总体采用"分式分离、东来东去、西来西回、过境外移、交通减量"的策略。人车有机分离：主要结合青岛西站的进出站特点，利用地下空间满足出站旅客的方式选择，形成人车分离的衔接系统。公交小汽车有机分离：考虑公交线路组织、场站布局位置、客流来源方向与规模等因素，应与小汽车流向、停车场布局有机分开，避免两种方式的交通组织混杂在一起，造成不必要的交通混乱。考虑车站广场的"双向布局、东主西辅"的布局模式，将东西广场的交通分向组织，以东广场为客运组织的主体，以西广场为客运组织的辅助，各自负责来向交通的集散问题。将通过站场周边道路的过境交通适当外移，避免对铁路客站周边的交通造成干扰。通过必要的交通技术措施和交通管理措施，尽量减少区域弹性交通和其他无关交通，控制区域交通总规模，实现道路、建筑开发、汽车规模三者的协调。

公交枢纽规划置于站前东广场南侧地面层，进场通过玉慧路，出场通过海西三路，由南向海西二路驶来的公交车在海西二路与玉慧路交叉口不建议左转，通过海西二路辅道右转驶入玉慧路，减少玉慧路与海西二路交叉口延误。

长途客运站规划置于东广场北侧地面层，通过海西三路进入，出口设置在玉锦路，避免长途车辆与进入二层落客平台小汽车的冲突，充分利用玉锦路的道路通行能力（见图1）。

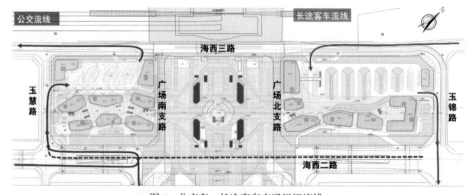

图1 公交车、长途客车交通组织流线

社会车辆停车场规划置于东广场南北两侧地块的地下一层，其中，北侧 B 地块停车场与出租车停车场紧挨，北侧地块（B 地块）的地下车库入口设置在海西二路上，出口设置在海西三路，与大客车的交通组织实现分离，并充分利用周边道路的剩余通行能力。南侧地块（C 地块）的地下车库入口分别设置在海西二路和玉慧路上，出口设置在海西三路上（见图 2）。

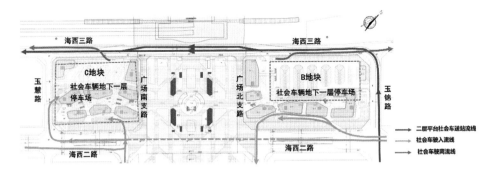

图 2　私家车交通组织流线

出租车停车场规划置于东广场北侧 B 地块地下一层，与小汽车停车场紧挨，出租车停车场靠近东广场布设。出租车进入地下车库通过海西二路下穿通道，离开地下车库通过地下出口连接海西二路下穿段（见图 3）。

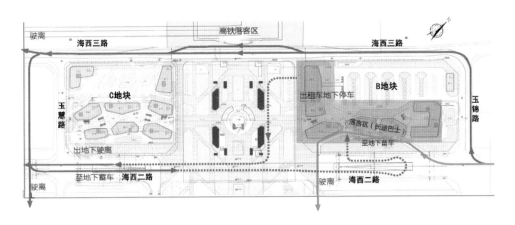

图 3　出租车交通组织流线

地下二层为地铁站台层。各层功能明确，流线清晰，便于乘客快速集散及交通换乘。

3.2.5　坚持公交导向，实现"TOD"导向的用地开发

以轨道交通和公交快线为公交主轴线，公交干线和接驳公交等常规公交为基础，

出租车及其他公交为补充，形成多层次公交体系。合理布局公共交通设施，提供优质公交服务，满足多层次公交出行需求。加快推进轨道6号线二期工程的建设，研究区域增设轨道线的条件，依托主干网形成公交廊道，保障公交场站设施用地，结合社会停车场、建筑及绿地地下空间设置，鼓励采用公交首末站配建制度。

沿主要客运走廊形成高效集约的公交客运走廊，将高铁车站融入城市空间，围绕轨道交通站点，实现集约、综合的用地开发，促进用地功能布局与公共交通走廊的协调，带动土地升值和用地开发建设，为城市发展提供强大的助推力。同时，强有力的交通支持为打造大型城市综合体提供可行性。

4 结语

高铁站及周边地区的开发建设具有较强影响力，站城融合理念能有力地促进高铁效应的发挥，站城融合理念下的高铁枢纽可与城市在交通、社会、环境等方面建立良好的协同关系，从而满足目前城市紧凑化发展、高铁规模化建设和民众多元化生活的综合需求。本文通过打造现代综合交通枢纽强化站城融合发展，构建立体、多式联动的交通换乘系统和高效畅达的道路网络体系，坚持公交导向等措施，促进高铁枢纽和城市的融合发展，更好地支撑青岛西站周边地区的枢纽经济建设。

参考文献

〔1〕沈怡辰、臧鑫宇、陈天：《我国高铁新城建设的现状反思与优化路径》，《西部人居环境学刊》2019年第4期。

〔2〕董斌杰、李田生、张国强、马文俊：《铁路枢纽综合开发实践经验与反思——以重庆沙坪坝站为例》，《铁道标准设计》2021年第3期。

〔3〕靳聪毅、沈中伟：《基于"站城融合"理念的城市铁路客站发展策略》，《城市轨道交通研究》2019年第3期。

〔4〕李文静、翟国方、何仲禹、陈泽武：《日本站城一体化开发对我国高铁新城建设的启示——以新横滨站为例》，《国际城市规划》2016年第3期。

〔5〕王彩霞：《基于城市设计理念下的高铁新城核心区综合交通规划研究——以洪泽高铁新城为例》，南京工业大学硕士学位论文，2018年。

基于规划和土地要素保障的新型基础设施建设思考

郭晓林　于连莉　王雯锦 *

摘　要： 新型基础设施建设是城市产业迭代与核心竞争力重塑的重要环节。本文首先分析新型基础设施建设政策与各地探索，梳理其定义与内涵。通过探讨新型基础设施与土地—规划要素保障之间的空间需求和影响，从国土空间规划如何引领、土地资源如何供给、自然资源管理服务如何创新三个方面提出保障策略。最后以青岛市为例，从规划先行的系统性思维、土地供给的多样性保障、审批效能的整体性提高和自然资源的智慧化管理四个方面探索实施路径。

关键词： 国土空间规划；土地要素；新型基础设施；青岛市

1　研究背景

1.1　政策提出与各地探索

改革开放至今，我国基础设施建设高速发展。同时，伴随技术迭代更新，基础设施的内涵随之扩展。从 2015 年起，社会各界开始新一轮城市基础设施的讨论。2018年 12 月，中央经济工作会议正式提出"新型基础设施建设"，指出要加快 5G 商用步伐，加强人工智能、工业互联网、物联网等新型基础设施建设，首次明确其产业方向。随后两年时间里，中央颁布多项政策，强调新型基础设施建设对城市发展的带动作用（见图 1）。

　*郭晓林，工程师，现任职于青岛市城市规划设计研究院编研中心、青岛市国土空间规划智能仿真工程研究中心，副主任；于连莉，高级工程师，现任职于青岛市城市规划设计研究院编研中心、青岛市国土空间规划智能仿真工程研究中心，主任；王雯锦，工程师，现任职于青岛市城市规划设计研究院编研中心、青岛市国土空间规划智能仿真工程研究中心。

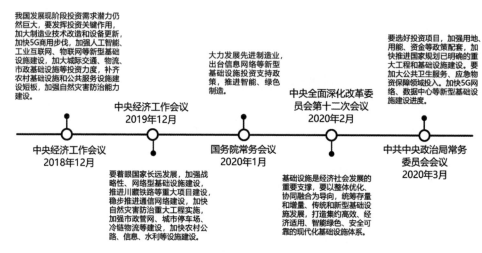

我国发展现阶段投资需求潜力仍然巨大，要发挥投资关键作用，加大制造业技术改造和设备更新，加快5G商用步伐，加强人工智能、工业互联网、物联网等新型基础设施建设，加大城际交通、物流、市政基础设施等投资力度，补齐农村基础设施和公共服务设施建设短板，加强自然灾害防治能力建设。

**中央经济工作会议
2019年12月**

大力发展先进制造业，出台信息网络等新型基础设施投资支持政策，推进智能、绿色制造。

**中央全面深化改革委员会第十二次会议
2020年2月**

要选好投资项目，加强用地、用能、资金等政策配套，加快推进国家规划已明确的重大工程和基础设施建设。要加大公共卫生服务、应急物资保障领域投入。加快5G网络、数据中心等新型基础设施建设进度。

**中央经济工作会议
2018年12月**

**国务院常务会议
2020年1月**

**中共中央政治局常务委员会会议
2020年3月**

要着眼国家长远发展，加强战略性、网络型基础设施建设，推进川藏铁路等重大项目建设，稳步推进通信网络建设，加快自然灾害防治重大工程实施，加强市政管网、城市停车场、冷链物流等建设，加快农村公路、信息、水利等设施建设。

基础设施是经济社会发展的重要支撑，要以整体优化、协同融合为导向，统筹存量和增量、传统和新型基础设施发展，打造集约高效、经济适用、智能绿色、安全可靠的现代化基础设施体系。

图1　新型基础设施建设上位政策要求

新型基础设施建设上升到国家战略高度后，也成为各省市发展重点。全国各地在2020年陆续出台相关政策，除了交通、能源等传统基础设施的升级，多地将发展重心聚焦在5G网络基础设施、AI人工智能等领域（见图2）。本轮新型基础设施建设的竞赛已经开始，应抢抓新型基础设施建设窗口期，赢得城市转型发展新机遇。

浙江：深入实施数字经济五年倍增计划，大力建设国家数字经济创新发展试验区，加快推进"1+N"工业互联网平台体系建设；加快建设"互联网+"、生命健康科技创新高地，谋划建设新材料科技创新高地。	**北京：**积极争取承建国家"十四五"重大科技基础设施，强化关键核心技术攻关，围绕5G、半导体、新能源、车联网等领域，支持新型研发机构、高等学校、科研机构、科技领军企业开展战略协作和联合攻关，加快底层技术和通用技术突破。
广东：大力发展数字经济，建设国家数字经济创新发展试验区，推动互联网、大数据、人工智能与实体经济深度融合。加快区块链技术创新和产业创新发展，在金融、民生服务等领域积极推广应用。	**河北：**聚焦信息技术产业等10大主攻方向，深入实施战略性新兴产业三年行动计划，打造一批有国际竞争力的先进制造业集群。推动数字河北建设，促进人工智能、区块链技术应用和产业发展，加快布局5G基站、物联网、IPv6等新型基础设施。
四川：实施新一轮大规模技术改造，加快人工智能、工业互联网、物联网等新型基础设施建设，加快5G商用步伐，建设一批数字经济示范基地等。	**山东：**年内新开通5G基站4万个，建设省级区块链产业园区；大力发展工业互联网，争创国家工业互联网发展示范区；深入推进"现代优势产业集群+人工智能"，培育智能交通等先进制造业集群；实施"互联网+医疗健康"，加快建设国家健康医疗大数据北方中心。
广州：着力建设先进制造业强市，推进5G技术研发与商用，加快互联网协议第6版升级改造。加快发展工业互联网，建设省级示范基地、工业互联网标识解析国家顶级节点，推动工业企业上云上平台。	**江苏：**大力发展"5G+工业互联网"，促进"江苏制造"向"江苏智造"转变；加强人工智能、大数据、区块链等技术创新与产业应用，加快5G通信网络和车联网先导区建设；科学制定实施高速交通强国江苏方案，着力推进战略性、网络型基础设施建设。
杭州：加快数字经济和制造业高质量发展。以人工智能引领云计算与大数据、数字内容、视频安防、信息软件、电子商务等优势产业发展，大力发展5G商用、集成电路、区块链、量子技术、物联网等新兴产业，加快场景应用。	**上海：**加快智慧城市建设；打造智能化信息基础设施体系，大力推进5G网络、新型城域物联专网等建设；加强人工智能在教育、医疗卫生、养老、助残、交通、生态等领域的应用。
深圳：致力于打造国际一流智慧城市，加快布局人工智能技术和产业，率先壮大智能经济，建成数字政府，迈入智能社会；加快高速宽带网络工程建设，率先开展5G商用试点，超前布局物联网、智能网联汽车等新型基础设施，大力推进智慧民生。	

图2　部分省市新型基础设施建设工作要求

1.2　定义与内涵

传统基础设施主要指在我国经济和社会发展过程中具有重要基础作用的铁路、机场、港口等建设项目。关于新型基础设施的定义，在过去一段时间里，相关领域和学界提出了多种认识和解读，新型基础设施建设的内涵和外延不断演变、拓展。2019年的政府工作报告将新型基础设施进一步归类成5G网络基础设施、特高压、城际高速铁路和城际轨道交通、新能源汽车充电桩、大数据中心、人工智能和工业互联网七大领域，这也是在中央经济工作会议提出的概念基础上，将城际铁路、轨道交通等传统意义上的基础设施进行的内涵提升。2020年4月，国家发展和改革委员会进一步定义新型基础设施，指出其具备新发展理念、新技术创新、以信息网络为基础等特点。面向高质量发展需要的基础设施体系，主要包括信息基础设施、融合基础设施、创新基础设施三个方面。

综上，无论是上述"七大领域"还是"三个方面"，新型基础设施本质上是信息数字化的基础设施，代表未来产业转型提质增效、新旧动能转换的发展方向。同时，新型基础设施建设也是支持高质量发展、高品质生活，应用并服务于新型城镇化、治理体系现代化等战略目标的具体措施。而"新基建"一词也可以从"新型基础设施"与"建设"两个层面理解。新型基础设施的"建设"，狭义可理解为基础设施的建造过程，但广义来看应包括基础设施建成之后的运行、管理、维护的全流程。

2 新型基础设施建设与"规划—土地"要素配置的关系

2.1 新型基础设施的空间需求

历史已经多次证明，基础设施投资不仅提振当下的经济，而且还有助于拉开城市发展的框架。1994年分税制改革后，城市转向园区工业化发展道路，但自2003年开始实行经营性用地的招拍挂制度后，政府经营土地成为城市建设资金筹集的重要渠道，城市发展转向房地产和基础设施建设。2008年全球经济危机，我国4万亿元基础设施投资拉动西部地区乃至全国的高速公路网、高铁、地铁轻轨建设加速发展，城市化战略格局基本形成。

当前我国高质量发展对基础设施建设的认识也逐步着眼于现代化目标，在基础设施的供给范围、种类、形式、质量、结构、绩效等方面，进行全方位的提升。一方面，大多数新型基础设施在规划和土地要素配置上有着不同的空间需求。传统基础设施一般对土地资源要求较高，新型基础设施往往紧凑集约，很多设施能与既有设施复合利用，而对土地的弱需求并不意味着对城镇空间的弱影响。在城市层面，智慧城市成为新型基础设施最广阔的应用场景，新型基础设施逐渐成为智慧城市功能运作的重要载体，但其存在形态可以划分为虚拟设施和实体设施，前者基于信息、数据集成管理，实体空间需求极小；而后者则是在现有基础设施的基础上进行的改造或升级，需要一定量的土地要素保障。另一方面，新型基础设施将新一代技术进行设施化转译，更多聚焦在政府政策制定、企业投融资分析和用户产品服务方面，但其涉及的大多数产业仍需要将技术转化为产品、设施，落地到空间才能真正实现其功能，因此仍要全面看待"规划—土地"要素配置与新型基础设施建设的关系，利用规划和土地要素保障新型基础设施建设仍极为重要（见图3）。

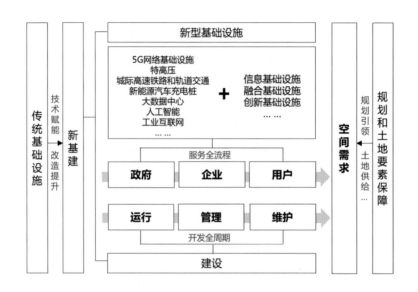

图3　新型基础设施建设与"规划—土地"要素配置的关系

2.2　新型基础设施的空间影响

从规划和土地要素保障视角入手，从新型基础设施发展对城市发展的支撑作用全面研判：

第一，新型基础设施是保障高质量发展、促进区域经济稳步提升的坚实基础。基础设施投资带来高乘数效应成为平衡城市发展波动的工作。以新型基础设施建设为引领的基础设施建设，是落实区域、国家战略，推动经济社会持续健康发展的重要基础，是实现城市战略发展目标的重要支撑。一方面，城市可以持续深化供给侧结构性改革，扩大有效投资规模，促进产业转型升级和新旧动能快速转换，推进城市产业空间优化配置；另一方面，可以发挥外溢效应，协同带动交通、电力、水利等传统基础设施向数字化、智能化转型，不断深化跨行业的协同合作，提高城市运行服务效率。

第二，新型基础设施是保障高品质生活、增强城市吸引力的内在要求。新型基础设施基于传统基础设施，增加智慧城市内核技术并在城市公共服务设施的场景中智慧化运用，构建远程医疗、在线教育、智慧养老、智能交通、应急预警等云计算基础设施和服务平台,可以更好地服务民生,提升城市品质,增强城市竞争实力。

第三,新型基础设施是提升精细化管理水平、实现城市治理现代化的重要保障。通过搭建智慧基础设施和服务平台,实现城市智能化管理和运行,及时有效地对城市民生服务、生态环境与能耗、公共安全与风险、产业优化与升级等城市各种需求做出智能响应,实现城市决策和治理的智能化、协同化。

3 规划和土地要素保障新型基础设施建设的策略

新型基础设施是基于技术兴起带来的新生活形态下的新空间,是传统基础设施建设与技术、产业、智能、生态、文化等不同领的域融合共生,影响着城市的物质空间。各行业也积极借着"新基建"东风加快自身业务与现代技术应用的结合,明确自我定位、提升服务质量,这也对自然资源管理和规划编制工作有着新的内在要求。

3.1 识变,国土空间规划如何引领

《中共中央、国务院关于建立国土空间规划体系并监督实施的若干意见》明确提出"强化国土空间规划对各专项规划的指导约束作用"。此后,国土空间规划"一张图""双评价""市级编制指南"等工作要求和技术文件相继出台,这也对涉及新型基础设施的专项规划编制内容、决策机制等统筹纳入国土空间规划体系提出了要求。一方面,新型基础设施规划以专项规划的形式支撑国土空间规划体系建立健全;另一方面,国土空间规划"四大体系"的构建也使新型基础设施专项规划与总体规划、详细规划等不同层面规划精准对接,最终以系统性思维实现"一张蓝图干到底"。

3.1.1 国土空间总体规划

在市级国土空间总体规划层面,市县级国土空间总体规划作为各地行政区域内的战略性规划,是调控城市各项建设的重要平台。2020年9月发布的《市级国土空间总体规划编制指南(试行)》,明确要求总体规划层面的新型基础设施规划应包含的内容,并提到"统筹传统与新型基础设施布局,并预留发展空间等"。这进一步明确了:一是优化设施布局。要从全域统筹角度,按照以人为本、适度超前、分级配置的原则,综合平衡设施规划的用地需要,协同"三线"划定和二级规划分区,引导新型基础设施在市域空间的应用场景全面深化,促进新型基础设施"企业—政府—用户"服务链条完善,夯实市民对美好生活的向往基础。二是实现结构管控。尤其是影响区域整体空间结构的设施配置,包括国家干线铁路、城际铁路、市域(郊)铁路、城市轨道等线网,需要融入区域特高压供电网络的本地受电设施,以及天然气气源、区域输配水设施等重要站点、廊道的空间布局,应确保区域结构平衡和供需关系稳定。三是做到弹性预留。在用地布局中要结合近期行动计划,充分考虑未来新型基础设施的用地需

求，结合点、线、面、网等重大工程项目建设，同时科学划定安全防护和缓冲空间。

3.1.2 控制性详细规划

控制性详细规划是城镇开发边界内规划、建设和管理的法定依据。控制性详细规划的编制内容在明确用地用途、开发强度等指标要求之外，还包括各类设施用地具体边界和管控要求。

第一，重点关注独立占地类设施的用地指标管控及边界控制要求，通过"控规片区—管理单元—（街坊）地块"控制体系，提高基础设施的精确度及其规划对策的精准度，如大数据中心的建设范围和用地规模、城际轨道交通线路和站点等具体边界的衔接等，切实发挥对城市空间资源保护利用的"政府引导与市场决定"作用。第二，对于不需独立占地的设施，实施灵活的控制手段，合理运用"实线控制、虚线控制、点位控制、指标控制、文字控制"等控制模式，如5G基站可以根据规范确定具体基站的数量及铺设条件，提出地块配置要求和外观形象要求。

3.1.3 专项规划

体系庞大、归口众多、实施监督内容不清是我国专项规划长期存在的问题。国土空间规划体系明确了专项规划的类型、编制内容及管控要求，指出专项规划是在特定区域（流域）、特定领域，为体现特定功能而对空间开发保护利用做出的专门安排。

由于新型基础设施通常牵涉多行业、跨专业的内容，具体到特定设施的专项规划具有较强的必要性，也往往突破传统基础设施规划领域分工。因此，加强对新技术投入和钻研，深入研究新的手段、方法和技术，统筹存量空间与增量空间、地上空间与地下空间，协同城乡空间格局优化和智慧城市建设，提出各类新型基础设施网络化布局方案、廊道和重大工程新改扩建方案以及分期实施方案等亟须关注。

3.2 应变，土地资源如何保障

改革开放以来，土地制度改革一直领经济体制改革之先，以市场化配置为基本取向的土地制度改革不断深化，有力地推动了新型城镇化和城乡融合发展。2020年6月，自然资源部《自然资源部关于2020年土地利用计划管理的通知》（自然资发〔2020〕91号）提出计划指标跟着项目走，进一步明确了以真实有效的项目落地作为配置计划的依据，这也给土地要素保障新型基础设施建设提出新的要求。

3.2.1 土地计划指标

在土地计划指标配置阶段，一是坚持市级统筹和分级配置充分结合，强化市级要素安排和发展需求的精准匹配，保障新型基础设施发展空间支撑，尤其是涉及作为省、市重点项目的新型基础设施用地需求，应支持将城乡建设用地规模预留，专项专用。

二是坚持用地计划精准化、差别化管理，整合年度新增建设用地计划指标、建设用地增减挂钩指标以及批而未供和闲置土地、城镇低效用地等存量资源，统筹安排不同需求、不同层次的新型基础设施用地。

3.2.2　土地精准供给

在供地阶段，一是统筹安排涉及新型基础设施用地供应计划。应结合实际情况，每年安排一定比例的储备土地优先保障新型基础设施用地需求。二是 5G 网络基础设施、特高压设施、高速铁路和轨道交通设施等涉及的不同的主管部门，为应对新型基础设施门类众多、服务性强的特点，应及时收集相关用地需求情况，由自然资源和规划部门汇总项目信息，提前做好土地计划安排，在编制年度国有建设用地供应计划时予以保障。三是实施土地要素差别化配置，探索采用先租后让、弹性年期出让等方式供地，鼓励使用新型产业用地、"标准地"等措施，进一步强化新型基础设施用地精准供给。

3.2.3　土地市场建设

目前，中国二级土地市场交易信息不对称，进而影响了资源配置效率，在对于新型基础设施各类空间需求的应对上更显不足。因此，强化存量用地信息公开，推进国有建设用地二级市场平台系统建设显得尤为重要。一方面，应基于二级市场交易信息汇集，通过信息系统进行交易市场行情、供需信息的发布及互动，为涉及新型基础设施建设企业提供规范透明的交易流程和方便快捷的服务；另一方面，可以通过土地招商推介会等形式向新型基础设施企业推介经营性用地并洽谈合作，满足各类企业开发经营需求，助力城市招商引资工作。

3.3　求变，自然资源管理服务如何创新

为落实转变政府职能、深化放管服改革等重大决策，如何在管理环节加强对新型基础设施建设工作的服务，强化规划和土地要素保障值得研究。以审批效能的整体性提升服务新型基础设施建设工作，以自然资源的智慧化管理助力新型基础设施建设，逐步建立基于智慧管理的审批效能、重点项目等管理服务模式，多措并举推进新型基础设施建设工作。

3.3.1　审批程序

处理好"政府更好作用"和"市场决定作用"的关系，发挥民企、民资在新型基础设施"市场应用型"领域建设中的"天然优势"，深入实施流程再造，以"审批事项更少、审批速度更快、政务服务更优、企业群众更满意"为目标，优化办事流程，减少办理环节，减少手续办理时间，逐步建立健全新型基础设施项目前期跟进服务的创新模式，保障及时落地建设。

3.3.2 数据应用服务

当前 5G 网络、大数据、人工智能、云计算与移动互联网结合，使得依赖传统业务的机构发展逐渐陷入窘境。重视现代信息处理基础与管理服务业务相结合，充分利用土地二级市场交易价格、消费行为的大数据信息，拓展以数据应用、数据画像为核心的精准服务，减少主观性，提高效率，降低成本。

4 青岛市规划和土地要素保障新基建的实施路径

4.1 以规划先行的系统性思维引领新型基础设施建设

第一，以《青岛市国土空间总体规划（2020~2035 年）》为统筹，作为新型基础设施空间发展的顶层设计。首先，确保城际高速铁路和轨道交通线路、特高压廊道等与国省、区域规划上下衔接、刚性传导。其次，结合青岛自身条件，突出工业互联网特色优势，在市域范围布局新型基础设施建设的重点区域和重点领域，形成具有青岛特色、科学有序的产业分工布局，带动区域经济和产业转型发展。如工业互联网产业以打造"世界工业互联网之都"为定性，面向全市各功能区、特色产业园区，围绕工业互联网产业链的芯片、传感器、工业机器人、智能装备、嵌入式系统等高价值环节，定向布局产业集聚区。在 5G 网络基础设施方面，则定位于打造全国 5G 网络建设的示范区，以大型宏基站为骨干覆盖，以密集化、小型化、智能化的小型微基站为补充覆盖的方式实现信号全覆盖，确定基站总量规模，建立整体基站布局框架。

第二，开展专项规划和前瞻性系列研究，将新型基础设施规划列入国土空间规划专题专项编制的重点任务，系统开展研究（见图 4）。融合大数据信息、传统数据，摸清家底。参考雄安经验，合理构建围绕新型基础设施发展建设的指标体系，在国土空间总体规划层面提出发展战略和路径。

图 4　新型基础设施规划研究目录示意图

第三，以控制性详细规划管理单元为核心，明确规划单元分区、场景和设置标准，初步确定建设要求，强化规划的管控和引导，做好用地控制预留和近期项目入库管理（见图5）。对于特高压线网及场站、城际高速铁路和轨道交通线路及场站等会对区域发展格局产生重要影响的重大市政交通项目，有针对性地提出用地保障具体方案和用途管制规则。如对特高压线网要完善区域调峰电厂建设，加快500kV变电站和受电通道建设，电网规划与建设适度超前，强化东西、南北电网间联络；对特高压场站要完善统调电厂建设，明确新改扩建电厂和变电站项目。对于部分不独立占地的设施，也需要全域统筹并结合用地属性进行布置，实行指标管控，如5G基站以规划管理单元为核心，明确规划分区、场景和基站设置标准，初步确定基站的设置点位并提出塔型、塔高等"多杆合一"建设要求，加强规划的管控和引导。

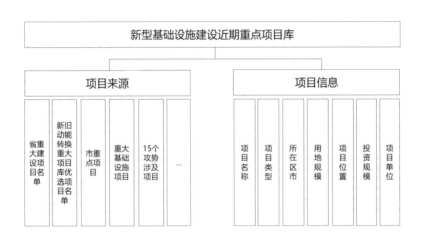

图5　新型基础设施建设近期重点项目库示意图

4.2　以土地供给的多样性保障新型基础设施建设

第一，全市新增建设用地指标分配工作中，遵循资源跟着项目走的原则，优先安排新型基础设施产业发展用地，做到应保尽保，实现"要素跟着项目走，项目跟着规划走"。

第二，根据发展和改革部门、交通运输部门、大数据管理部门等需求信息汇总制定新型基础设施项目准入标准，对符合标准的新型基础设施项目优先保障。实施存量用地挖潜，工业企业利用自有存量土地发展大数据、人工智能、工业互联网等科技创新产业，可继续实行按原用途和土地权利类型使用土地的过渡执行。探索实行差别化供地政策，根据产业发展周期、企业发展情况等，采用弹性年期、先租后让等方式供应新型基础设施项目。针对城镇开发边界以外的5G网络设施、新能源充电桩等可采取点状供地、配建供地等多种供地方式。

第三，实时汇总全市土地二级市场交易数据信息，分析土地市场涉及的新型基础设施土地交易规模、结构、时序、节奏等规律，定期形成市场监测分析报告，在线下线上市场及时公开，为交易主体提供市场形势分析服务。按季度召开土地招商推介会，按月向招商部门、民营和中小企业主管部门提供信息，实现"以地招商"，引导新型基础设施项目落地。

4.3 提升审批效能的整体性服务新型基础设施建设

一是继续完善新型基础设施项目前期跟进服务的创新模式。提供全流程"项目管家"服务。尤其是在项目招商洽谈、选址工作开展过程中，提前介入给出综合考虑产业政策、投资计划、国民经济和社会发展年度计划符合性、空间规划符合性、环境影响、建设标准等专业意见建议，引导项目落地。在项目前期手续办理工程中，提供"点对点"服务，积极协调解决推进过程中遇到的难题。二是重构审批流程。实行"多审合一""多证合一""测验合一"，将建设项目选址意见书与建设项目用地预审意见合并，建设用地规划许可证与建设用地批准书合并，压缩项目的审批时间。实行"多测合一、成果互通"，实现建设项目规划核实、土地核验、不动产登记同步办理。深化完善业务系统网办能力，逐步达到"不见面审批"标准，提升行政审批效能（见图6）。三是实施新型基础设施建设重大项目承诺许可发证制度。建立工程设计方案"一链式"审查机制，使服务对象只跑一次腿即可完成设计方案阶段的全部审查。建立容缺受理制度，即在新型基础设施项目容缺土地手续情况下进行模拟审批，压缩用地手续报批和供给手续办理时间，进而保障"拿地即开工"。

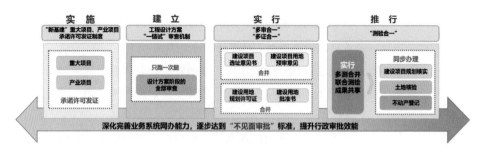

图6 审批流程重构示意图

4.4 以自然资源的智慧化管理助力新型基础设施建设

一是以国土空间规划"一张图"为基础，整合市级土地、矿产、房屋、测绘、规划、消费大数据等各领域数据资源，实现数据叠加筛查、系统研判等功能，借助区块链，在规划审批、土地审批、不动产登记等领域进行研究探索，为科学决策提供有效的信息数据支撑，同时作为全市大数据体系重要的组成部分，与其他职能部门的信息共享。二是建设新型基础设施空间数据体系。利用倾斜摄影等，基于分布式数据处理技术，快速生成高精细度、高真实感的城市数字化实景三维数据模型；基于空天地海一体化的数据采集、大数据与人工智能的深度挖掘，开展高精定位和高精地图建设；综合运用"GIS + 云计算"、卫星 INSAR 等新手段开展多源影像信息、地上地下一体化的三维数字化信息的采集、处理与整合，做好新型基础设施项目的智慧分析监测与数字化管控。

5　结语

现阶段，基于我国关于规划和土地要素保障的新型基础设施建设内容的相关研究较少，本文通过梳理新型基础设施的政策、定义与内涵，探索新型基础设施与规划、土地要素配置的关系。一方面，新型基础设施在规划和土地要素保障方面有着不同需求；另一方面，新型基础设施发展对城市发展的支撑引领作用巨大。在此论断基础上，本文从国土空间规划引领、土地资源供给、自然资源管理服务创新三方面提出保障策略。最后，以青岛市在规划和土地要素保障新型基础设施建设的具体做法为例进行实施路径的具体分析。

随着"新基建"成为政策出台最为密集的领域之一，本文立足自然资源管理的"两统一"职责对新型基础设施建设工作保障进行思考。但是，新型基础设施不同于传统基础设施，空间要素配置随着其自身技术发展演进也会发生较大变化。因此，全生命周期的规划和土地要素保障服务显得尤为重要。目前，随着机构改革，自然资源和规划各项改革工作纵深发展，本文也期望通过初步探索，为新型基础设施规划建设提供一定的参考支撑。

参考文献

［1］董珂、张菁：《城市总体规划的改革目标与路径》，《城市规划学刊》2018 年第 1 期。

［2］顾朝林、曹根榕、顾江等：《中国面向高质量发展的基础设施空间布局研究》，《经济地理》2020 年第 5 期。

［3］黄奇帆：《解析土地要素市场化配置改革》，《新金融评论》2020 年第 2 期。

［4］魏后凯、年猛、李玏：《"十四五"时期中国区域发展战略与政策》，《中国工业经济》2020 年第 5 期。

［5］吴志强、何睿、徐浩文等：《论新型基础设施建设的迭代规律》，《城市规划》2021 年第 3 期。

［6］王昆、胡飞、杨昔：《规划体系改革中专项规划的编制思路》，《中国土地》2020 年第 9 期。

［7］王永生：《坚持底线思维 保障粮食安全——对第 30 个全国土地日主题的解读》，《南方国土资源》2020 年第 7 期。

［8］王克强、郑旭、张冰松等：《土地市场供给侧结构性改革研究——基于"如何推进土地市场领域的供给侧结构性改革研讨会"的思考》，《中国土地科学》2016 年第 12 期。

［9］徐华键、向煜、龙秋月：《土地一级开发中"新基建"体系的建设》，《中国土地》2021 年第 3 期。

［10］徐涛：《"新基建"背景下的评估行业发展思路探讨》，《上海房地》2020 年第 10 期。

［11］张俊伟：《"新基建"与传统企业的发展机遇》，《中国发展观察》2020 年第 Z8 期。

［12］张可云、朱春筱：《中国工业结对集聚和空间关联性分析》，《地理学报》2021 年第 4 期。

［13］朱雷洲、黄亚平、陈涛等：《国土空间规划背景下新型基础设施规划思路探讨》，《规划师》2021 年第 1 期。

［14］张国华、欧心泉：《国土空间规划的"变"与"不变"》，《中国土地》2019 年第 8 期。

［15］赵广英、李晨：《国土空间规划体系下的详细规划技术改革思路》，《城市规划学刊》2019 年第 4 期。

［16］张琛、孔祥智：《乡村振兴与新型城镇化的深度融合思考》，《理论探索》2021 年第 1 期。

［17］黄群慧：《从高质量发展看新型基础设施建设》，《学习时报》2020 年 3 月 18 日。

国土空间规划背景下的城市河道控制线划定方法探讨

孟广明　李荣 *

摘　要：河道蓝线、绿线的划定是国土空间规划的重要内容之一，如何认定河道蓝线、绿线与水利部门确认的管理线、保护线的关系，以及在国土空间规划中如何划定河道蓝线和绿线是困扰规划人员的迫切问题。本文通过对河道管理线、保护线与河道蓝线、绿线的内在关系的分析和研究，提出国土空间规划中河道蓝线、绿线的划定方法、原则，对国土空间规划河道蓝线、绿线的划定具有指导意义。

关键词：管理线；保护线；蓝线；绿线；控制线；国土空间规划；水利设施空间规划

1　背景和意义

国土空间规划是我国空间发展的指南，是可持续发展的空间蓝图，是各种开发保护建设活动的基本依据，是对一定区域内国土空间开发保护在空间和时间上做出的安排。国土空间规划包含三类空间的规划，分别是生态空间、农业空间和城镇空间。河道水系等水利基础设施是城镇空间和生态空间的重要组成部分，水利基础设施空间规划是国土空间规划体系中水利领域的专项规划，是水利规划与国土空间规划相衔接的规划，是涉水生态空间及红线管控、水利基础设施建设及管理的依据。

为落实习近平总书记提出的"绿水青山就是金山银山"的思想理念，为实现"生态文明建设实现新进步"的目标，为完善水利基础设施空间布局，加强对城市河道等

* 孟广明，高级工程师，现任职于青岛市城市规划设计研究院总师办，副总规划师；李荣，工程师，现任职于青岛市城市规划设计研究院第一分院。

地面水体的规划、控制、保护与管理，具有重要的意义。同时，为适应新时期的城市发展需求，保障城市防洪排涝安全，贯彻海绵城市、水务工程、城市双修等建设项目新要求，需要在不同层级的国土空间规划中划定城市河道等地面水体管控线，促进城市和谐健康和可持续发展，以实现打造舒适惬意的生活空间、青山绿水的生态空间的目标。

探讨如何将水利基础设施空间规划中确定的城市河道的设计水面控制线、管理线和保护线纳入国土空间规划中，并明确河道设计水面控制线、管理线、保护线与国土空间规划的河道蓝线、河道绿线的相互关系，进而达到在国土空间规划中科学合理划定城市河道蓝线和绿线的目的，实现对河道多条控制线的有效管控，具有重要意义。

2　河道管护控制线与蓝线、绿线的相互关系

河道管护控制线主要包括城市河道的设计水面控制线、管理线和保护线。河道设计水面控制线为河道水域空间的外围线。河道管理线指河道管理范围的外围线，已经进行权属登记的权属范围比法规及规范性文件规定的管理范围大的河道，以权属范围的外边线作为河道管理线。河道保护线指河道保护范围的外围线。

城市蓝线、绿线是国土空间规划中"四线划定"的重要组成部分，《城市蓝线管理办法》中定义"城市蓝线"为城市规划确定的江、河、湖、库、渠和湿地等城市地表水体保护和控制的地域界线。从广义层面上，城市河道蓝线即为河道工程保护范围控制线，包括河道水域、滩地、沙洲、堤防、岸线等区域，以及河道管理范围以外因河道拓宽、整治、生态景观、绿化等目标而规划预留的河道控制保护区域。

《城市绿线管理办法》中定义"城市绿线"为城市各类绿地范围的控制线。城市绿线的管理对象针对各类城市绿地，包括城市规划区内规划和建成的公共绿地、防护绿地附属绿地、生产绿地、生态景观绿地等。河道绿线为河道蓝线以外划定的河道生态防护绿地。

那么水利设施空间规划中的河道管护控制线与河道蓝线、河道绿线是什么关系，在国土空间规划中如何衔接落实河道的设计水面控制线、管理线和保护线，是规划编制人员需要认清和解决的现实问题。

青岛市自然资源局组织编制的《青岛市大沽河保护控制线规划》是河道控制线划定和保护比较典型的案例，规划中划定了大沽河的河道蓝线和生态控制线，其中河道蓝线主要依据大沽河的行政主管部门提供的河道管理范围线划定，即自堤防外坡脚线外延 10 米，主要保护大沽河地表水体、行洪安全和水利工程等。生态控制线主要是保护大沽河生态廊道、沿线林地、湿地等生态要素的范围线，控制原则为自河道蓝线外

延 50 ~ 200 米。生态控制线以内区域以生态保护为主，禁止城镇化、工业化、污染环境及妨碍生态安全的建设活动。规划中划定的生态控制线指对大沽河生态保育、隔离防护、休闲旅游等有主要作用的生态区域控制线，从某种程度上来说，相当于城市的"绿线"。

综合考虑水利设施管控的有效性和国土空间规划控制线划定管控的可操作性等因素，河道管理线原则上可以认为是国土空间规划层面的河道蓝线，河道生态保护线原则上可以认为是国土空间规划层面的河道绿线。国土空间规划的河道蓝线、河道绿线的划定需要基于现状、景观、生态保护等要求综合考虑。防洪规划中确定的行洪断面（河道水域空间）是满足防洪排涝功能要求的最小断面，最小断面的外围线为行洪河道的水面控制线，但不能简单地作为河道蓝线。

3 河道控制线划定方法探讨

河道水系是城市涉水生态空间的重要组成部分，涉水生态空间指生态空间中的涉水部分，是为水文—生态系统提供必要的空间，直接为居民提供涉水生态服务和生态产品，并保障涉水生态服务和生态产品正常供给的生态空间。河道涉水生态空间分为水域空间、岸线管理空间（堤防工程＋护堤地）、陆域保护空间，对应的河道控制线分别为河道的设计水面控制线、管理线和保护线。

河道的设计水面控制线是根据河道防洪排涝要求通过水力计算划定，通过常用的恒定流推算方法和非恒定流数学模型计算方法得出河道的设计水面控制线。河道的管理线和保护线是按照《堤防工程设计规范》（GB50268-2013）、《河湖岸线保护与利用规划编制指南（试行）》（办河湖函〔2019〕394号）等相关规范要求，并结合地方河道相关管理条例划定。

3.1 河道水域空间及设计水面控制线的确定

河道水域空间范围的确定，第一要根据城市防洪等级、河道的流域面积、穿越区域的重要程度等因素确定河道防洪标准；第二根据防洪标准计算河道不同节点的设计洪峰流量；第三选择控制断面，绘制控制断面水位流量关系的曲线图表，并与历史调查情况相比较进行成果合理性分析（采用试算原理以控制断面，按缓流向上游分段依次推算各河道断面设计水面曲线）。河道外围的控制线即为河道的设计水面控制线。

3.2 河道管理空间及管理线（或蓝线）划定方法

河道管理空间范围的确定分为两种情况，一种是有堤防的河道，一种是无堤防的河道，管理空间范围的主要区别在于是否包含堤防和护堤地。

有堤防河道的管理范围包括堤防之间的水域、滩地（包括可耕地）、沙洲、行洪区及堤防和护堤地。护堤地位于河道管理范围最外区域。对于有堤防的河道，管理范围包括堤防工程和护堤地，等级一般的河道护堤地的范围为堤脚线外延 5~10 米，等级较高的河道护堤地的范围为堤脚线外延 10~30 米，河道管理线为护堤地的外围线，如图 1 和图 2 所示。

无堤防县级以上河道的管理范围包括两岸之间水域、滩地（包括可耕地）、沙洲、行洪区及护岸迎水侧顶部向陆域延伸一定距离的区域。对于无堤防的梯形河道和矩形河道，等级一般的河道从设计水位线外延 5~10 米划定河道管理线，等级较高的河道从设计水位线外延 10~30 米划定河道管理线，如图 3 和图 4 所示。

3.3 河道生态保护空间及生态保护线（或绿线）划定方法

将河道管理线外延一定的距离作为河道的生态保护空间范围，保护空间的外围线即为保护线（绿线）。生态保护空间范围的宽度应根据河道的级别、河道流域面积及国土空间规划对生态景观安全、基本农田保护、城镇用地开发等要求划定，应结合河道周边现状及规划用地情况，综合考虑城市防洪排涝、生态修复、海绵城市建设、滨水空间提质、城市设计及城市更新等需求统筹确定。

国内外对生态保护空间宽度的研究成果比较多，生态保护空间宽度与要达到的生态效益和生态目标相关联，主要体现在降温增湿、净化空气、生物多样性、休闲游憩、水土保持和污染控制等方面。河道蓝线划定除考虑生态、安全因素外，还需要从城市规划设计的理想空间及城市更新的可实施性方面考虑，彼此之间存在一定差异矛盾，需要统筹协调，兼顾生态安全底线、合理的空间关系，并具备可操作的原则，最终划定河道绿线范围。

河道生态保护空间（绿线）建议值如下：①流域面积大于等于 1000 平方公里的河道，保护空间范围宜为 200~300 米。②流域面积小于 1000 平方公里，大于等于 500 平方公里的河道，保护空间范围宜为 100~200 米。③流域面积小于 500 平方公里，大于等于 100 平方公里的河道，保护空间范围宜为 50~100 米。④流域面积小于 100 平方公里，大于等于 50 平方公里的河道，保护空间范围宜为 30~50 米。⑤流域面积小于 50 平方公里，大于等于 10 平方公里的河道，保护空间范围宜为 10~30 米。⑥流域面积小于 10 平方公里，大于等于 5 平方公里的河道，保护空间范围宜为 5~10 米。⑦流域面积小于 5 平方公里的河道，建议将管理空间和保护空间合二为一，控制宽度宜为 5 米。

图 1　有堤防的梯形河道控制线断面示意图

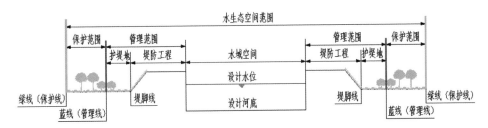

图 2　有堤防的矩形河道控制线断面示意图

图 3　无堤防的梯形河道控制线断面示意图

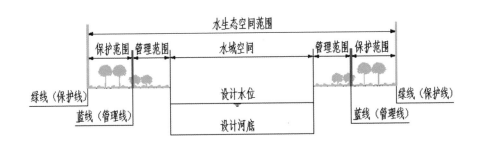

图 4　无堤防的矩形河道控制线断面示意图

综上所述，国土空间规划中城市河道控制线（蓝线、绿线）划定是一个系统工程，牵扯城市防洪安全、生态景观、城市空间规划设计等方方面面因素，应遵循以下原则：

一是遵循整体协调原则。统筹考虑城市水系的完整性、协调性、安全性和功能性，满足水系连通、防洪排涝安全、景观和谐、功能协调等空间需求，综合考虑城市涉水生态和人居环境，保证城市的水生态、水环境、水资源、水安全。

二是遵循弹性兼容原则。在水利设施空间布局规划的基础上，结合城市河道及其周边空间的实际情况划定适应城市安全、景观、生态与城市发展的河道控制线。

三是遵循可操作性原则。明确河道管护与控制范围界限，做到定量、定位，实现线界落地。明确城市蓝线、绿线保护与管理要求，制定控制线范围内规划协调、建设行为的管控规则，实现城市河道与周边空间的保护与控制。

4 河道控制线划定、管理主体职责

国土空间规划的编制单位是蓝线、绿线的划定技术单位，但在划定的过程中需要以水利主管部门编制的水利设施空间布局规划为依据，或以流域、区域性防洪排涝规划及管护范围划定成果为依据。水利主管部门划定的管护范围仅从河道的防洪排涝及保护水利工程设施的角度进行划定，新形势下河道往往具有多重属性，比如生态保护、景观休憩、文化教育和社会经济等功能，国土空间规划编制单位应综合考虑多种因素划定河道蓝线、绿线。

对于不同层级的国土空间规划，河道控制性划定的范围有所不同，一般根据河道所在区域、规模、流域面积及重要程度等因素进行判定，并在管控权属的基础上，通过征求当地各区市主管部门的意见确定。省级的国土空间总体规划，原则上划定流域面积 200 平方公里及以上河道的控制线；市级的国土空间总体规划，原则上划定流域面积 50 平方公里及以上河道的控制线；区县级的国土空间总体规划，原则上划定流域面积 10 平方公里及以上河道的控制线；镇村级的国土空间总体规划，划定所有河道的控制线。

自然资源规划主管部门和河道管护对应的行业主管部门是河道控制线管理主体。规划主管部门负责各层级规划与河道蓝线、绿线规划的统筹协调以及蓝线、绿线范围内的用地空间管控。河道行业主管部门依据自身职能负责蓝线范围内的日常维护与管理。

各层级国土空间规划应保障河道功能发挥、生态环境保护及安全运行的空间，蓝线、绿线保护和控制要求一经批准，对在范围内进行的用地审批需遵照相关规定，不得擅自调整，规划主管部门和河道管护对应的行业主管部门应联手实行全流程、分环节管控，并且对收集的数据进行实时维护与共享。在河道蓝线、绿线范围内进行的各项建设项目，必须符合已批准的国土空间规划、《城市蓝线管理办法》《城市绿线管理办法》及当地的河道管理办法等相关规定，相关建设行为不得对城市河道及水体保护构成破坏。

5 结语

将水利基础设施的管控线纳入国土空间规划中，是实现水利基础设施有效管控的重要手段。因此，探讨国土空间规划河道蓝线、绿线的划定方法，实现河道控制线的有效管控，对于打造生态优美的水环境、安全可靠的水空间具有重要意义。希望本文提供的划定方法能为国土空间规划编制人员和相关部门提供有益参考。但对于不同地区的城市，仍需要结合自身实际制定适宜本地区的河道控制线划定和管控细则，为城市创造更多水系、绿道空间，管控好城市的河道生态空间，以满足人民对美好生活的向往。

参考文献

［1］张秀鹏、孙锦旭：《基于历史文脉视角下的河道蓝线规划研究——以宁波市南塘河蓝线规划研究为例》，中国城市规划学会：《共享与品质——2018 中国城市规划年会论文集》，中国建筑工业出版社2018 年版。

［2］陈烨暐：《关于城市蓝线规划方法的思考与实践——以上海市中心城河道蓝线专项规划为例》，《市政规划》2018 年第 3 期。

［3］陈瑞方：《不同计算方法河道水面线差异分析》，《水利规划与设计》2015 年第 12 期。

［4］陈晓燕、巩振茂、陈振军：《河道水系生态控制线确定方法研究》，《水利规划与设计》2018 年第 3 期。

［5］曹靖：《城市滨水地区绿线划定研究——以合肥市南淝河为例》，《上海城市规划》2021 年第 2 期。

［6］杨培峰、李静波：《生态导向下河流蓝线规划编制创新——以广州流溪河（从化段）蓝线规划编制为例》，《规划设计》2014 年第 7 期。

［7］唐伟、王天青、毕波、左琦、曹子元：《基于河流廊道理论的生态保护控制线规划研究》，《园林规划与建设》2021 年第 2 期。

［8］朱喜钢、宋伟轩、金俭：《〈物权法〉与城市白线制度——城市滨水空间公共权益的保护》，《规划师》2009 年第 9 期。

［9］《山东省水利基础设施空间布局规划编制技术大纲》。

［10］《山东省河湖管理范围和水利工程管理与保护范围划界确权工作技术指南（试行）》。

［11］《河湖岸线保护与利用规划编制指南（试行）》（办河湖函〔2019〕394 号）。

内涝防治系统数学模型在规划阶段的应用

李祥锋　　梁春　　刘为宗 *

摘　要：在规划阶段进行内涝分析评价，通过雨水数学模型软件建立地面、管道耦合数学模型，详细分析三年一遇和五年一遇降雨时管渠负载情况、三十年一遇和五十年一遇降雨时内涝积水时间及积水深度情况。通过数学模型软件模拟竖向标高调整、排泄通道设置等方式，使该区域内涝防治达到要求，确定经济合理的技术方案，为道路竖向、地块设置等提供量化依据。

关键词：内涝防治系统；数学模型；竖向规划

城市排水（雨水）防涝体系是对暴雨进行全过程控制的雨洪管理系统，一般可分为源头径流控制系统、雨水管渠系统和内涝防治系统三大部分。城镇内涝防治系统数学模型是对城镇内涝防治系统的合理抽象与概化。

当汇水面积大于 2 平方公里时，排水系统采用传统推理公式法来计算雨水径流会产生较大误差。应考虑区域降雨和地面渗透性能的时空分布的不均匀性和管网汇流过程等因素，采用数学模型法确定雨水设计流量，并校核内涝防治设计重现期下地面的积水深度等要素。

通过数学模型，能在各种设定情景下模拟地表产流、汇流规律，排水管网运行特征，地表积水状况等，从而分析城镇内涝防治系统的运行规律。在规划阶段，充分考虑洪涝风险，优化排涝通道和设施设置，加强城市竖向设计，合理确定地块高程。用统筹的方式、系统的方法可以有效防止城市内涝问题的产生。

* 李祥锋，高级工程师，现任职于青岛市城市规划设计研究院市政分院，总工；梁春，高级工程师，现任职于青岛市城市规划设计研究院市政分院，副总工；刘为宗，工程师，现任职于青岛市城市规划设计研究院市政分院。

1 内涝系统分析

1.1 一般内涝成因分析

1.1.1 径流系数增大

由于硬化比例增加，径流系数变大，由在某个项目中分析现状 0.27 增加到 0.66，降雨径流大幅增加（见图 1）。

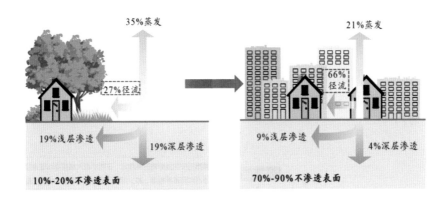

图 1 规划前后径流系数变化示意图

1.1.2 滞蓄水面减少

由于地块开发需要，部分水面被取消，区域调蓄能力减弱。自然界根据不同的地形地貌形成了天然的地表径流排水系统，原有的水系具有天然的排水蓄水功能，城市的发展影响甚至破坏了这个天然的系统，因此城市内涝防治规划首先应该考虑对原有水系格局的保护，对已经被破坏的水体进行恢复和修复。

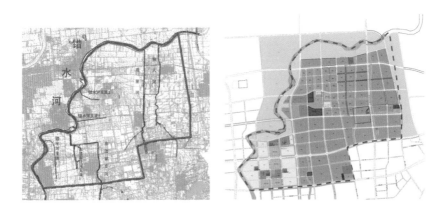

图 2 规划前后水系对比图

1.1.3 超标雨水排泄通道预留不足

超过管网设计标准的雨水径流行泄通道未结合城市地形、道路竖向等因素进行设置，导致积水严重。

1.2 内涝系统构成及内涝标准确定

内涝防治系统指超标雨水径流排放系统，主要解决雨水管渠系统不能及时输送的径流量，使该部分雨量不对城市功能产生显著的不利影响。

城市内涝防治系统包括雨水源头控制系统、小排水系统和大排水系统三部分。内涝防治不仅是管道排水，同时还要考虑坑塘、沟渠、湖泊、水体、湿地等开敞空间对雨水的排放、滞留和调蓄作用（见图3）。

根据上位规划及相关国家标准要求，确定该区域内涝防治重现期为50年。即遭遇50年一遇暴雨时，居住住宅和工商业建筑物底层不进水；道路上一条车道的积水不超过15厘米。

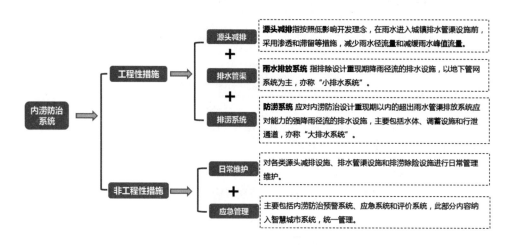

图3　内涝防治系统构成图

2　现状分析

模型构建所需资料应包括降雨数据、地面高程数据、下垫面数据、排水管网数据、城镇河道数据、边界条件等，对区域内地形、土壤渗透性、现状水系情况进行分析。

2.1　地形分析

利用GIS技术对该区域现状地形及规划地形进行数字模拟，形成数字高程模型（DEM），对规划区高程、坡度、坡向进行分析，为污雨水分区提供基本的依据（见图4）。

图 4　现状高程及坡度分析图

2.2　土壤渗透性

根据地勘数据，该区域表层土平均厚度约 1.8 米，土壤成分主要以黏性土、碎石为主，平均渗透系数约为 1.0×10^{-5} 米／秒，表层渗透性能良好，但是深层土的渗透系数较低，多为粉质黏土不利于下渗。

2.3　现状水系

规划范围位于错水河中下游，现状区域内河道 7 条，分别为仙人河、观里河、东法家庄河及支流、错水河 3 条支流，小型坑塘 17 处。仙人河、观里河、东法家庄河等三条支流在基地内汇入错水河（见图 5）。

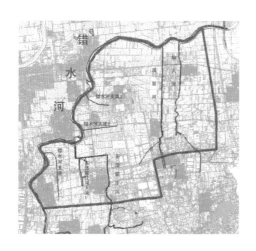

图 5　现状主要河流及坑塘分布图

2.4 规划前后下垫面

现状下垫面主要有道路、建筑屋面、水系、裸露土地及农田，综合径流系数约为0.27。

规划以工业用地为主，下垫面主要有道路广场、建筑屋面、水系及绿地，根据特点分析，其综合径流系数约为0.66。

3 模型构建与分析

目前，我国城镇排水工程设计中应用推理公式法来计算雨水径流，该方法具有公式简明和需要参数少等优点。然而这一方法适用于较小规模排水系统的计算，当应用于较大规模排水系统时会产生较大误差，而且该方法无法对地面积水深度及积水时间进行量化。采用数学模型法可以较为准确地确定雨水设计流量，并校核内涝防治重现期下地面的积水深度和积水时间。

3.1 雨水内涝模型构成

在本项目中，采用综合的城市排水、流域一体化模型系统，主要涉及产流模型、汇流模型、管渠水动力模型、二维地面洪水淹没演进模型。

产流模型是指降雨的数学模型。水文模型即将降雨经过植被截留、洼地蓄水、地面下渗、蒸散发等损失形成地面径流过程模型化，再将降水到形成流域出口断面径流过程进行流域汇流演算。一维排水系统的计算模型完整模拟管道和明渠内的水力学状态，精确模拟回水和冒溢（溢流）等现象，模拟水泵、孔口、堰流、闸门、调蓄池等排水构筑物的水力状况。二维地面洪水淹没演进模型模拟洪水在地面上行进的过程，获得淹没时间、范围和深度等数据结果。

3.2 雨水内涝模型构建

3.2.1 设计雨型

管网系统的短历时设计暴雨及径流计算主要用于评价管网系统的达标情况、管网达标改造的设计计算；内涝防治系统的长历时设计暴雨及径流计算主要用于内涝风险分析、行泄通道和调蓄设施的设计计算。

本次短历时降雨采用芝加哥雨型进行设计。暴雨强度公式生成三年一遇、五年一遇、三十年一遇和五十年一遇的2小时短历时设计暴雨。

长历时（24小时）降雨根据《山东省水文图集》，查得该区域实测最大24小时降雨量为267毫米。多年平均最大24小时降雨量为115毫米。按照$Cv=0.5$，$Cs=3.5Cv$，查皮尔逊Ⅲ曲线的模比系数。$P=5\%$时，$Kp=1.94$；$P=2\%$时，$Kp=2.27$。

选用二十年、三十年、五十年、一百年一遇的青岛市24小时长历时设计降雨。

3.2.2 管网数据处理

根据地形划定汇水区域，通过传统暴雨强度公式法进行雨水管网初步设计，建立管网数据模型。

排水管道水力模型通常采用连续方程、质量守恒方程、能量守恒方程联立求解。可选模型有恒定流模型、运动波模型和动态波模型。为提高模拟精度，本次选择管道采用动力波模拟。

3.2.3 地面模型构建

根据现状地形图及初步规划竖向，利用 GIS 技术对该区域现状及规划地形进行数字模拟，形成数字高程模型（DEM），并对不同下垫面设置不同的参数（见图 6）。

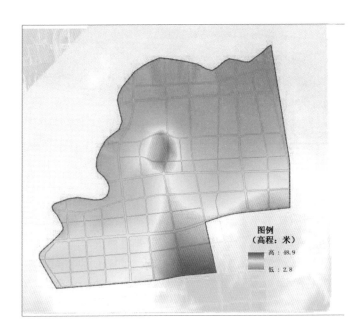

图6 规划高程模型图

3.2.4 模型构建

通过求解二维圣维南方程较好地模拟水流在二维空间内的物理运动过程，计算城市规划决策提供雨洪水流演进过程中的水力要素值的变化情况。城市地表二维模型在构建时考虑地形、土地利用条件，下垫面透水特性，排水系统运行条件，排水构筑物调度原则，流域产汇流特征等因素。模型概化包括地形概化、网格划分和边界条件设置：地形概化以等高线、高程点、DEM 数据等为基础数据，通过空间分析工具为模型单元网格设置高程、坡降等地形属性的过程。模型中的控制节点都具有水流交换的功能，通过入流与出流平衡计算，保证水量在二维和一维耦合（管道和河道）计算过程中维持平衡，如管道可通过节点溢流将水体输出到二维计算单元进行水流交换（见图7）。

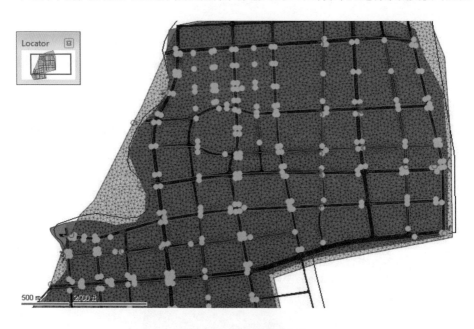

图7　二维模型示意图

3.3　模型分析

当暴雨强度超过管网排水系统能力时，剩余暴雨径流将在地面蓄积，为防止地面蓄积水量影响城市功能和群众生命财产安全，需要将剩余暴雨径流通过一些可以暂时利用的通道或蓄水空间进行消纳，这些通道和蓄水空间就构成了内涝防治系统。

通过对系统整体、集水区、节点、管渠等分析和内涝状况分析评估，可以用源头减排、雨水滞蓄等各种经济的方式减少内涝的产生。

根据模型分析，在规划片区有多处易产生内涝风险区域，最大积水深度超过0.3米。通过修改管道参数、地面高程等参数，模拟不同状况下积水内涝情况（见图8）。

图 8　内涝积水模拟结果图

4　土方平衡分析

利用 GIS 软件进行场地填挖方分析。利用现状地形的散点构建现状 TIN 模型，通过规划点高程建立 TIN 模型，对现状和规划 TIN 划分 10×10 米方格网。

求取地表物质体积差是土方量计算的目标，对于原始地形的表述只能是模拟和近似。基于地表连续和渐变的假定，通过借鉴微积分描述连续变化的数学思维方法，将研究区域分成微小的单元，并在地表渐变的假定下将各微元的地形特征作简化处理，以现有数据或经空间插值后的数据去近似表述各微元的地形，分别求取各微元体积差，然后求和，就得到总的土方量。

根据分析，在未考虑地块内部自建地下室的情况下，核算整个区域需要填方 89.7 万立方米（见图 9）。

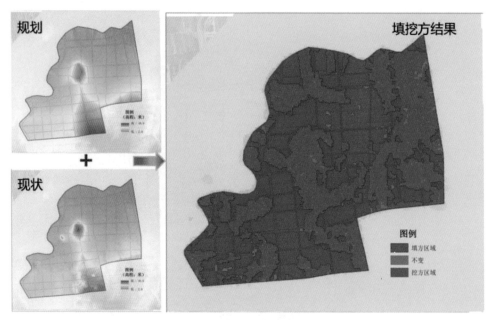

图 9　填挖方结果示意图

5　优化措施

通过内涝原因等分析，把该区域内涝积水分为三种类型，对这三类内涝情况分别提出不同的建议（见图 10）。

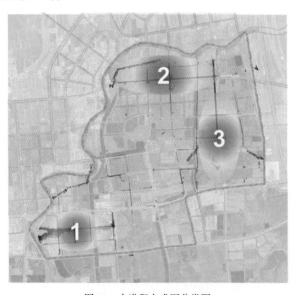

图 10　内涝积水成因分类图

5.1 第一类内涝情况

由于竖向个别点不合理，行泄通道预留不足，管道受洪水位顶托，导致排水不畅产生内涝。优化措施：调整靠近河岸竖向标高，减轻内涝积水，结合该区域地形、道路竖向等因素，规划涝水行泄通道。利用适宜的道路路段作为涝水行泄通道，并采用数学模型法校核积水深度和积水时间，保证道路转输涝水时水深和流速满足内涝防治安全要求。

5.2 第二类内涝情况

内涝产生主要是由于现状地势较低，靠近河滩，如果完全消除内涝需要大量的填方，且会对现状环境造成一定的破坏。优化措施：通过模型及填挖放分析，建议优化调整用地，保留现有部分低洼地，改善生态环境。

5.3 第三类内涝情况

内涝产生主要是现状坑塘取消，原有雨水的滞蓄功能降低。优化措施：提出保留蓄滞洪区以及必要的城市低洼地、坑塘、水系、湿地等作为调蓄空间。充分利用自然水体，结合自然洼地、池塘、景观水体、公园绿地等公共空间设置雨水调蓄设施。通过雨水调蓄设施削减排水管道峰值流量，从而降低内涝的产生。采用水文水力模型，模拟计算各降雨重现期情况，满足内涝要求所需要的滞蓄容积。

6 结语

内涝防治是一个系统工程，与区域竖向、道路、雨水滞蓄空间等密切相关。建立地形模型、降雨模型、排水模型和地面特征模型等数学模型，进行内涝风险情景模拟评估。通过计算机模拟获得雨水径流的流态、水位变化、积水范围、积水深度和积水历时等信息。评估包括城市地表产汇流系统、管渠、河道排水系统、地面溢流系统等系统。规划阶段首先应对现状进行详细分析，分析现状径流组织路径，识别低洼区域。在此基础上根据初步竖向，进行管网的方案设计，建立完整的降雨、径流、管道、地面溢流、河道排水雨水数学模型。

在规划阶段通过内涝数学模型对未来可能出现的内涝点、内涝原因进行分析。通过调整管网、规划竖向、合理设置雨水行泄通道、预留内涝空间等满足内涝防治要求。模型中调整后的雨水管道数据反馈到雨水专项规划中，模型中调整的控制点标高，中央绿化带雨水行泄通道等内容落实到控制性详细规划的竖向规划图中，在地块出让及道路、绿地、水系等的建设中进行控制。

参考文献

［1］陈小龙、陆露、盛政、刘小梅、赵冬泉：《城市排水防涝地表二维模拟评估方法研究》，《中国给水排水》2015 年第 23 期。

［2］周玉文：《城市排水（雨水）防涝工程的系统架构》，《中国给水排水》2015 年第 12 期。

［3］朱勇年：《设计暴雨雨型的选用——以杭州市为例》，《中国给水排水》2016 年第 1 期。

［4］《城市排水工程规划规范》（GB 50318-2017）。

［5］《城镇内涝防治系统数学模型构建和应用规程》（TCECS 647-2019）。

基于海绵生态格局的水生态敏感性分析研究

梁春　李祥锋　陈吉升 *

摘　要：水生态敏感性分析是科学构建"大海绵"生态格局的关键前提。采用层次分析法 (AHP) 和 GIS 空间分析相结合的方法，建立水生态敏感性评价体系，选取了高程、坡度、土壤、植被、河流、水源地 6 类主敏感因子进行单因子评价，科学划定海绵生态敏感性分区，为构建海绵生态安全格局提供科学依据。

关键词：海绵城市；水生态敏感性；海绵生态格局；GIS 空间分析技术

1 引言

在当前新的发展形势下，海绵城市已成为推动低碳、绿色、韧性、智慧、宜居、人文城市发展的创新表现。海绵城市倡导自然积存、自然渗透、自然净化的建设策略，坚持生态优先原则并将其贯穿于海绵城市规划建设实施的全过程。

以山、水、林、田、湖等自然生态要素形成的生态体系，是区域内调节和控制雨水径流的天然海绵系统。在海绵城市建设进程中，必须首先控制保护好大区域内现有的天然的城市"大海绵"系统，避免一边喊着建设海绵城市口号，一边对水生态敏感区大肆破坏。水生态敏感性分析是科学构建"大海绵"格局的关键前提。通过水生态敏感性评价，分析区域自然生态要素的现状、分布、问题等情况，确定不同区域对外界干扰的敏感程度和适应能力，可划定不同敏感等级的水生态敏感区保护范围并制定相应的保护措施，从而明确河湖、湿地、山塘、水库等海绵自然生态格局并进行保护

　* 梁春，高级工程师，现任职于青岛市城市规划设计研究院市政分院，副总工；李祥锋，高级工程师，现任职于青岛市城市规划设计研究院市政分院，总工程师；陈吉升，高级工程师，现任职于青岛市城市规划设计研究院市政分院，副院长。

管控。本次研究以青岛某区为例，利用 GIS 空间分析技术，对区域水生态敏感性进行系统分析。采用层次分析法（AHP）选取不同类型的生态要素进行单因子分析，科学划定海绵生态敏感性分区，为区域海绵生态构建和海绵城市规划提供科学依据。

2　水生态敏感性分析方法

2.1　分析方法

基于区域生态环境现状，利用 GIS 空间分析技术，采用层次分析法对区域水生态敏感性进行分析——采用 5 级评价标准（极高、高、中、低、不敏感），对选择的具有代表性的生态敏感因子进行评价标准赋值（1~10 分），进行单因子分析，通过加权求和得到综合评价结果，从而将区域划分为不同等级的海绵生态敏感性区。

2.2　评价因子选取

水生态敏感性分析优先选取与城市水生态相关的自然及生物因素，使分析结果为区域海绵城市规划建设提供一定的参考依据。结合区域实际情况，本次研究选取地形地貌、水文水系、生态保护、土地植被四类对水生态影响大、具有典型代表意义的因素作为生态敏感性评价因子，并给予相应的权重，对区域的水生态敏感性进行评价分析。其中，地貌地形因素包含高程、坡度 2 类因子；水文因素包括河流水系、水源地 2 类因子；土地植被因素包括植被多样性、土地利用类型 2 类因子。通过层次分析法确定的各级因子权重值见表 1。

表 1　各级因子权重值

因素	评价因子	评价内容	权重
地形地貌	坡度	地表单元的陡缓程度	0.10
	起伏度	地表单元的起伏程度	0.10
水文水系	水源保护地	水源保护的分类登记	0.18
	河流水系	与河流水系的距离	0.15
生态保护	农田林地	永久基本农田及各类林地的保护	0.10
	生态保护红线	省市生态红线的保护划定	0.17
土地植被	植被指数（NDVI）	植被覆盖率的高低	0.10
用地性质	土地利用类型	农林用地、城市绿地、建设用地等	0.10

2.3 单因子评价

利用 GIS 空间分析技术手段，解析区域自然生态要素在海绵城市建设过程中的相关和分离关系，为海绵生态敏感性因子的科学选取提供科学指引。

2.3.1 坡度与起伏度

根据地形图分析，区域高程范围为 –3~719 米，坡度范围为 0°~82°，高程和坡度较高地区为大珠山、小珠山及铁镢山。将坡度及起伏度均分为 5 级，分别给予 1、3、5、7、9 的赋值，坡度越大、起伏度越大的地区敏感评价值越高，从地形上看，山地区域的敏感度较高（见表 2）。

表 2　坡度及起伏度因子评价表

因子	非敏感性（1）	低敏感性（3）	中敏感性（5）	高敏感性（7）	极高敏感性（9）
坡度	0~5	5~8	8~15	15~25	>25
起伏度	0~2.5	2.5~5	5~7.5	7.5~10	>10

2.3.2 河流水系

根据区域河流水系分布，通过缓冲分析对距河流水系不同距离的用地划分等级，距离越远生态敏感性等级越低，缓冲距离取 50 米、100 米、200 米、500 米和 >500 米为分级界限分别给予 1~10 分的不敏感区、低敏感区、中敏感区、高敏感区和极高敏感区评价（见表 3）。

表 3　水系缓冲距离因子评价表

因子	中敏感性（5）	高敏感性（7）	极高敏感性（9）
水系缓冲距离	200~500 米	水系边界 ~200 米	河流水系

2.3.3 水源地

水源地保护分为准水源保护区、二级保护区、一级保护区、特别禁区，分别给予中敏感区、高敏感区和极高敏感区评价（见表 4）。

表 4　水源地保护因子评价表

因子	中敏感性（5）	高敏感性（7）	极高敏感性（9）
水源地保护	准水源保护区	二级保护区	一级保护区、特别禁区

2.3.4　永久基本农田

根据划定永久基本农田，确定基本范围，使其可以长久保护，其敏感等级均设定为高敏感区（7）。

2.3.5　生态保护红线

根据省市划定的生态保护红线，对生态功能保障、环境质量安全和自然资源利用等提出较高要求，其敏感等级均设为极高敏感区（9）。

2.3.6　植被多样性（NVDI）

植被多样性赋值主要取决于植被覆盖率高低。通常植被覆盖率越高，权重值越大，越适宜生态保护。区域内山区的植被覆盖率最高，建成区的植被覆盖率最低。

表 5　植被覆盖率因子评价表

因子	非敏感性（1）	低敏感性（3）	中敏感性（5）	高敏感性（7）	极高敏感性（9）
植被覆盖率	<0.2	0.2~0.4	0.4~0.6	0.6~0.8	>0.8

2.3.7　土地利用因子

土地利用因子的权重取值主要依据其生态贡献大小。土地类型越适宜生态保护，则生态贡献率越大（见表6），一般为：农林用地 > 城市绿地 > 建设用地。

表 6　土地性质因子评价表

因子	非敏感性（1）	中敏感性（5）	高敏感性（7）
土地性质	各类城镇建设用地	城市绿地及村庄建设用地	农林用地

3　水生态敏感性评价结果

根据各单因子评价结果，按照加权综合叠加法，将区域敏感性分类5类，分别为不敏感区、低敏感区、中敏感区、高敏感区和极高敏感区（见表7），为构建海绵生态安全格局提供理论支撑。

3.1　不敏感区

不敏感区面积分布较大，占总用地的12.96%，主要分布于该区东南部的沿海区域，生态环境的承载能力强，人口集聚条件好，适宜进行强度较大的城市开发建设。但同时，区域内也必须加强生态环境保护，严格管控环境污染。

3.2 中敏感区、低敏感区

中、低敏感区面积最大，分别占总用地的 41.54% 和 17.86%，主要为山体水系或农田附近区域，主要位于该区的北部。随着城镇化建设的进行，该区的生态环境承载能力会逐渐减弱，有可能对区域及周边的生态环境造成一定影响。因此，该区域可作为适宜开发区。

3.3 高敏感区

高敏感区分布相对较小，占总用地的 22.84%，主要分布在水系和西部山林地区，该类区域自然度高，生态环境受干扰后不易恢复。因此，该区域应作为禁止开发区。

3.4 极高敏感区

极高敏感区面积极小，占总用地的 4.83%，主要分布于部分敏感度极高的山体水系。

表 7　区域生态敏感性分区面积统计

敏感分区	不敏感区	低敏感区	中敏感区	高敏感区	极高敏感区
面积（km^3）	272.2	375.1	872.0	479.9	101.5
比例（%）	12.96	17.86	41.51	22.84	4.83

4　海绵生态安全格局构建

在城市建设进程中，区域范围基本保留了大部分山体、林地、河湖等天然海绵体，但同时也存在着城市地面大量硬化、不透水面积增加、蓝绿空间被侵占等问题。通过生态敏感分区的划定，构建"生态核心—生态基底—生态廊道—生态斑块"的天然海绵生态格局，实现区域雨水径流的天然调节和控制。

4.1 海绵生态核心

区域生态核心主要包括水库、湿地、自然保护区、风景名胜区等，通过核心节点的辐射带动和源头引导作用，提升区域整体的资源、环境、景观、生态效益。其中，水库包括小珠山水库、陡崖子水库、吉利河水库等中型水库；湿地主要包括滨海湿地（高潮线以下）、河流湿地（风河、吉利河、白马河等40多条河流）；自然保护区、风景名胜区主要包括灵山岛自然保护区、灵山国家森林公园、小珠山国家森林公园等。

4.2 海绵生态基底

区域海绵生态基底以农田、林地等为主，维持区域天然透水下垫面比例。

4.3 海绵生态廊道

利用河道及其两岸绿地建成贯穿城区的水体生态廊道，依托绿色山脉建成贯穿城区的山体生态廊道，形成"七大生态廊道"格局，分别为"吉利河—白马河"生态廊道、车轮山生态廊道、"大珠山—牛心山"生态廊道、两河生态廊道、窝洛子河生态廊道、九曲河生态廊道、洋河生态廊道。

4.3.1 山体生态廊道

以"小珠山—大珠山—铁橛山"，藏马山三个山脉为基础构建山体生态廊道，实现区域范围内各类绿地"点、线、网"的系统连接，构建起区域复合生态安全系统。

4.3.2 水体生态廊道

以风河流域、吉利河流域、南胶莱河流域内的主要河道水系为脉络，通过河流之间相互连接，共同构建天然的海绵城市蓝色脉络，打造区域特色水系景观廊道。

4.4 海绵生态斑块

以区域点状分布的城市公园、大型绿地、小型水库、塘坝等作为海绵生态斑块，实现提供物种生境、保持景观连续度的功能。

5 结语

建设海绵城市必须优先保护控制现有天然"大海绵"系统，然后在此基础上建设"小海绵"设施，从而实现"水弹性城市"建设，如海绵一样在适应环境变化和应对雨水带来的自然灾害等方面具有良好的弹性。

水生态敏感性评价是进行海绵城市规划设计的重要依据。海绵城市生态敏感性分析应重点关注山、水、林、田、湖等地理与水文因素，其特征决定了城市大区域海绵体构建的形式。利用层次分析法 (AHP) 和 GIS 空间分析技术相结合，选取高程、坡度、土壤、植被、河流、水源地等敏感因子进行海绵城市水生态敏感性评价，科学合理地确定海绵生态敏感性分区，为区域海绵格局构建、生态空间管制和海绵系统方案规划提供科学依据。水生态敏感性评价结果可作为城镇空间布局与建设的关键前提，有助于加强山、水、林、田、湖等重要生态敏感区的保护与协同建设，减小城市开发对生态本底的破坏，修复与保护城市良好的生态本底条件。

参考文献

[1] 罗超、孙靓雯：《基于层次分析法的水库风景区生态敏感性研究——以竹山县潘口水库为例》，华中科技大学建筑与城市规划学院主编：《一级学科背景下的城市与景观》，华中科技大学出版社 2013 年版。

〔2〕崔宁、于恩逸、李爽等:《基于生态系统敏感性与生态功能重要性的高原湖泊分区保护研究——以达里湖流域为例》,《生态学报》2021 年第 3 期。

〔3〕冯嘉旋、范源萌:《基于生态敏感性分析的海绵城市空间格局构建策略研究》,《科技创新与生产力》2019 年第 10 期。

〔4〕卢晓倩、赵飞:《海绵城市专项规划中基于 GIS 的生态敏感性分析》,《北京水务》2019 年第 1 期。

〔5〕孙才志、杨磊、胡冬玲:《基于 GIS 的下辽河平原地下水生态敏感性评价》,《生态学报》2011 年第 24 期。

〔6〕田坤、范荣亮、安婷等:《基于敏感性分析的徐州市水生态综合治理》,《水利规划与设计》2015 年第 5 期。

〔7〕赵宏宇、解文龙、赵建军等:《生态城市规划方法启示下的海绵城市规划工具建立——基于敏感性和适宜度分析的海绵型场地选址模型》,《上海城市规划》2018 年第 3 期。

〔8〕赵茹玥:《海绵城市规划中的生态敏感性分析——以宜兴市为例》,《低碳世界》2017 年第 9 期。

〔9〕赵宏宇、解文龙、赵建军等:《生态城市规划方法启示下的海绵城市规划工具建立——基于敏感性和适宜度分析的海绵型场地选址模型》,《上海城市规划》2018 年第 3 期。